☆大学数学系列教学参考与指导

微积分学基础
学习指导

（第2版）

邱小丽　侯晓阳
王文庆　潘建丹　编
叶　帆　金廷蔚

中国科学技术大学出版社
·合　肥·

内 容 简 介

本书是与普通高等教育“十二五”规划教材《大学数学：微积分学基础》(第2版，中国科学技术大学出版社)配套的学习指导书，是为适应普通高等学校应用型本科经济管理类专业高等数学课程教学要求而编写的. 全书共9章，各章节内容与教材互相对应，包括：函数，极限与连续，导数与微分，中值定理与导数的应用，不定积分，定积分及其应用，多元函数及其微积分学，无穷级数，常微分方程. 每节均由学习目标、知识要点、基础例题分析、基础作业题、提高题五部分组成.

本书可作为普通高等学校应用型本科经济管理类专业学生学习高等数学课程的辅导用书，也可作为教授高等数学课程的教师和广大自学者的参考用书.

图书在版编目(CIP)数据

微积分学基础学习指导/邱小丽等编. —2版. —合肥：中国科学技术大学出版社，2017. 8

ISBN 978-7-312-04281-2

Ⅰ. 微…　Ⅱ. 邱…　Ⅲ. 微积分—高等学校—教学参考资料　Ⅳ. O172

中国版本图书馆CIP数据核字(2017)第165698号

出版　中国科学技术大学出版社
　　　安徽省合肥市金寨路96号，230026
　　　http://www.press.ustc.edu.cn
　　　https://zgkxjsdxcbs.tmall.com
印刷　合肥华苑印刷包装有限公司
发行　中国科学技术大学出版社
经销　全国新华书店
开本　710 mm×1000 mm　1/16
印张　14.25
字数　296千
版次　2013年8月第1版　2017年8月第2版
印次　2017年8月第2次印刷
印数　6001—10000册
定价　28.00元

前　言

微积分学是经济管理类本科专业学生必修的一门公共基础课程，是提高学生文化素质和学习专业知识的重要基础. 本书是与普通高等教育“十二五”规划教材《大学数学：微积分学基础》(第2版，中国科学技术大学出版社)配套的学习指导书，其目的是帮助普通高等学校应用型本科经济管理类专业的大学生强化课外练习，较好地掌握微积分学知识. 同时，使学生通过对本指导书的学习，进一步加深对微积分学基本概念的理解，强化计算与证明问题的处理技巧. 本书中的例题和习题有一部分来自考研真题，希望为那些想继续深入学习并准备报考研究生的同学提供一本系统、精练的入门指导书.

本书每章节的内容主要由五大部分组成：第一部分是每一节的学习目标与要求，给学生指明了学习的方向. 第二部分是各节的知识要点，是对教材的各重要知识点的小结和补充. 第三部分是基础例题分析，这些例子是根据不同的知识点选出的有较强概念和运算价值的例题，学生通过对这些例题的学习能够较快地掌握知识点，提高课程学习的效率. 第四部分是基础练习题，其目的是测试学生对该节内容的掌握情况，及时了解学习效果. 第五部分是提高型学习内容，不仅包括提高例题的分析与解答，也包含了一定量的提高练习，为更高层次的学习奠定基础.

本书第2版在保持第1版原有框架的基础上，主要在以下两个方面做了进一步的修改和完善：首先，结合配套教材的内容变化，对部分章节的内容进行了适当的调整；其次，根据第1版的使用情况，对部分章节的例题与练习进行了修改，尽量做到由易到难，深入浅出，使其更符合学生的学习规律.

本书编写的具体分工如下：潘建丹、王文庆撰写第1、2章；侯晓阳、王文庆撰写第3、4、7、8章；邱小丽、金廷蔚撰写第5、6章；叶帆撰写第9

章.真诚感谢严忠、杨爱琴、郭常超三位教授,他们审阅了本书的全部内容,并进行了最后的统稿总撰.

限于编者的教学经验和学术水平,加上成书时间较为仓促,书中难免存在疏漏和不足,恳请读者和同行专家批评指正.

编　者

2017年5月

目　录

第 1 章　函　数

1.1　函数的概念

【学习目标】

理解函数的概念,会求常见函数的定义域.

【知识要点】

1. 函数的定义

设 x,y 是两个变量,D 是一个给定的非空数集,若对于每个数 $x\in D$,按照某个对应法则 f,有唯一确定的 y 值相对应,则称 y 为 x 的**函数**,记作 $y=f(x)$,称 D 为这个函数的**定义域**.

2. 函数的两要素

定义域和对应法则是确定一个函数的两要素.

自然定义域:使函数表达式有意义的一切实数构成的集合.

3. 函数的常用表示法

公式法(解析法),图像法,表格法.

【典型例题选讲——基础篇】

例 1　设 $f(x)=\dfrac{\ln(x+4)}{\sqrt{x^2-4}}$,求 $f(x)$的定义域.

解　要使函数有意义,则应有:$\begin{cases}x+4>0\\x^2-4>0\end{cases}$,解得:$\begin{cases}x>-4\\x<-2\text{ 或 }x>2\end{cases}$,函数的定义域为:$(-4,-2)\cup(2,+\infty)$.

例 2　已知 $f(e^x+1)=e^{2x}+e^x+1$,求 $f(x)$的表达式.

解　令 $e^x+1=t$,则 $e^x=t-1$,其中 $t>1$,那么 $f(e^x+1)=f(t)=(t-1)^2+(t-1)+1=t^2-t+1$. 即

$$f(x)=x^2-x+1\quad(x>1)$$

例 3　设 $f(x)=\begin{cases}1, & 0\leqslant x\leqslant 1\\-1, & 1<x\leqslant 2\end{cases}$,求 $f(x)$,$f(2x)$的定义域,并求 $f\left(\dfrac{1}{3}\right)$,

$f(4)$.

解　$f(x)$的定义域为$[0,2]$.

$$f(2x)=\begin{cases}1, & 0\leqslant 2x\leqslant 1\\ -1, & 1<2x\leqslant 2\end{cases},\quad 即\quad f(2x)=\begin{cases}1, & 0\leqslant x\leqslant \dfrac{1}{2}\\ -1, & \dfrac{1}{2}<x\leqslant 1\end{cases}$$

所以,$f(2x)$的定义域为$[0,1]$. $f\left(\dfrac{1}{3}\right)=1$,$f(4)$不存在.

【基础作业题】

1. 求下列函数的定义域.

(1) $y=\sqrt{4-x^2}$　　　　(2) $y=\dfrac{\ln(x+4)}{\sqrt{x-4}}$

2. 已知 $f(x)=x^2-3x+2$,求:$f(1)$,$f(-x)$,$f(x+1)$.

3. 已知 $f\left(\dfrac{1}{x}\right)=x+\sqrt{1+x^2}$,$(x>0)$,求 $f(x)$的表达式.

1.2　函数的性质

【学习目标】

理解函数的单调性、奇偶性、周期性、有界性等性质,掌握四种性质的判定及应用.

【知识要点】

1. 函数的单调性

设函数 $f(x)$ 的定义域为 D,区间 $I\subset D$. 对于 I 中任意点 x_1、x_2,当 $x_1<x_2$ 时,

(1) 若恒有 $f(x_1)<f(x_2)$,则称 $f(x)$ 为区间 I 上的**单调增(上升)函数**;

(2) 若恒有 $f(x_1)>f(x_2)$,则称 $f(x)$ 为区间 I 上的**单调减(下降)函数**.

2. 函数的奇偶性

设函数 $f(x)$ 的定义域 D 关于原点对称,且对 $\forall x\in D$ 恒有 $f(-x)=f(x)$,则称 $f(x)$ 为**偶函数**. 若对 $\forall x\in D$ 恒有 $f(-x)=-f(x)$,则称 $f(x)$ 为**奇函数**.

3. 函数的周期性

设函数的定义域为 D,如果存在常数 $T>0$,使得对 $\forall x\in D$ 只要 $x+T\in D$,就有 $f(x+T)=f(x)$,则称 $f(x)$ 为周期函数,T 称为 $f(x)$ 的周期.

4. 函数的有界性

设函数 $f(x)$ 的定义域为 D,若存在一个正数 M,使得 $\forall x\in D$ 恒有 $|f(x)|\leqslant M$,则称 $f(x)$ 为**有界函数**(或称函数 $f(x)$ 是**有界的**),并称 M 为该函数的界(M 不是唯一的).

若具有上述性质的正数 M 不存在,则称 $f(x)$ 为**无界函数**(或称函数 $f(x)$ 是**无界的**).

【典型例题选讲——基础篇】

例 1 判别函数 $f(x)=\lg(\sqrt{x^2+1}-x)$ 的奇偶性.

解 在 $(-\infty,+\infty)$ 上,$f(x)=\lg(\sqrt{x^2+1}-x)$,因为

$$\begin{aligned} f(-x)&=\lg\left[\sqrt{(-x)^2+1}-(-x)\right]=\lg(\sqrt{x^2+1}+x)\\ &=\lg\frac{(\sqrt{x^2+1}+x)(\sqrt{x^2+1}-x)}{\sqrt{x^2+1}-x}=\lg\frac{1}{\sqrt{x^2+1}-x}\\ &=-\lg(\sqrt{x^2+1}-x)=-f(x) \end{aligned}$$

所以在 $(-\infty,+\infty)$ 上,函数 $f(x)=\lg(\sqrt{x^2+1}-x)$ 为奇函数.

例 2 函数 $y=-x^2-2x$ 在 $[-3,3]$ 上是否有界? 若有界,给出一个上界与一个下界.

解 一元二次函数 $y=-x^2-2x=-(x+1)^2+1$,因为在 $[-3,3]$ 上

$$y_{\max}=y(-1)=1,\quad y_{\min}=y(3)=-15$$

所以在 $[-3,3]$ 上,可取 $y(-1)=1$ 为上界,$y(3)=-15$ 为下界,则函数 $y=-x^2-2x$ 在 $[-3,3]$ 上有界.

【基础作业题】

1. 下列函数中哪些是偶函数,哪些是奇函数,哪些是非奇非偶函数?

(1) $f(x)=x^4-2x^2$　　(2) $f(x)=x-x^2$

(3) $f(x)=x\sin x$　　(4) $f(x)=\dfrac{e^x+e^{-x}}{2}$

2. 下列函数在定义域内是否有界?

(1) $y=\sin(x-2)$　　(2) $y=\dfrac{x^2}{1+x^2}$

1.3 初等函数

【学习目标】

理解反函数、复合函数的概念,熟悉基本初等函数的性质及图形.

【知识要点】

1. 反函数

设函数 $y=f(x)$ 的定义域为 D,值域为 W. 若 $\forall y\in W$,有唯一的 $x\in D$ 与之对应,且满足 $f(x)=y$,由此确定一个新的函数,记为 $x=f^{-1}(y)$,称此函数为 $y=f(x)$ 的**反函数**. 反函数的定义域为 W,值域为 D. 相对于反函数,称函数 $y=$

$f(x)$为**直接函数**.

2. 基本初等函数

包括常值函数、幂函数、指数函数、对数函数、三角函数和反三角函数.

3. 复合函数

设函数 $y=f(u)$的定义域为 D,函数 $u=\varphi(x)$的值域为 W,若 $D\cap W\neq\varnothing$,则称函数 $y=f[\varphi(x)]$为 x 的**复合函数**,其中 x 称为自变量,u 称为**中间变量**.

注 1:复合函数可以由两个或两个以上的函数构成,但不是任何两个函数都能构成复合函数的,必须使内层函数(例如 $\varphi(x)$)的值域与外层函数(例如 $f(u)$)的定义域的交集非空.

注 2:对于复合函数,需清楚它是由哪些基本初等函数或简单函数复合而成的,因为后续章节中关于复合函数求导、积分中的换元法、分部积分公式都是基于复合函数的分解.

4. 初等函数

由基本初等函数经有限次的加、减、乘、除(分母不为零)及有限次的复合运算,且能用一个解析式表示的函数,称为初等函数.

【典型例题选讲——基础篇】

例 1　设 $f(x)=\dfrac{2x}{1-x}$,求 $f[f(x)]$.

解　因为 $f(x)=\dfrac{2x}{1-x}$,将其中的 x 换成 $f(x)=\dfrac{2x}{1-x}$,得

$$f[f(x)]=f\left(\frac{2x}{1-x}\right)=\frac{2\cdot\dfrac{2x}{1-x}}{1-\dfrac{2x}{1-x}}=\frac{4x}{1-3x}$$

例 2　求下列函数的反函数.

(1) $y=\ln\dfrac{x+5}{x-5}$　　(2) $y=-\sqrt{1-x^2}\quad(0\leqslant x\leqslant 1)$

解　(1) 由 $y=\ln\dfrac{x+5}{x-5}$,解得:$x=\dfrac{5(e^y+1)}{e^y-1}$,反函数为

$$y=\frac{5(e^x+1)}{e^x-1}\quad x\neq 0$$

(2) 由 $y=-\sqrt{1-x^2}\quad(0\leqslant x\leqslant 1)$,解得:$x=\sqrt{1-y^2}$,反函数为

$$y=\sqrt{1-x^2}\quad -1\leqslant x\leqslant 0$$

例 3　将函数 $y=\cos\ln^3\sqrt{x^2+1}$分解为基本初等函数或简单函数.

解　最外层是余弦函数,即 $y=\cos u$,则

$$u=\ln^3\sqrt{x^2+1}=(\ln\sqrt{x^2+1})^3$$

次外层是幂函数,即 $u=v^3$,则 $v=\ln\sqrt{x^2+1}$;从外向里第三层是对数函数,即 $v=\ln w$,则 $w=\sqrt{x^2+1}$;最里层是幂函数,即 $w=\sqrt{t}$,则 $t=x^2+1$. 所以函数 $y=\cos\ln^3\sqrt{x^2+1}$ 由 $y=\cos u, u=v^3, v=\ln w, w=\sqrt{t}, t=x^2+1$ 复合而成.

【基础作业题】

1. 求下列函数的反函数.

(1) $y=\dfrac{e^x}{1+e^x}$　　(2) $y=1+\lg(x+2)$

2. 已知 $f(x)=1+\ln x, g(x)=2+\sqrt{x}$,求 $f[g(x)], g[f(x)]$.

3. 将下列函数分解为基本初等函数或简单函数.

(1) $y=2^{\cos x}$　　(2) $y=\ln\sin^2 x$

(3) $y=e^{\sin(x+1)}$　　(4) $y=\arctan\sqrt{1-x^2}$

1.4　常用经济函数

【学习目标】

理解成本函数、收益函数、利润函数、需求函数、供给函数的概念，掌握简单经济问题的函数关系.

【知识要点】

1. 成本函数 $C(x)$，$x\geqslant 0$

成本函数表示一个企业生产某种产品数量为 x 时的总成本. 常常表示为 $C(x)=C_0+C_x$. 其中，C_0 表示固定成本，C_x 表示变动成本.

平均成本函数：$\overline{C}(x)=\dfrac{C(x)}{x}$.

2. 收益函数 $R(x)$，$x\geqslant 0$

收益函数表示销售出某种产品的数量为 x 时的全部收入.

假设单位产品的价格为 p，则 $R(x)=px$.

3. 利润函数 $L(x)$，$x\geqslant 0$

利润函数表示销售出某种产品的数量为 x 时所获得的利润.

利润等于收入减去成本，即 $L(x)=R(x)-C(x)$.

4. 需求函数 $Q(x)$，$x\geqslant 0$

需求函数是指在某一特定时期内，某种产品的价格为 x 时，市场对该产品的需求量. 一般来说，商品价格低，则需求量大；商品价格高，则需求量小. 因此，需求函数$Q(x)$是单调减少函数.

5. 供给函数 $S(x)$，$x\geqslant 0$

供给函数表示商品价格为 x 时市场对该商品的供给量. 一般来说，商品价格低，生产者不愿生产，则供给少；商品价格高，则供给多.因此，供给函数 $S(x)$ 是单调增加函数.

【典型例题选讲——基础篇】

例 1 工厂生产某种产品，每月产量为 x（单位：kg）时，总成本（单位：元）为 $C(x)=\frac{x^2}{2}+4x+3\,200$，求平均成本以及产量为 100 kg 时的成本.

解 设平均成本为 $\bar{C}(x)$，则

$$\bar{C}(x)=\frac{C(x)}{x}=\frac{1}{2}x+4+\frac{3\,200}{x}$$

当 $x=100$ 时的总成本为

$$C(100)=\frac{1}{2}\times 100^2+4\times 100+3\,200=8\,600$$

例 2 某商品批量生产的总成本函数是 $C(x)=1\,000+36x$，产品销售价格 p 与产量 x 的函数关系是 $p(x)=100-0.25x$，求收益函数及利润函数.

解 收益函数为

$$R(x)=xp(x)=100x-0.25x^2$$

利润函数为

$$L(x)=R(x)-C(x)=64x-0.25x^2-1000$$

例 3 已知某商品的成本函数为 $C(x)=12+3x+x^2$，收入函数为 $R(x)=11x$，试求该商品的盈亏平衡点，并说明盈亏情况.

解 由 $L(x)=R(x)-C(x)=0$，得：$11x=12+3x+x^2$，整理得

$$x^2-8x+12=0$$

从而得到两个盈亏平衡点，分别为 $x_1=2$，$x_2=6$.由利润函数

$$\begin{aligned}L(x)&=R(x)-C(x)=11x-(12+3x+x^2)\\&=8x-12-x^2=(x-2)(6-x)\end{aligned}$$

可以看出，当 $x<2$ 时，亏损；当 $2<x<6$ 时，盈利；而当 $x>6$ 时又转为亏损.

【基础作业题】

1. 某厂生产的电话每台可卖 110 元，固定成本为 7 500 元，可变成本为每台 60 元.问：

(1) 要卖多少电话，厂家才可保本（收回投资）？

(2) 如果卖掉 100 台电话，厂家盈利或亏损多少钱？

(3) 要获得 1 250 元利润，需要卖多少台电话？

2. 某水泥厂生产水泥 1 000 吨,定价为 80 元/吨,总销售量在 800 吨以内时按定价出售,超过 800 吨时,超过部分打 9 折出售,试将销售收入作为销售量的函数列出函数关系式.

3. 设某商品的需求函数为 $Q=25-p$,供给函数为 $S=\frac{20}{3}p-\frac{40}{3}$,求商品的市场均衡价格和市场均衡数量.

4. 银行向企业发放一笔贷款,贷款额为 100 万元,期限为 4 年,年利率为 6%,试分别用单利和复利两种方式计算 4 年后银行应得的本利和.

5. 设复利的年利率为 8%,如果希望在 9 年后获得 100 万元,那现在应付的本金为多少?

第 1 章 自 测 题

一、选择题

1. 函数 $y=\sqrt{5-x}+\lg(x-1)$ 的定义域是（　　）.

A. $(0,5]$　　B. $(1,5]$　　C. $(1,5)$　　D. $(1,+\infty)$

2. 下列 $f(x)$ 与 $g(x)$ 是相同函数的是（　　）.

A. $f(x)=x,g(x)=(\sqrt{x})^2$　　B. $f(x)=\sqrt{x^2},g(x)=|x|$

C. $f(x)=\lg x^2,g(x)=2\lg x$　　D. $f(x)=\lg\sqrt{x},g(x)=\frac{1}{2}\lg|x|$

3. 设 $f(u)=\begin{cases}u+1, & u<0\\ u-1, & u\geqslant 0\end{cases}$，$u=\varphi(x)=\lg x$，则 $f[\varphi(10)]=$（　　）.

A. -1　　B. 0　　C. 1　　D. 2

4. 下列函数中为奇函数的是（　　）.

A. $f(x)=\cos\left(x+\frac{\pi}{6}\right)$　　B. $f(x)=x^3\sin x$

C. $f(x)=x+x^2$　　D. $f(x)=\frac{e^x-e^{-x}}{2}$

5. 函数 $y=\cos^2(3x+1)$ 的复合过程是（　　）.

A. $y=\cos^2 u,u=3x+1$　　B. $y=u^2,u=\cos(3x+1)$

C. $y=u^2,u=\cos v,v=3x+1$　　D. $y=\cos u^2,u=3x+1$

二、填空题

1. 设 $f(x)=3x+5$，则 $f(f(x)-2)=$________.

2. 设 $f(x)$ 的定义域是 $[0,\pi]$，则 $f(\ln x)$ 的定义域是____________.

3. 设 $f(x+1)=x^2+4x+3$，则 $f(x)=$________.

4. 设 $f(x)=1+\ln(x+1)^2,x>-1$，则其反函数为______________.

5. 复合函数 $y=(\arcsin\sqrt{1-x^2})^2$ 可分解为__________________________.

三、计算题

1. 已知 $f(t)=\sin t,f(g(t))=1-t^2$，求 $g(t)$ 及其定义域.

2. 设 $f\left(x+\frac{1}{x}\right)=\sqrt{x^2+\frac{1}{x^2}+1}+\sin\left(x^2+\frac{1}{x^2}\right)+2,|x|>1$，求 $f(x)$ 的表达式.

3. 已知 $g(t)-2g\left(\frac{1}{t}\right)=t$，求 $g(t)$.

4. 求 $y=\frac{1-\sqrt{1+4x}}{1+\sqrt{1+4x}}$ 的反函数.

5. 设 $f(x)$ 的定义域为 $[0,1]$，求函数 $f(x+a)+f(x-a)$ 的定义域.

参考答案

一、单项选择题

1. B　2. B　3. B　4. D　5. C

二、填空题

1. $9x+14$　2. $[1,e^{\pi}]$　3. x^2+2x　4. $y=e^{\frac{1}{2}(x-1)}-1$

5. $y=u^2,u=\arcsin v,v=\sqrt{w},w=1-x^2$

三、计算题

1. $g(t)=\arcsin(1-t^2)$；$t\in[-\sqrt{2},\sqrt{2}]$

2. $f(x)=\sqrt{x^2-1}+\sin(x^2-2)+2$

3. $g(t)=-\dfrac{1}{3}\left(t+\dfrac{2}{t}\right)$

4. $y=-\dfrac{x}{(1+x)^2}$

5. 定义域为$\begin{cases}[a,1-a], & 0\leqslant a\leqslant \dfrac{1}{2}\\ [-a,1+a], & -\dfrac{1}{2}\leqslant a<0\\ \varnothing, & a<-\dfrac{1}{2}\text{或 } a>\dfrac{1}{2}\end{cases}$

第2章　极限与连续

2.1　数列的极限

【学习目标】

理解数列极限的概念,会用数列极限的概念确定简单数列的极限.

【知识要点】

1. 数列极限的定义

对于数列$\{a_n\}$,若当n无限增大时,a_n与某一常数A无限接近(也可等于A),则称A为数列$\{a_n\}$的**极限**,记作$\lim\limits_{n\to\infty}a_n=A$.

如果数列$\{a_n\}$的极限存在,就称数列$\{a_n\}$为**收敛数列**,否则就称为**发散数列**.

2. 等比数列极限

对于等比数列$\{q^n\}$,有

$$\lim_{n\to\infty}q^n=\begin{cases}0, & |q|<1\\ 1, & q=1\end{cases}$$

当$|q|>1$和$q=-1$时,数列$\{q^n\}$发散.

【典型例题选讲——基础篇】

例1　已知数列$1,2\frac{1}{2},1\frac{2}{3},2\frac{1}{4},\cdots,2+\frac{(-1)^n}{n},\cdots$,找出该数列的一般项;并观察该数列的变化趋势,据以判断该数列是否收敛.

解　数列的一般项为:$a_n=2+\frac{(-1)^n}{n}$.

写出数列的前七项:$a_1=1,a_2=2\frac{1}{2},a_3=1\frac{2}{3},a_4=2\frac{1}{4},a_5=1\frac{4}{5},a_6=2\frac{1}{6}$,$a_7=1\frac{6}{7}$.将它们描在数轴上:

0　1　$1\frac{2}{3}$　$1\frac{4}{5}$　$1\frac{6}{7}$　2　$2\frac{1}{6}$　$2\frac{1}{4}$　$2\frac{1}{2}$　3　x

从数轴上可观察到，该数列是收敛数列，且收敛于 2.

例 2　写出下列数列的前五项，观察其变化趋势，求出它们的极限：

(1) $y_n=\frac{1}{n}\sin\frac{\pi}{n}$　　(2) $y_n=(-1)^n n$

解　(1) 数列的前五项：

$$y_1=\sin\pi, y_2=\frac{1}{2}\sin\frac{\pi}{2}, y_3=\frac{1}{3}\sin\frac{\pi}{3}, y_4=\frac{1}{4}\sin\frac{\pi}{4}, y_5=\frac{1}{5}\sin\frac{\pi}{5}$$

描在数轴上：

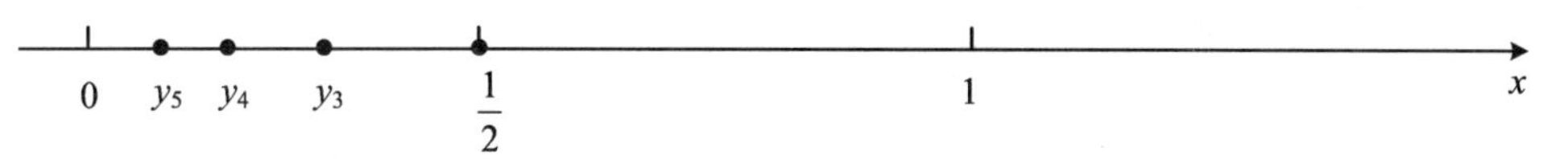

观察得数列极限为 0.

(2) 数列的前五项：

$$y_1=-1, y_2=2, y_3=-3, y_4=4, y_5=-5$$

描在数轴上：

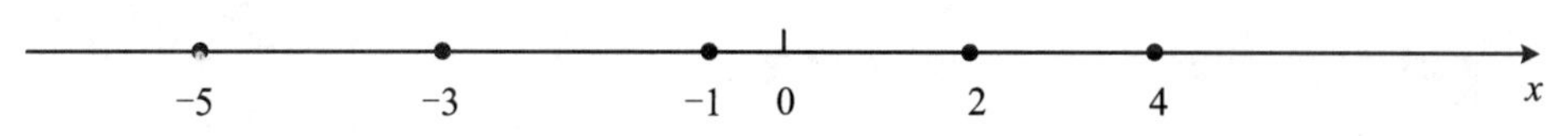

观察得数列没有极限.

【基础作业题】

1. 用观察的方法，判断下列数列是收敛还是发散.

(1) $a_n:1,-\frac{1}{2},\frac{1}{3},-\frac{1}{4},\frac{1}{5},-\frac{1}{6},\frac{1}{7},\cdots$____________

(2) $a_n:0,\frac{1}{3},0,\frac{1}{9},0,\frac{1}{27},0,\frac{1}{81},\cdots$____________

(3) $a_n:1,2,3,4,5,6,7,\cdots$____________

2. 观察下列数列的变化趋势，判别哪些数列有极限，如有极限，写出其极限.

(1) $x_n=\left(\frac{8}{9}\right)^n$　　(2) $x_n=\left(\frac{7}{6}\right)^n$

(3) $x_n=\dfrac{n}{n+(-1)^n}$　　(4) $x_n=\dfrac{n}{2n+2}$

(5) $x_n=\dfrac{10^n-1}{10^n}$　　(6) $x_n=\sin\dfrac{n\pi}{2}$

【典型例题选讲——提高篇】

例 1　下列极限不存在的是(　　).

A. $\dfrac{3}{2},\dfrac{2}{3},\dfrac{5}{4},\dfrac{4}{5},\cdots$　　B. $x_n=\begin{cases}1, & n<10^6\\ \dfrac{1}{n}, & n\geqslant 10^6\end{cases}$

C. $x_n=\begin{cases}\dfrac{n}{1+n}, & n\text{ 为奇数}\\ \dfrac{n}{1-n}, & n\text{ 为偶数}\end{cases}$　　D. $x_n=\begin{cases}1+\dfrac{1}{n}, & n\text{ 为奇数}\\ (-1)^n, & n\text{ 为偶数}\end{cases}$

分析　对选项 A,当 n 取奇数且 $n\to\infty$ 时,$x_n=\dfrac{n+2}{n+1}=1+\dfrac{1}{n+1}\to 1$;

当 n 取偶数且 $n\to\infty$ 时,$x_n=\dfrac{n}{n+1}=1-\dfrac{1}{n+1}\to 1$.

则该数列收敛,极限为 1.

对选项 B,注意到数列极限与数列的前有限项没有关系,则$\lim\limits_{n\to\infty}x_n=\lim\limits_{n\to\infty}\dfrac{1}{n}=0$.

对选项 C,当 n 取奇数且 $n\to\infty$ 时,$x_n\to 1$;当 n 取偶数且 $n\to\infty$ 时,$x_n\to -1$.
则该数列极限不存在.

对选项 D,当 n 取奇数且 $n\to\infty$ 时,$x_n\to 1$;当 n 取偶数且 $n\to\infty$ 时,$x_n\to 1$.
则该数列收敛,极限为 1.

答案　C.

2.2 函数极限

【学习目标】

理解极限的概念,掌握函数左、右极限的概念以及极限存在与左、右极限之间的关系,理解极限的几何解释,会求水平渐近线.

【知识要点】

1. 自变量趋于无穷时函数的极限

定义　设函数 $f(x)$ 在区间 $(a,+\infty)$ 上有定义,若当 $x\to+\infty$ 时函数 $f(x)$ 的值无限接近于某一常数 A,则称 A 为当 $x\to+\infty$ 时函数 $f(x)$ 的极限,记作: $\lim\limits_{x\to+\infty}f(x)=A$.

设函数 $f(x)$ 在区间 $(-\infty,a)$ 上有定义,若当 $x\to-\infty$ 时函数 $f(x)$ 的值无限接近于某一常数 A,则称 A 为当 $x\to-\infty$ 时函数 $f(x)$ 的极限,记作: $\lim\limits_{x\to-\infty}f(x)=A$.

设函数 $f(x)$ 在 $|x|>a\,(a>0)$ 上有定义,若当 $x\to\infty$ 时, $f(x)$ 的值无限趋近于某固定常数 A,则称 A 为当 $x\to\infty$ 时函数 $f(x)$ 的极限,记作: $\lim\limits_{x\to\infty}f(x)=A$.

由定义可知: $\lim\limits_{x\to\infty}f(x)=A\Leftrightarrow\lim\limits_{x\to-\infty}f(x)=\lim\limits_{x\to+\infty}f(x)=A$.

2. 自变量趋于无穷时函数极限的几何意义

当 $x\to-\infty$ 或 $x\to+\infty$ 时,函数 $y=f(x)$ 的图形无限接近于直线 $y=A$. 称直线 $y=A$ 为函数 $y=f(x)$ 的水平渐近线.

3. 自变量趋于有限值时函数的极限

定义　设函数 $y=f(x)$ 在 x_0 的某去心邻域内有定义,如果自变量 x 无限接近 x_0(但 $x\neq x_0$)时, $f(x)$ 无限接近于某常数 A(或甚至于相等),则称 A 是函数 $f(x)$ 当 x 趋向于 x_0 时的极限. 记为: $\lim\limits_{x\to x_0}f(x)=A$ 或 $f(x)\to A$(当 $x\to x_0$).

4. 函数在某点处极限值与单侧极限值之间的关系

定理　函数 $f(x)$ 在 x_0 处的极限为 A 的充分必要条件是 $f(x)$ 在 x_0 处的左、右极限都存在,并且都等于 A. 即 $\lim\limits_{x\to x_0}f(x)=A\Leftrightarrow\lim\limits_{x\to x_0^-}f(x)=\lim\limits_{x\to x_0^+}f(x)=A$.

【典型例题选讲——基础篇】

例 1　证明当 $x\to2$ 时,函数 $f(x)=\dfrac{|x-2|}{x-2}$ 没有极限.

证明　$f(x)=\dfrac{|x-2|}{x-2}=\begin{cases}1, & x>2\\ 0, & x=2\\ -1, & x<2\end{cases}$;有 $\lim\limits_{x\to2^+}f(x)=1$, $\lim\limits_{x\to2^-}f(x)=-1$.

故$\lim\limits_{x\to 2}f(x)$不存在.

例 2 设 $f(x)=\begin{cases}x^2+1, & x\geqslant 0\\ 5x+2, & x<0\end{cases}$,问当 $x\to 0$ 时,$f(x)$是否有极限.

解 $\lim\limits_{x\to 0^+}f(x)=\lim\limits_{x\to 0^+}(x^2+1)=1$,$\lim\limits_{x\to 0^-}f(x)=\lim\limits_{x\to 0^-}(5x+2)=2$.

因此,$\lim\limits_{x\to 0}f(x)$不存在.

例 3 求曲线 $y=\dfrac{1}{x}-2$ 的水平渐近线.

解 $\lim\limits_{x\to\infty}\left(\dfrac{1}{x}-2\right)=-2$,所以,$y=-2$ 是曲线 $y=\dfrac{1}{x}-2$ 的一条水平渐近线.

【基础作业题】

1. 求下列函数的极限:

(1) $\lim\limits_{x\to 2}\ln(1+x)$　　(2) $\lim\limits_{x\to 1}\dfrac{x-1}{x^2-1}$　　(3) $\lim\limits_{x\to\infty}\dfrac{1}{x-1}$

2. 求下列函数在指定点的左、右极限,并问在该点处的极限是否存在,如果存在,试求之.

(1) $f(x)=\begin{cases}x^2+1, & x>-1\\ x^3, & x\leqslant -1\end{cases}$,在 $x=-1$ 处;

(2) $f(x)=\begin{cases}(x-1)^2+1, & x>1\\ \dfrac{1}{x}, & 0<x\leqslant 1\end{cases}$,在 $x=1$ 处.

【典型例题选讲——提高篇】

例　若$\lim\limits_{x\to1}f(x)$存在，且 $f(x)=x^2+3\lim\limits_{x\to1}f(x)$，求 $f(x)$.

解　设$\lim\limits_{x\to1}f(x)=A$，由已知可得 $f(x)=x^2+3A$，则

$$\lim_{x\to1}f(x)=\lim_{x\to1}[x^2+3A]=1+3A$$

即有 $A=1+3A$，解得：$A=-\dfrac{1}{2}$. 故

$$f(x)=x^2-\frac{3}{2}$$

【提高练习题】

1. 设 $f(x)=\begin{cases}3x+2, & x\leqslant0\\ x^2+1, & 0<x\leqslant1\\ \dfrac{2}{x}, & x>1\end{cases}$，分别讨论 $x\to0$ 及 $x\to1$ 时，$f(x)$的极限值是否存在.

2. 求 $f(x)=\dfrac{(-1)^{[x]}(x-1)}{x^2-1}$在 $x=1$ 处的左、右极限.（注：[ ]表示取整数部分.）

提高练习题参考答案：

1. $\lim\limits_{x\to0}f(x)$不存在，$\lim\limits_{x\to1}f(x)=2$.

2. $\lim\limits_{x\to1^-}f(x)=\dfrac{1}{2}$，$\lim\limits_{x\to1^+}f(x)=-\dfrac{1}{2}$.（提示：当 $x\to1^-$ 时，$[x]=0$；当 $x\to1^+$ 时，$[x]=1$.）

2.3　无穷小量与无穷大量

【学习目标】

理解无穷小量、无穷大量的概念以及两者的关系，会利用无穷小量和无穷大量的性质求极限.

【知识要点】

1. 无穷小量

极限为零的变量称为无穷小量.

2. 无穷大量

绝对值无限增大的变量称为无穷大量.

注:(1) 称一个函数为无穷小量(或无穷大量),一定要明确指出其自变量的变化趋向.

(2) 无穷大量与无界函数的区别:可成为无穷大量的函数一定是无界函数,但一个无界函数不一定可成为无穷大量.

3. 无穷大量与无穷小量之间的关系

在自变量的同一变化过程中,无穷大量的倒数为无穷小量,恒不为零的无穷小量的倒数为无穷大量.

4. 极限$\lim\limits_{x \to x_0} f(x)=\infty$的几何意义

当 $x \to x_0$ 时,曲线 $y=f(x)$上的点 M 到直线 $x=x_0$ 的距离无限趋于 0,此时我们称直线 $x=x_0$ 是曲线 $y=f(x)$的铅直渐近线.

注意:当 $\lim\limits_{x \to x_0^-} f(x)=\infty$或 $\lim\limits_{x \to x_0^+} f(x)=\infty$成立时,也可称直线 $x=x_0$ 是曲线 $y=f(x)$的铅直渐近线.

【典型例题选讲——基础篇】

例 1 设 $f(x)=\dfrac{x^2-3x+2}{x^2-1}$,则:

(1) 当 $x \to$ ____时,$f(x)$为无穷小量;

(2) 当 $x \to$ ____时,$f(x)$为无穷大量.

分析 (1) 该问题即为:当 x 趋向于何值时,$f(x)$的极限值为 0.

$$\lim_{x \to 2} f(x)=\lim_{x \to 2} \frac{(x-1)(x-2)}{(x-1)(x+1)}=\lim_{x \to 2} \frac{x-2}{x+1}=0$$

(2) 该问题即为:当 x 趋向于何值时,$\dfrac{1}{f(x)}$的极限值为 0.

$$\lim_{x \to -1} \frac{1}{f(x)}=\lim_{x \to -1} \frac{(x-1)(x+1)}{(x-1)(x-2)}=\lim_{x \to -1} \frac{x+1}{x-2}=0$$

答案 (1) 2; (2) -1.

例 2 利用无穷小量的性质求下列极限.

(1) $\lim\limits_{x \to 0} x^2 \sin \dfrac{1}{x}$　　　　(2) $\lim\limits_{x \to +\infty} \dfrac{1}{x} \mathrm{e}^{-x}$

解 (1) $x \to 0$,x^2 是无穷小量,$\sin \dfrac{1}{x}$是有界变量,故 $\lim\limits_{x \to 0} x^2 \sin \dfrac{1}{x}=0$.

(2) $x \to +\infty$,$\dfrac{1}{x}$与 e^{-x}都是无穷小量,故 $\lim\limits_{x \to +\infty} \dfrac{1}{x} \mathrm{e}^{-x}=0$.

【基础作业题】

1. 当 $x\to 0$ 时，下列变量中哪些是无穷小量？哪些是无穷大量？

$100x$，$\sqrt[3]{x}$，$\dfrac{2}{x}$，$\dfrac{3x^2}{x}$，$\sin x$，$\cos x$，$\tan x$，$\cot x$，$\dfrac{3x}{x^3}$，$x\sin\dfrac{1}{x}$.

当 $x\to 0$ 时，无穷小量有：

当 $x\to 0$ 时，无穷大量有：

2. 利用无穷小量的性质求下列极限.

(1) $\lim\limits_{x\to\infty}\dfrac{1}{x^2}\sin x$　　(2) $\lim\limits_{x\to\infty}\dfrac{(x^2+1)(1+\cos x)}{x^3+x}$

3. 求函数 $y=\dfrac{x}{2x+2}$ 的水平渐近线和铅直渐近线.

【典型例题选讲——提高篇】

例 1　问函数 $f(x)=x\sin x$ 在 $(-\infty,+\infty)$ 内是否有界，当 $x\to+\infty$ 时，函数是否为无穷大？

解　令 $x=2k\pi+\dfrac{\pi}{2}$，$k=1,2,3,\cdots$，则

$$f(x)=\left(2k\pi+\frac{\pi}{2}\right)\sin\left(2k\pi+\frac{\pi}{2}\right)=2k\pi+\frac{\pi}{2}$$

当 $k\to+\infty$ 时，$x\to+\infty$，且 $\lim\limits_{k\to\infty}f\left(2k\pi+\dfrac{\pi}{2}\right)=\lim\limits_{k\to\infty}\left(2k\pi+\dfrac{\pi}{2}\right)=+\infty$.

说明函数 $f(x)=x\sin x$ 在 $(-\infty,+\infty)$ 内是无界的.

若令 $x=2k\pi(k=1,2,3,\cdots)$，当 $k\to+\infty$ 时，$x\to+\infty$，且

$$f(2k\pi)=(2k\pi)\sin(2k\pi)=0$$

说明 $x\to+\infty$ 时，函数不是无穷大.

例 2 设 $\lim\limits_{x\to1}\dfrac{x^2+ax+b}{1-x}=5$，求常数 a,b.

解 注意本题分式中的分母为无穷小量，且分式极限存在，则分子也必为无穷小量，即

$$\lim_{x\to1}(x^2+ax+b)=1+a+b=0$$

则 $b=-1-a$，所以

$$\lim_{x\to1}\frac{x^2+ax+b}{1-x}=\lim_{x\to1}\frac{x^2+ax-a-1}{1-x}=\lim_{x\to1}\frac{(x-1)[(x+1)+a]}{1-x}=-(2+a)$$

根据题设，$-(2+a)=5$，于是 $a=-7$，因而 $b=-1-a=6$.

总结：若 $\lim\limits_{x\to x_0}\dfrac{f(x)}{g(x)}=A$ 存在，则当 $\lim\limits_{x\to x_0}g(x)=0$ 时，有 $\lim\limits_{x\to x_0}f(x)=0$.

2.4 极限的运算法则

【学习目标】

掌握极限四则运算法则及其应用.

【知识要点】

极限四则运算法则：若 $\lim\limits_{x\to x_0}f(x)=A$，$\lim\limits_{x\to x_0}g(x)=B$. 则：

(1) $\lim\limits_{x\to x_0}(f(x)\pm g(x))=\lim\limits_{x\to x_0}f(x)\pm\lim\limits_{x\to x_0}g(x)=A\pm B$；

(2) $\lim\limits_{x\to x_0}(f(x)\cdot g(x))=\lim\limits_{x\to x_0}f(x)\cdot\lim\limits_{x\to x_0}g(x)=A\cdot B$；

(3) $\lim\limits_{x\to x_0}\dfrac{f(x)}{g(x)}=\dfrac{\lim\limits_{x\to x_0}f(x)}{\lim\limits_{x\to x_0}g(x)}=\dfrac{A}{B}$，$B\neq0$.

【典型例题选讲——基础篇】

例 1 求 $\lim\limits_{x\to-3}\dfrac{x^2-7x-30}{x+3}$.

解　$\lim\limits_{x\to -3}\dfrac{x^2-7x-30}{x+3}=\lim\limits_{x\to -3}\dfrac{(x+3)(x-10)}{x+3}=\lim\limits_{x\to -3}(x-10)=-13$

总结:本题是$\dfrac{0}{0}$型的极限,解法是对分子、分母分解因式,消去极限为零的因式.

例 2　求(1) $\lim\limits_{x\to\infty}\dfrac{5x^2}{x^2+10x+100}$；　(2) $\lim\limits_{x\to\infty}\dfrac{x^2+1}{3x^3+5}$；　(3) $\lim\limits_{x\to\infty}\dfrac{3x^3+5}{x^2+1}$.

解　(1) 因为$\lim\limits_{x\to\infty}5x^2=\infty$,$\lim\limits_{x\to\infty}(x^2+10x+100)=\infty$,故不能利用四则运算法则求极限.我们可以将分子、分母同时除以 x^2,得:

$$\lim_{x\to\infty}\frac{5x^2}{x^2+10x+100}=\lim_{x\to\infty}\frac{5}{1+\dfrac{10}{x}+\dfrac{100}{x^2}}=\frac{\lim\limits_{x\to\infty}5}{\lim\limits_{x\to\infty}1+\lim\limits_{x\to\infty}\dfrac{10}{x}+\lim\limits_{x\to\infty}\dfrac{100}{x^2}}=5$$

(2) 将分子、分母同时除以 x^3,然后再求极限,得:

$$\lim_{x\to\infty}\frac{x^2+1}{3x^3+5}=\lim_{x\to\infty}\frac{1/x+1/x^3}{3+5/x^3}=\frac{0}{3}=0$$

(3) 根据无穷大量与无穷小量之间的关系,由(2)可得:

$$\lim_{x\to\infty}\frac{3x^3+5}{x^2+1}=\infty$$

总结:由例 2 可得,当 $x\to\infty$时,有理分式函数的极限可由下式计算(m,n 为正整数):

$$\lim_{x\to\infty}\frac{a_nx^n+a_{n-1}x^{n-1}+\cdots+a_1x+a_0}{b_mx^m+b_{m-1}x^{m-1}+\cdots+b_1x+b_0}=\begin{cases}0, & n<m\\ \dfrac{a_n}{b_m}, & n=m,\ a_n\neq 0,b_m\neq 0\\ \infty, & n>m\end{cases}$$

例 3　求(1) $\lim\limits_{x\to+\infty}(\sqrt{x-2}-\sqrt{x})$；　(2) $\lim\limits_{x\to 2}\left(\dfrac{12}{8-x^3}-\dfrac{1}{2-x}\right)$.

解　(1) $\lim\limits_{x\to+\infty}(\sqrt{x-2}-\sqrt{x})=\lim\limits_{x\to+\infty}\dfrac{(\sqrt{x-2}-\sqrt{x})(\sqrt{x-2}+\sqrt{x})}{(\sqrt{x-2}+\sqrt{x})}$

$$=\lim_{x\to+\infty}\frac{-2}{(\sqrt{x-2}+\sqrt{x})}=0$$

(2) $\lim\limits_{x\to 2}\left(\dfrac{12}{8-x^3}-\dfrac{1}{2-x}\right)=\lim\limits_{x\to 2}\dfrac{12-(4+2x+x^2)}{8-x^3}=\lim\limits_{x\to 2}\dfrac{-(x-2)(x+4)}{(2-x)(4+2x+x^2)}=\dfrac{1}{2}$

总结:当极限为"$\infty-\infty$"形式时,通过"有理化"或"通分"等方法化为"$\dfrac{\infty}{\infty}$"或"$\dfrac{0}{0}$"形式,再求极限.

例 4　已知$\lim\limits_{x\to\infty}\left(\dfrac{x^2}{2x+1}-ax-b\right)=0$,求 a,b 的值.

解　由 $\lim\limits_{x\to\infty}\left(\dfrac{x^2}{2x+1}-ax-b\right)=\lim\limits_{x\to\infty}\dfrac{(1-2a)x^2-(a+2b)x-b}{2x+1}=0$ 可得:

$$\begin{cases}1-2a=0\\a+2b=0\end{cases},\quad 即\quad \begin{cases}a=\dfrac{1}{2}\\b=-\dfrac{1}{4}\end{cases}$$

【基础作业题】

1. 求下列极限.

(1) $\lim\limits_{x\to-1}\dfrac{3x^2+5x+2}{x^2-1}$

(2) $\lim\limits_{x\to1}\left(\dfrac{3}{x^3-1}-\dfrac{1}{x-1}\right)$

(3) $\lim\limits_{x\to\infty}\dfrac{2x^5-3}{7x^5-10x+100}$

(4) $\lim\limits_{x\to1}\dfrac{2x-3}{x^2-5x+4}$

2. 求下列极限.

(1) $\lim\limits_{x\to4}\dfrac{x-4}{\sqrt{x+5}-3}$

(2) $\lim\limits_{x\to\infty}\dfrac{x}{1+x^2}(1+\cos x)$

(3) $\lim\limits_{n\to\infty}\dfrac{3^n+(-2)^n}{3^{n+1}+(-2)^{n+1}}$

(4) $\lim\limits_{x\to0^+}\dfrac{1+e^{\frac{1}{x}}}{1-e^{\frac{1}{x}}}$

【典型例题选讲——提高篇】

例 1　求$\lim\limits_{x\to 1}\dfrac{x+x^2+\cdots+x^n-n}{x-1}$.

解　$\lim\limits_{x\to 1}\dfrac{x+x^2+\cdots+x^n-n}{x-1}=\lim\limits_{x\to 1}\dfrac{(x-1)+(x^2-1)+\cdots+(x^n-1)}{x-1}$

$$=\lim_{x\to 1}[1+(x+1)+(x^2+x+1)+\cdots+(x^{n-1}+x^{n-2}+\cdots+1)]$$

$$=1+2+3+\cdots+n=\frac{1}{2}n(n+1)$$

例 2　已知 $a_n=1+\dfrac{1}{1+2}+\dfrac{1}{1+2+3}+\cdots+\dfrac{1}{1+2+\cdots+n}$,求$\lim\limits_{n\to\infty}a_n$.

解　$\lim\limits_{n\to\infty}a_n=\lim\limits_{n\to\infty}\sum\limits_{k=1}^{n}\dfrac{1}{1+2+\cdots+k}=\lim\limits_{n\to\infty}\sum\limits_{k=1}^{n}\dfrac{2}{k(k+1)}=2\lim\limits_{n\to\infty}\sum\limits_{k=1}^{n}\left(\dfrac{1}{k}-\dfrac{1}{k+1}\right)$

$$=2\lim_{n\to\infty}\left(1-\frac{1}{n+1}\right)=2$$

例 3　求$\lim\limits_{x\to\infty}\left\{(x-[x])\sin\dfrac{1}{x}\right\}$.

解　由于 $0\leqslant x-[x]<1$,$\lim\limits_{x\to\infty}\sin\dfrac{1}{x}=0$,根据有界变量和无穷小量的乘积为无穷小,有

$$\lim_{x\to\infty}\left\{(x-[x])\sin\frac{1}{x}\right\}=0$$

【提高练习题】

1. $x\to 1$ 时,函数$\dfrac{x^2-1}{x-1}e^{\frac{1}{x-1}}$的极限为(　　).

　A. 等于 2　　B. 等于 0　　C. 为∞　　D. 不存在但不为∞

2. 已知 $\lim\limits_{x\to+\infty}(5x-\sqrt{ax^2-20x+2})=2$,求常数 a 的值.

提高练习题参考答案:

1. D　2. $a=25$

2.5　两个重要极限

【学习目标】

理解极限存在的两个准则,掌握两个重要极限及其应用.

【知识要点】

极限Ⅰ　$\lim\limits_{x\to 0}\dfrac{\sin x}{x}=1$.

极限Ⅱ　$\lim\limits_{x\to\infty}\left(1+\dfrac{1}{x}\right)^{x}=\mathrm{e}$.

【典型例题选讲——基础篇】

例 1　求$\lim\limits_{x\to 0}\dfrac{\sin mx}{\sin nx}$　$(m,n\in N)$.

解　原式 $=\lim\limits_{x\to 0}\dfrac{\sin mx}{mx}\cdot\dfrac{nx}{\sin nx}\cdot\dfrac{mx}{nx}=\lim\limits_{x\to 0}\dfrac{\sin mx}{mx}\cdot\lim\limits_{x\to 0}\dfrac{1}{\dfrac{\sin nx}{nx}}\cdot\dfrac{m}{n}=\dfrac{m}{n}$

总结：求解时要“抓实质、凑形式”，要凑出$\dfrac{\sin[u(x)]}{u(x)}$，并使 $u(x)\to 0$.

例 2　求(1) $\lim\limits_{x\to 0}(1-5x)^{\frac{1}{x}}$；　(2) $\lim\limits_{x\to\infty}\left(\dfrac{x-a}{x+a}\right)^{2x}$.

解　(1) 原式$=\lim\limits_{x\to 0}\left[(1-5x)^{-\frac{1}{5x}}\right]^{-5}=\mathrm{e}^{-5}$

(2) 原式$=\lim\limits_{x\to\infty}\left(1+\dfrac{-2a}{x+a}\right)^{2x}=\lim\limits_{x\to\infty}\left[\left(1+\dfrac{-2a}{x+a}\right)^{\frac{x+a}{-2a}}\right]^{\frac{-2a}{x+a}\cdot 2x}$

$=\mathrm{e}^{\lim\limits_{x\to\infty}\frac{-4ax}{x+a}}=\mathrm{e}^{-4a}$.

总结：求解时要凑出$[1+u(x)]^{\frac{1}{u(x)}}$，并保证 $u(x)\to 0$.

【基础作业题】

1. 求下列极限.

(1) $\lim\limits_{x\to 0}\dfrac{x^{2}\sin 2x}{\sin x^{3}}$　　(2) $\lim\limits_{x\to 0}\left(2x\sin\dfrac{1}{x}+\dfrac{1}{x}\sin\dfrac{x}{2}\right)$

(3) $\lim\limits_{x\to 0}(1+4x)^{\frac{1}{x}}$　　(4) $\lim\limits_{x\to\infty}\left(1-\frac{3}{x}\right)^{\frac{x}{3}+2}$

(5) $\lim\limits_{x\to\infty}\left(\frac{x}{2+x}\right)^{x}$　　(6) $\lim\limits_{x\to 0}(1+x)^{\frac{1}{\sin x}}$

【典型例题选讲——提高篇】

例 1　求极限：

(1) $\lim\limits_{x\to 2}(3-x)^{\frac{x-5}{x-2}}$　　(2) $\lim\limits_{x\to 0}\left(\frac{2+e^{\frac{1}{x}}}{1+e^{\frac{4}{x}}}+\frac{\sin x}{|x|}\right)$

解　(1) $\lim\limits_{x\to 2}(3-x)^{\frac{x-5}{x-2}}=\lim\limits_{x\to 2}\{[1+(2-x)]^{\frac{1}{x-2}}\}^{x-5}=e^3$；

(2) 因为 $\lim\limits_{x\to 0^+}e^{\frac{1}{x}}=+\infty$；$\lim\limits_{x\to 0^-}e^{\frac{1}{x}}=0$,所以

$$\lim_{x\to 0^+}\left(\frac{2+e^{\frac{1}{x}}}{1+e^{\frac{4}{x}}}+\frac{\sin x}{|x|}\right)=\lim_{x\to 0^+}\left(\frac{2e^{-\frac{4}{x}}+e^{-\frac{3}{x}}}{e^{-\frac{4}{x}}+1}+\frac{\sin x}{x}\right)=1$$

$$\lim_{x\to 0^-}\left(\frac{2+e^{\frac{1}{x}}}{1+e^{\frac{4}{x}}}+\frac{\sin x}{|x|}\right)=\lim_{x\to 0^-}\left(\frac{2+e^{\frac{1}{x}}}{1+e^{\frac{4}{x}}}-\frac{\sin x}{x}\right)=2-1=1$$

故　　原式＝1

例 2　用挤压定理求下列极限.

(1) $\lim\limits_{n\to\infty}\sqrt[n]{2^n+3^n+7^n}$　　(2) $\lim\limits_{n\to\infty}n\left(\frac{1}{n^2+1}+\frac{1}{n^2+2}+\cdots+\frac{1}{n^2+n}\right)$

解　(1) $7<\sqrt[n]{2^n+3^n+7^n}<7\cdot 3^{\frac{1}{n}}$，$\lim\limits_{n\to\infty}7\cdot 3^{\frac{1}{n}}=7$. 故原极限等于 7.

(2) $\frac{n^2}{n^2+n}\leqslant n\left(\frac{1}{n^2+1}+\frac{1}{n^2+2}+\cdots+\frac{1}{n^2+n}\right)\leqslant\frac{n^2}{n^2+1}$

因为$\lim\limits_{n\to\infty}\frac{n^2}{n^2+n}=1$，$\lim\limits_{n\to\infty}\frac{n^2}{n^2+1}=1$.　故原极限等于 1.

【提高练习题】

1. 设 $f(x+1)=\lim\limits_{n\to\infty}\left(\frac{n+x}{n-2}\right)^n$，则 $f(x)=($　　$)$.

A. e^{x-1}　　B. e^{x+2}　　C. e^{x+1}　　D. e^{-x}

2. 求下列函数的极限值.

(1) $\lim\limits_{x\to 0}(1+2\sin x)^{\frac{1}{x}}$　　(2) $\lim\limits_{n\to\infty}n^2\left(1-\cos\frac{\pi}{n}\right)$

3. 利用挤压定理求下列极限.

(1) $\lim\limits_{n\to\infty}\left(\frac{1}{\sqrt{2n^2+1}}+\frac{1}{\sqrt{2n^2+2}}+\cdots+\frac{1}{\sqrt{2n^2+n}}\right)$　(2) $\lim\limits_{n\to\infty}\sqrt[n]{4^n+3^n+9^n+5^n}$

提高练习题参考答案：

1. C　2. (1) e^2，　(2) $\frac{\pi^2}{2}$　3. (1) 0，　(2) 9

2.6　连 续 函 数

【学习目标】

理解连续函数概念、性质；了解初等函数的连续性；会求函数的连续区间.

【知识要点】

1. 函数连续性相关定义

定义 1　设函数 $y=f(x)$ 在 x_0 的某一个邻域 $U(x_0,\delta)$ 内有定义，若

$$\lim_{\Delta x\to 0}\Delta y=\lim_{\Delta x\to 0}[f(x_0+\Delta x)-f(x_0)]=0$$

则称函数 $y=f(x)$ 在点 x_0 处连续.

定义 2　设函数 $f(x)$ 在点 x_0 的某一个邻域 $U(x_0,\delta)$ 内有定义，若 $\lim\limits_{x\to x_0}f(x)=f(x_0)$，则称函数 $y=f(x)$ 在点 x_0 处连续.

若 $\lim\limits_{x\to x_0^-}f(x)=f(x_0)$ ($\lim\limits_{x\to x_0^+}f(x)=f(x_0)$)，则称 $y=f(x)$ 在点 x_0 处左(右)连续.

显然有如下结论：函数 $f(x)$ 在点 x_0 处连续的充分必要条件是函数 $f(x)$ 在点 x_0 处左连续且右连续.

2. 连续函数的性质

(1) 初等函数在其定义区间内都是连续的.

(2) 若$\lim\limits_{x\to x_0}\varphi(x)=u_0$，函数 $f(u)$ 在 u_0 处连续，则

$$\lim_{x\to x_0}f[\varphi(x)]=\lim_{u\to u_0}f(u)=f(u_0)=f[\lim_{x\to x_0}\varphi(x)]$$

【典型例题选讲——基础篇】

例 1　适当选取 a 的值，使 $f(x)=\begin{cases}x+a, & x\geqslant 0\\(1+x)^{\frac{2}{x}}, & x<0\end{cases}$ 在 $x=0$ 处连续.

解　由连续函数的定义：

$f(x)$ 在 $x=0$ 处连续$\Leftrightarrow \lim\limits_{x\to 0^-}f(x)=\lim\limits_{x\to 0^+}f(x)=f(0)$，由于

$$\lim_{x\to 0^-}f(x)=\lim_{x\to 0^-}(1+x)^{\frac{2}{x}}=\mathrm{e}^2;\quad \lim_{x\to 0^+}f(x)=\lim_{x\to 0^+}(x+a)=a$$

因此

$$a=\mathrm{e}^2$$

例 2　求函数 $f(x)=\dfrac{x^2-4}{x^2-x-6}$ 的连续区间，并求极限 $\lim\limits_{x\to -2}f(x)$ 及 $\lim\limits_{x\to 3}f(x)$.

解　因为当 $x=-2$ 或 $x=3$ 时，分母 $x^2-x-6=0$，即函数在 $x=-2$ 和 $x=3$ 无定义. 则 $f(x)$ 的连续区间为 $(-\infty,-2)$，$(-2,3)$ 及 $(3,+\infty)$.

$$\lim_{x\to -2}f(x)=\lim_{x\to -2}\frac{(x+2)(x-2)}{(x+2)(x-3)}=\lim_{x\to -2}\frac{x-2}{x-3}=\frac{4}{5}$$

$$\lim_{x\to 3}f(x)=\lim_{x\to 3}\frac{(x+2)(x-2)}{(x+2)(x-3)}=\infty$$

【基础作业题】

1. 设函数 $f(x)=\begin{cases}\dfrac{\sin ax}{x}, & x>0\\6x-2a+6, & x\leqslant 0\end{cases}$，求 a 的值，使函数 $f(x)$ 在 $x=0$ 处连续.

2. 求函数 $f(x)=\dfrac{x^2-1}{x^2-3x+2}$ 的连续区间，并求极限 $\lim\limits_{x\to 0}f(x)$，$\lim\limits_{x\to 1}f(x)$ 及 $\lim\limits_{x\to 2}f(x)$.

【典型例题选讲——提高篇】

例 1 设 $f(x)=\lim\limits_{n\to\infty}\dfrac{1+x}{1+x^{2n}}$，则下列结论正确的是(　　).

A. $f(x)$ 处处连续　　B. $f(x)$ 在 $x=\pm 1$ 处都不连续

C. $f(x)$ 仅在 $x=1$ 处不连续　　D. $f(x)$ 仅在 $x=-1$ 处不连续

解 $n\to\infty$：当 $|x|<1$ 时，$x^{2n}\to 0$；当 $|x|>1$ 时，$x^{2n}\to\infty$，故

$$f(x)=\begin{cases}1+x, & |x|<1\\ 0, & |x|>1\\ 1, & x=1\\ 0, & x=-1\end{cases}$$

显然，$f(x)$ 仅在 $x=1$ 处不连续.

答案 C.

例 2 设 $f(x)=\lim\limits_{n\to\infty}\dfrac{x^{2n-1}+ax^2+bx}{x^{2n}+1}$ 在 $(-\infty,+\infty)$ 内连续，试确定常数 a,b.

解 当 $|x|>1$ 时

$$f(x)=\lim_{n\to\infty}\frac{x^{2n-1}+ax^2+bx}{x^{2n}+1}=\frac{1}{x}$$

又因为

$$f(1)=\frac{a+b+1}{2},\quad f(-1)=\frac{a-b-1}{2}$$

由 $f(x)$ 在 $x=1$ 处连续知：$f(1)=\lim\limits_{x\to 1^+}f(x)=\lim\limits_{x\to 1^+}\dfrac{1}{x}=1$，所以

$$\frac{a+b+1}{2}=1 \tag{1}$$

由 $f(x)$ 在 $x=-1$ 处连续知：$f(-1)=\lim\limits_{x\to -1^-}f(x)=\lim\limits_{x\to -1^-}\dfrac{1}{x}=-1$，所以

$$\frac{a-b-1}{2}=-1 \tag{2}$$

将(1)、(2)两式联立,解得 $a=0,b=1$.

注:此题以极限给出函数的对应法则,其函数为分段函数,± 1 为分段点,因为函数在定义域内连续,所以在分段点连续,由函数连续的定义,便求出 a,b 的值.

【提高练习题】

1. 设 $f(x)=\dfrac{x}{a+e^{bx}}$,在$(-\infty,+\infty)$上连续,且 $\lim\limits_{x\to-\infty}f(x)=0$,则 a,b 应该满足(　　).

A. $a<0,b<0$　B. $a>0,b>0$　C. $a\leqslant 0,b>0$　D. $a\geqslant 0,b<0$

2. 设 $f(x)=\begin{cases}\dfrac{\cos x}{x+2}, & x\geqslant 0\\ \dfrac{\sqrt{a}-\sqrt{a-x}}{x}, & x<0\end{cases}$, 其中 $a>0$, 问当 a 为何值时, $f(x)$在 $x=0$ 点连续.

3. 设 $f(x)=\lim\limits_{n\to\infty}\dfrac{\ln(e^n+x^n)}{n}$, $(x>0)$. (1) 求 $f(x)$; (2) 讨论 $f(x)$的连续性.

提高练习题参考答案:

1. D

2. $a=1$

3. (1) $f(x)=\begin{cases}1, & 0<x\leqslant e\\ \ln x, & x>e\end{cases}$

(2) $f(x)$在$(0,+\infty)$上连续(只需讨论分段点 $x=e$ 处的连续性)

2.7　闭区间上连续函数的性质

【学习目标】

理解最大值最小值定理及其推论(有界性定理)、介值定理与零点定理.

【知识要点】

1. 最大值与最小值

定理　闭区间上的连续函数一定有最大值和最小值.

推论(有界性定理)　闭区间上连续函数在该区间上一定有界.

2. 介值定理

设函数 $f(x)$在闭区间$[a,b]$上连续,且 $f(a)=A$ 与 $f(b)=B$,则对介于 A 与 B

之间的任意一个数 C,在开区间 (a,b) 内至少有一点 ξ,使得: $f(\xi)=C$, $a<\xi<b$.

3. 零点定理

若函数 $f(x)$ 在闭区间 $[a, b]$ 上连续,且 $f(a)\cdot f(b)<0$,则在开区间 (a, b) 内至少存在一点 ξ,使得 $f(\xi)=0$.

【典型例题选讲——基础篇】

例 1 证明三次代数方程 $x^3-4x^2=-1$ 在区间 $(0,1)$ 内至少有一个实根.

证 设 $f(x)=x^3-4x^2+1$,显然, $f(x)$ 在 $[0,1]$ 上连续.

又 $f(0)=1>0$, $f(1)=-2<0$, 根据零点定理, 至少存在一个 $\xi\in(0,1)$,使 $f(\xi)=0$,即方程 $x^3-4x^2=-1$ 在区间 $(0,1)$ 内至少有一个实根.

例 2 设函数 $f(x)$ 在闭区间 $[1,2]$ 上连续,并且对于任意的 $x\in[1,2]$ 都有 $1\leqslant f(x)\leqslant 2$,证明:存在 $\xi\in[1,2]$,使得 $f(\xi)=\xi$.

证 构造辅助函数 $F(x)=f(x)-x$,易知 $F(x)$ 在闭区间 $[1,2]$ 上连续,且 $F(1)=f(1)-1\geqslant 0$, $F(2)=f(2)-2\leqslant 0$.

若 $F(1)=0$,令 $\xi=1$,有 $f(\xi)=\xi$.

若 $F(2)=0$,令 $\xi=2$,有 $f(\xi)=\xi$.

若 $F(1)>0$, $F(2)<0$,则由零点定理知,至少存在一点 $\xi\in(1,2)$,使得 $F(\xi)=0$,即有 $f(\xi)=\xi$.

总结:关于证闭区间上连续函数的命题可采用:

(1) 直接法,用最值定理,介值定理;

(2) 间接法,作辅助函数 $F(x)$,再用零点定理.

【基础作业题】

1. 证明方程 $x^3-10x+5=0$ 在区间 $(0,1)$ 内至少有一个实根.

2. 设 $f(x)$ 在 $[0,2a]$ 上连续,且 $f(0)=f(2a)$,证明:在 $[0,a]$ 上至少存在一点 ξ,使得 $f(\xi)=f(\xi+a)$.

【典型例题选讲——提高篇】

例 1　设 $f(x),x\in[0,a]$是连续函数$(a>0)$，且 $f(0)=f(a)$，证明方程 $f(x)=f\left(x+\frac{a}{2}\right)$在$(0,a)$内至少有一个实根.

证明　设 $g(x)-f(x)-f(x+\frac{a}{2}),x\in\left[0,\frac{a}{2}\right]$，则

$$g(0)=f(0)-f\left(\frac{a}{2}\right),\quad g\left(\frac{a}{2}\right)=f\left(\frac{a}{2}\right)-f(a)=f\left(\frac{a}{2}\right)-f(0)$$

故有：$g(0)\cdot g\left(\frac{a}{2}\right)\leqslant 0$.

若 $f(0)=f\left(\frac{a}{2}\right)$，则 $x=0$ 或 $x=\frac{a}{2}$满足要求.

若 $f(0)\neq f\left(\frac{a}{2}\right)$，则 $g(0)\cdot g\left(\frac{a}{2}\right)<0$，由零点定理，存在 $x_0\in\left(0,\frac{a}{2}\right)$，使得 $g(x_0)=0$，即 $f(x_0)=f\left(x_0+\frac{a}{2}\right)$.

所以，x_0 是$(0,a)$内 $f(x)=f\left(x+\frac{a}{2}\right)$的根.

例 2　证明方程 $x^{2n}+a_1x^{2n-1}+\cdots+a_{2n-1}x+a_{2n}=0$ 至少有两个实根，其中，$a_{2n}<0$.

证明　令 $f(x)=x^{2n}+a_1x^{2n-1}+\cdots+a_{2n-1}x+a_{2n}$，显然多项式函数 $f(x)$在$(-\infty,+\infty)$上连续.

$$\lim_{x\to+\infty}f(x)=+\infty,\quad \lim_{x\to-\infty}f(x)=+\infty$$

所以，存在 $x_1>0$，使得 $f(x_1)>0$；存在 $x_2<0$，使得 $f(x_2)>0$，函数 $f(x)$在$[0,x_1]$上连续，且 $f(x_1)>0,f(0)=a_{2n}<0$，由零点定理知，存在 $\xi_1\in(0,x_1)$，使得 $f(\xi_1)=0$.

函数 $f(x)$在$[x_2,0]$上连续，且 $f(x_2)>0,f(0)=a_{2n}<0$，由零点定理知，存在 $\xi_2\in(x_2,0)$，使得 $f(\xi_2)=0$.

综上可知，存在 $\xi_2<0<\xi_1,\xi_1\neq\xi_2$，且 $f(\xi_1)=f(\xi_2)=0$.

【提高练习题】

1. 试证方程 $x-a\sin x+b$，$a>0,b>0$ 至少有一个正根，并且它不超过$b+a$.

2. 设 $f(x)$在闭区间$[a,b]$上连续，$a<x_1<x_2<b$，证明：至少存在一点 $\xi\in(a,b)$，使 $c_1f(x_1)+c_2f(x_2)=(c_1+c_2)f(\xi)$. 其中 $c_1>0,c_2>0$.

提高练习题参考答案：

1. 提示：可构造辅助函数 $f(x)=a\sin x+b-x$，即可证得.

2. 提示：可利用最大值最小值定理.

2.8 无穷小量的比较

【学习目标】

掌握无穷小量比较的概念,会用等价无穷小量的替换求极限.

【知识要点】

1. 无穷小的比较

定义1 设$\alpha(x)$,$\beta(x)$是自变量x在同一变化过程中的两个无穷小,且$\alpha(x)\neq 0$.

(1) 若$\lim\dfrac{\beta(x)}{\alpha(x)}=0$,则称$\beta(x)$是比$\alpha(x)$高阶的无穷小,记作$\beta=o(\alpha)$;

(2) 若$\lim\dfrac{\beta(x)}{\alpha(x)}=\infty$,则称$\beta(x)$是比$\alpha(x)$低阶的无穷小;

(3) 若$\lim\dfrac{\beta(x)}{\alpha(x)}=C(C\neq 0)$,则称$\beta(x)$与$\alpha(x)$是同阶的无穷小.

特别地,当$\lim\dfrac{\beta(x)}{\alpha(x)}=1$,则称$\beta(x)$与$\alpha(x)$是等价的无穷小,记作$\alpha(x)\sim\beta(x)$.

2. 等价无穷小的替换

当$x\to 0$时,有

$\sin x\sim x$, $\tan x\sim x$, $\arcsin x\sim x$, $\arctan x\sim x$, $a^x-1\sim x\ln a\ (a>0)$,

$e^x-1\sim x$, $1-\cos x\sim\dfrac{1}{2}x^2$, $\ln(1+x)\sim x$, $(1+x)^\mu-1\sim\mu x(\mu\neq 0)$.

定理 设$\alpha,\alpha',\beta,\beta'$是同一过程中的无穷小量,且$\alpha\sim\alpha'$, $\beta\sim\beta'$,$\lim\dfrac{\alpha'}{\beta'}$存在,则

$$\lim\frac{\alpha}{\beta}=\lim\frac{\alpha'}{\beta'}$$

【典型例题选讲——基础篇】

例1 已知当$x\to 0$时,$(\sqrt{1+ax^2}-1)$与$\sin^2 x$是等价无穷小,求常数a的值.

解 $\lim\limits_{x\to 0}\dfrac{\sqrt{1+ax^2}-1}{\sin^2 x}=\lim\limits_{x\to 0}\dfrac{ax^2}{(\sqrt{1+ax^2}+1)\cdot\sin^2 x}=\dfrac{a}{2}=1$,得:$a=2$.

例2 求极限:(1) $\lim\limits_{x\to 0}\dfrac{\ln(1-2x)}{\sqrt{1+x}-1}$; (2) $\lim\limits_{x\to 0}\dfrac{(e^{2x}-1)\tan x}{\arcsin x^2}$.

解 (1) 当$x\to 0$时,$\ln(1-2x)\sim(-2x)$, $\sqrt{1+x}-1\sim\dfrac{1}{2}x$,故

$$原极限 = \lim_{x\to0}\frac{-2x}{\frac{1}{2}x} = -4$$

(2) 当 $x\to0$ 时，$e^{2x}-1\sim2x$，$\tan x\sim x$，$\arcsin x^2\sim x^2$，故

$$原极限 = \lim_{x\to0}\frac{2x^2}{x^2} = 2$$

【基础作业题】

1. 当 $x\to0$ 时，试确定下列函数哪些是 x 的高阶无穷小？同阶无穷小？等价无穷小？

(1) x^2+x^3　　(2) $x+\sin x$

(3) $1-\cos x$　　(4) x^2+x

2. 利用等价无穷小的性质，求下列极限.

(1) $\lim\limits_{x\to0}\dfrac{1-\cos x}{5x\sin x}$　　(2) $\lim\limits_{x\to0}\dfrac{\sin 3x\cdot(e^x-1)}{\tan(2x^2)}$

(3) $\lim\limits_{x\to0}\dfrac{\tan x-\sin x}{\sin^3 2x}$　　(4) $\lim\limits_{x\to0}\dfrac{\sqrt{1+x\sin x}-1}{x\sin x}$

【典型例题选讲——提高篇】

例 1　求$\lim\limits_{x\to 0}\dfrac{1-\cos(x\sqrt{\cos 2x})}{\sin x\cdot\ln(1+x)}$.

解　当$x\to 0$时，$1-\cos(x\sqrt{\cos 2x})\sim\dfrac{1}{2}x^2\cos 2x$，$\sin x\sim x$，$\ln(1+x)\sim x$，故

$$\lim_{x\to 0}\frac{1-\cos(x\sqrt{\cos 2x})}{\sin x\cdot\ln(1+x)}=\lim_{x\to 0}\frac{\frac{1}{2}x^2\cos 2x}{x\cdot x}=\frac{1}{2}$$

例 2　设当$x\to 0$时，$(1-\cos x)\ln(1+x^2)$是比$x\sin x^n$高阶的无穷小，而$x\sin x^n$是比$e^{x^2}-1$高阶的无穷小，则正整数n等于(　　).

A. 1　　B. 2　　C. 3　　D. 4

分析　因为$\lim\limits_{x\to 0}\dfrac{(1-\cos x)\ln(1+x^2)}{x\sin x^n}=\lim\limits_{x\to 0}\dfrac{\frac{x^2}{2}\cdot x^2}{x\cdot x^n}=\lim\limits_{x\to 0}\dfrac{x^3}{2\cdot x^n}$.

要使$(1-\cos x)\ln(1+x^2)$是比$x\sin x^n$高阶的无穷小，则$n<3$. 又因为

$$\lim_{x\to 0}\frac{x\sin x^n}{e^{x^2}-1}=\lim_{x\to 0}\frac{x\cdot x^n}{x^2}=\lim_{x\to 0}x^{n-1}$$

要使$x\sin x^n$是比$e^{x^2}-1$高阶的无穷小，则$n>1$.

所以，$n<3$且$n>1$. 故选$n=2$.

答案　B.

例 3　设$f(x)$满足$\lim\limits_{x\to 0}\dfrac{\ln\left(1+\frac{f(x)}{\sin 5x}\right)}{3^x-1}=2$，求$\lim\limits_{x\to 0}\dfrac{f(x)}{x^2}$.

解　因为$\ln\left(1+\dfrac{f(x)}{\sin 5x}\right)\sim\dfrac{f(x)}{\sin 5x}\sim\dfrac{f(x)}{5x}$，$3^x-1\sim x\ln 3$　$(x\to 0)$，所以

$$\lim_{x\to 0}\frac{\ln\left(1+\frac{f(x)}{\sin 5x}\right)}{3^x-1}=\lim_{x\to 0}\frac{\frac{f(x)}{5x}}{x\ln 3}=\lim_{x\to 0}\frac{f(x)}{x^2}\cdot\frac{1}{5\ln 3}=2$$

于是$\lim\limits_{x\to 0}\dfrac{f(x)}{x^2}=2\cdot 5\ln 3=10\ln 3$.

【提高练习题】

1. 已知$\lim\limits_{x\to 0}\dfrac{x}{f(3x)}=2$，则$\lim\limits_{x\to 0}\dfrac{f(2x)}{x}=$(　　).

A. $\dfrac{1}{6}$　　B. $\dfrac{1}{3}$　　C. $\dfrac{1}{2}$　　D. $\dfrac{4}{3}$

2. $\lim\limits_{x\to 0}\dfrac{x}{\sqrt{1-\cos x}}=$(　　).

A. 0　　B. 1　　C. $\sqrt{2}$　　D. 不存在

3. 求下列函数的极限.

(1) $\lim\limits_{x\to 0}\dfrac{\sin x-\tan x}{(\sqrt[3]{1+x^2}-1)(\sqrt{1+\sin x}-1)}$　　(2) $\lim\limits_{x\to 0}\dfrac{e^x-e^{x\cos x}}{x\ln(1+x^2)}$

提高练习题参考答案：

1. B　2. D　3. (1) -3，(2) $\dfrac{1}{2}$

选读内容

【学习目标】

了解极限的严格定义与极限的性质，学会判断函数间断点类型.

【知识要点】

1. 极限的严格定义

(1) $\lim\limits_{n\to\infty}a_n=A\Leftrightarrow\forall\varepsilon>0$，恒存在充分大的 N，使得当 $n>N$ 时，就有 $|a_n-A|<\varepsilon$.

(2) $\lim\limits_{x\to x_0}f(x)=A\Leftrightarrow\forall\varepsilon>0$，总存在 $\delta>0$，使得当 $0<|x-x_0|<\delta$ 时，就有 $|f(x)-A|<\varepsilon$.

2. 间断点类型

(1) 若函数 $f(x)$ 在点 x_0 处不连续，则称函数 $f(x)$ 在点 x_0 处**间断**，称点 x_0 是函数 $f(x)$ 的**一个间断点**. 若 $f(x)$ 在 x_0 处左、右极限都存在，则称 x_0 为 $f(x)$ 的**第一类间断点**；若 $f(x)$ 在 x_0 的左、右极限至少有一个不存在，则称 x_0 为 $f(x)$ 的**第二类间断点**.

(2) 在第一类间断点中，若 $f(x)$ 在 x_0 的左、右极限相等，则 x_0 为**可去间断点**；若 $f(x)$ 在 x_0 的左、右极限不相等，则 x_0 为**跳跃间断点**.

【典型例题选讲——基础篇】

例 1　求函数 $f(x)=\begin{cases}\sin x, & x\geqslant 0\\ x+1, & x<0\end{cases}$ 的间断点，并指出间断点的类型.

解　函数 $f(x)$ 的定义域为 $\mathbf{R}$，考察 $f(x)$ 在分段点的极限.

$$\lim_{x\to 0^-}f(x)=\lim_{x\to 0^-}(x+1)=1;\quad \lim_{x\to 0^+}f(x)=\lim_{x\to 0^+}\sin x=0$$

因为函数 $f(x)$ 在 $x=0$ 的左、右极限都存在，但不相等，所以 $x=0$ 是 $f(x)$ 的第一类间断点，且是跳跃间断点.

例 2　求函数 $f(x)=\frac{x^2-4}{x^2-x-2}$ 的间断点，指出间断点的类型，若是可去间断点，请补充或改变函数的定义使它连续.

解　函数 $f(x)$ 为初等函数，在 $x=-1$ 与 $x=2$ 处无定义，故 $x=-1$ 与 $x=2$ 是 $f(x)$ 的间断点.

对于 $x=-1$，有 $\lim\limits_{x\to-1}\frac{x^2-4}{x^2-x-2}=\lim\limits_{x\to-1}\frac{(x-2)(x+2)}{(x-2)(x+1)}=\lim\limits_{x\to-1}\frac{x+2}{x+1}=\infty$.

所以 $x=-1$ 是 $f(x)$ 的第二类间断点.

对于 $x=2$，$\lim\limits_{x\to2}\frac{x^2-4}{x^2-x-2}=\lim\limits_{x\to2}\frac{(x-2)(x+2)}{(x-2)(x+1)}=\lim\limits_{x\to2}\frac{x+2}{x+1}=\frac{4}{3}$.

所以 $x=2$ 是 $f(x)$ 的可去间断点.

定义新的函数：$g(x)=\begin{cases} f(x), & x\neq2 \\ \frac{4}{3}, & x=2 \end{cases}$，则 $g(x)$ 是在 $x=2$ 是连续的.

【基础作业题】

1. 指出下列函数的间断点，并判断间断点的类型，如果是可去间断点，则补充或改变函数的定义使它连续.

(1) $f(x)=\frac{5}{x+3}$　　(2) $f(x)=\frac{\tan x}{|x|}$

(3) $f(x)=\frac{x-1}{x^2-5x+4}$　　(4) $f(x)=\frac{1}{1-e^{\frac{x}{1-x}}}$

第 2 章 自 测 题

一、选择题

1. 当 $x\to0$ 时，以下变量为无穷小量的是（　　）.

A. $\frac{1}{x}\sin x$　　B. $x\sin\frac{1}{x}$　　C. $x+0.00001$　　D. $\cot x$

2. 当 $x\to 0$ 时，函数 $e^{\frac{1}{x}}$ 的极限（　　）.

A. 等于 1　　B. 等于 0　　C. 为 ∞　　D. 不存在但不为 ∞

3. 无穷小量（　　）.

A. 是比 0 稍大一点的一个数　　B. 是一个很小很小的数

C. 是以 0 为极限的一个变量　　D. 不是有界量就一定是无穷大量

4. 曲线 $y=\frac{1+e^{-x^2}}{1-e^{-x^2}}$（　　）.

A. 仅有水平渐近线　　B. 仅有铅直渐近线

C. 既有水平渐近线又有铅直渐近线　　D. 没有渐近线

*5. 设 $f(x)=\begin{cases}\frac{\sqrt{x+1}-1}{x}, & x\neq 0\\ 0, & x=0\end{cases}$，则 $x=0$ 是 $f(x)$ 的（　　）.

A. 可去间断点　　B. 跳跃间断点　　C. 第二类间断点　　D. 连续点

6. 下列等式成立的是（　　）.

A. $\lim\limits_{x\to\infty}\left(1+\frac{2}{x}\right)^{x}=e$　　B. $\lim\limits_{x\to\infty}\left(1+\frac{1}{x}\right)^{x+2}=e$

C. $\lim\limits_{x\to\infty}\left(1+\frac{1}{2x}\right)^{x}=e$　　D. $\lim\limits_{x\to\infty}\left(1+\frac{1}{x}\right)^{2x}=e$

7. 当 $x\to 0$ 时，$1-\cos x$ 与 $x\sin x$ 相比较（　　）.

A. 是低阶无穷小量　　B. 是同阶但不等价无穷小量

C. 是等价无穷小量　　D. 是高阶无穷小量

8. 若 $\lim\limits_{x\to x_0}f(x)=\infty$，$\lim\limits_{x\to x_0}g(x)=\infty$，则必有（　　）.

A. $\lim\limits_{x\to x_0}[f(x)+g(x)]=\infty$　　B. $\lim\limits_{x\to x_0}[f(x)-g(x)]=0$

C. $\lim\limits_{x\to x_0}\frac{1}{f(x)+g(x)}=0$　　D. $\lim\limits_{x\to x_0}kf(x)=\infty$（$k$ 为非零常数）

9. 设 $a_0\neq 0$，$b_0\neq 0$，则当（　　）时，有 $\lim\limits_{x\to\infty}\frac{a_0x^m+a_1x^{m-1}+\cdots+a_m}{b_0x^n+b_1x^{n-1}+\cdots+b_n}=\frac{a_0}{b_0}$.

A. $m>n$　　B. $m=n$　　C. $m<n$　　D. m,n 任意取

二、填空题

1. $\lim\limits_{x\to+\infty}\frac{x^3+x^2+1}{x^4+x^3}(\sin x+\cos x)=$______________.

2. 函数 $f(x)=\sqrt{|x|(x^2+3x-4)}$ 的定义域______________；连续区间______________.

3. 若当 $x\to 0$ 时，$1-\cos x$ 与 $a\sin^2\frac{x}{2}$ 等价，a 应等于______________.

4. 已知$\lim\limits_{x\to 3}\dfrac{x^2-2x+k}{x-3}=4$,则 $k=$________.

*5. 函数 $f(x)=\dfrac{x}{\ln|x-1|}$的间断点是________,其类型是________.

三、计算题

1. $\lim\limits_{x\to 1}\dfrac{x^2-2x+1}{x^3-x}$

2. $\lim\limits_{x\to +\infty}\dfrac{(x-2)^{10}(2x-3)^{20}}{(1-3x)^{30}}$

3. $\lim\limits_{x\to 1}\dfrac{\sin(x-1)}{x^2-1}$

4. $\lim\limits_{x\to \pi}\dfrac{1-\cos x}{\sin x}(\pi-x)$

5. $\lim\limits_{x\to +\infty}\left(1-\dfrac{3}{x}\right)^{\frac{x}{2}}$

6. $\lim\limits_{x\to -\infty}(\sqrt{x^2+3x}-\sqrt{x^2+x})$

7. $\lim\limits_{x\to +\infty}(\sqrt{x^2+3x}-\sqrt{x^2+x})$

四、解答题

设有函数 $f(x)=\begin{cases}\sin ax, & x<1\\ a(x-1)-1, & x\geqslant 1\end{cases}$,试确定 a 的值使 $f(x)$在 $x=1$ 处连续.

五、证明题

证明:若 $f(x)$及 $g(x)$都在$[a,b]$上连续,且 $f(a)<g(a)$,$f(b)>g(b)$,则在(a,b)内,曲线 $y=f(x)$与 $y=g(x)$至少有一个交点.

参考答案

一、选择题

1. B 2. D 3. C 4. C 5. A 6. B 7. B 8. D 9. B

二、填空题

1. 0 2. $(-\infty,-4]\cup[1,+\infty)\cup\{0\}$;$(-\infty,-4]\cup[1,+\infty)$ 3. 2

4. $k=-3$ 5. $x=0,x=1,x=2$

三、计算题

1. 0 2. $\dfrac{2^{20}}{3^{30}}$ 3. $\dfrac{1}{2}$ 4. 2 5. $e^{-\frac{3}{2}}$ 6. -1 7. 1

四、解答题

$a=-\dfrac{\pi}{2}\pm 2k\pi,\quad k\in Z.$

五、证明题 (略)

第 3 章 导数与微分

3.1 导数的概念

【学习目标】

理解导数的概念,了解导数的几何意义、可导和连续的关系,会求曲线上一点处的切线方程和法线方程,会判定分段函数在分界点处的连续性和可导性.

【知识要点】

1. 导数的定义

设函数 $f(x)$在点 x_0 的某个邻域内有定义,若极限

$$\lim_{\Delta x\to 0}\frac{f(x_0+\Delta x)-f(x_0)}{\Delta x}=\lim_{x\to x_0}\frac{f(x)-f(x_0)}{x-x_0}$$

存在,则称函数 $f(x)$在点 x_0 处可导,称极限值为 $f(x)$在点 x_0 处的导数,记作 $f'(x_0)$.

导数是微分学的核心概念,是反映随着自变量的变化,函数值的变化速度或变化率,导数的定义可简单概括为**增量比的极限**.

注 1:从极限的观点看导数的存在性,则要求该增量比的单侧极限必须都存在且相等,即函数在点 $x=x_0$ 处的左、右导数都存在且相等.

其中,左、右导数定义如下:

$$f'_-(x_0)=\lim_{\Delta x\to 0^-}\frac{f(x_0+\Delta x)-f(x_0)}{\Delta x}=\lim_{x\to x_0^-}\frac{f(x)-f(x_0)}{x-x_0}$$

$$f'_+(x_0)=\lim_{\Delta x\to 0^+}\frac{f(x_0+\Delta x)-f(x_0)}{\Delta x}=\lim_{x\to x_0^+}\frac{f(x)-f(x_0)}{x-x_0}$$

注 2:导数定义的另外一种常见形式(作变量代换 $\Delta x=h$):

$$f'(x_0)=\lim_{\Delta x\to 0}\frac{f(x_0+\Delta x)-f(x_0)}{\Delta x}=\lim_{h\to 0}\frac{f(x_0+h)-f(x_0)}{h}$$

函数 $f(x)$在区间(a,b)内可导,是指对任意的 $x_0\in(a,b)$,$f(x)$在点 x_0 处可导. 如果对区间(a,b)内任一点 x,都有一个确定的导数值,这样就引出了一个新的函数 $f'(x)$,称 $f'(x)$为原函数 $f(x)$的导函数,简称为 $f(x)$的导数.

函数 $f(x)$在闭区间$[a,b]$内可导,是指函数 $f(x)$在开区间(a,b)内可导,且

$f(x)$在左端点 a 处右导数 $f'_+(a)$存在,在右端点 b 处左导数 $f'_-(b)$存在.

2. 导数的几何意义

设函数 $y=f(x)$的图形是曲线 C,它在点$(x_0,f(x_0))$处切线的斜率为 $f'(x_0)$,则在该点的切线方程为

$$y-f(x_0)=f'(x_0)(x-x_0)$$

若 $f'(x_0)\neq 0$,则曲线 C 在点$(x_0,f(x_0))$处的法线斜率为$-\dfrac{1}{f'(x_0)}$,得法线方程

$$y-f(x_0)=-\frac{1}{f'(x_0)}(x-x_0)$$

若 $f'(x_0)=0$,则切线平行于 x 轴,切线方程为 $y=f(x_0)$;此时法线垂直于 x 轴,法线方程为 $x=x_0$.

3. 不可导的类型

若极限$\lim\limits_{x\to x_0}\dfrac{f(x)-f(x_0)}{x-x_0}$不存在,则称函数 $f(x)$在点 x_0 处不可导(或不可微). 函数在 x_0 处不可导有以下三种情形:

(1) 在点 $x=x_0$ 处不连续;

(2) 在点 $x=x_0$ 处的左右导数至少有一个不存在;

(3) 在点 $x=x_0$ 处的左右导数 $f'_+(x_0)$、$f'_-(x_0)$都存在,但 $f'_+(x_0)\neq f'_-(x_0)$.

【典型例题选讲——基础篇】

例 1 已知 $f'(3)=2$,求$\lim\limits_{h\to 0}\dfrac{f(3-h)-f(3)}{2h}$.

解 由导数定义,

$$\lim_{h\to 0}\frac{f(3-h)-f(3)}{2h}=-\frac{1}{2}\lim_{h\to 0}\frac{f(3-h)-f(3)}{-h}=-\frac{1}{2}f'(3)=-1.$$

总结:利用导数的定义,无论是何种形式,要分清楚哪个是增量,是在哪个点处的增量.

例 2 若 $f'(1)=2$,则$\lim\limits_{x\to 0}\dfrac{f(1+x)-f(1)}{\sin x}=$( ).

A. 2 B. -2 C. 1 D. 0

解 由导数定义,

$$\lim_{x\to 0}\frac{f(1+x)-f(1)}{\sin x}=\lim_{x\to 0}\frac{f(1+x)-f(1)}{x}=f'(1)=2$$

故选 A.

例 3 求曲线 $y=\ln x$ 上与直线 $x+y=1$ 垂直的切线方程. (注:$(\ln x)'=\dfrac{1}{x}$)

解　与直线 $x+y=1$ 垂直的直线斜率为 1.

设 $y'=(\ln x)'=\dfrac{1}{x}=1$,得 $x=1$,此时 $y=\ln 1=0$,故该切线方程为 $y=x-1$.

【基础作业题】

1. 按导数定义求函数 $y=2x^2$ 在点 $x=1$ 处的导数.

2. 设函数 $f(x)$ 在点 x_0 处可导,导数为 $f'(x_0)$,按导数的定义确定下列极限:

(1) $\lim\limits_{h\to 0}\dfrac{f(x_0+2h)-f(x_0)}{h}$

(2) $\lim\limits_{\Delta x\to 0}\dfrac{f(x_0+\Delta x)-f(x_0-\Delta x)}{\Delta x}$

3. 求曲线 $y=\sqrt{x}$ 在点(4,2)处的切线方程与法线方程.(注:$(\sqrt{x})'=\dfrac{1}{2\sqrt{x}}$)

4. 设函数 $y=\begin{cases}x^2, & x\leqslant 1\\ ax+b, & x>1\end{cases}$ 在 $x=1$ 处可导,求常数 a,b.

5. 设函数 $f(x)$ 在点 $x=0$ 处导数为 2,且 $f(0)=0$,求 $\lim\limits_{x\to 0}\dfrac{f(x)}{x}$.

【典型例题选讲——提高篇】

例 1 设函数 $f(x)$对任意的 x 均满足等式 $f(1+x)=af(x)$，且有 $f'(0)=b$，其中 a,b 为非 0 常数，则(　　).

A. $f(x)$在 $x=1$ 处不可导　　B. $f(x)$在 $x=1$ 处可导，且 $f'(1)=a$

C. $f(x)$在 $x=1$ 处可导，且 $f'(1)=b$　　D. $f(x)$在 $x=1$ 处可导，且 $f'(1)=ab$

解 $\lim\limits_{\Delta x\to 0}\dfrac{f(1+\Delta x)-f(1)}{\Delta x}=\lim\limits_{\Delta x\to 0}\dfrac{af(\Delta x)-af(0)}{\Delta x}$

$$=a\lim_{\Delta x\to 0}\frac{f(\Delta x)-f(0)}{\Delta x}=af'(0)=ab$$

即 $f'(1)=ab$，故应选 D.

例 2 设 $f(x)$在 $x=1$ 处连续，且$\lim\limits_{x\to 1}\dfrac{f(x)}{x-1}=3$，求 $f'(1)$.

解 因为 $f(1)=\lim\limits_{x\to 1}f(x)=\lim\limits_{x\to 1}\dfrac{f(x)}{x-1}(x-1)=\lim\limits_{x\to 1}\dfrac{f(x)}{x-1}\lim\limits_{x\to 1}(x-1)=3\cdot 0=0$，所以

$$f'(1)=\lim_{x\to 1}\frac{f(x)-f(1)}{x-1}=\lim_{x\to 1}\frac{f(x)-0}{x-1}=3$$

例 3 设函数 $f(x)=\begin{cases}x^{\alpha}\sin\dfrac{1}{x}, & x>0\\ 0, & x=0\end{cases}$ （α 为实数）

试问 α 在什么范围时：(1) $f(x)$在点 $x=0$ 右连续；(2) $f(x)$在点 $x=0$ 右可导.

解 (1) 当 $\alpha>0$ 时，x^{α} 是 $x\to 0^+$ 时的无穷小量，而 $\sin\dfrac{1}{x}$是有界变量，所以当 $\alpha>0$ 时

$$\lim_{x\to 0^+}f(x)=\lim_{x\to 0^+}x^{\alpha}\sin\frac{1}{x}=0=f(0)$$

即当 $\alpha>0$ 时，$f(x)$在点 $x=0$ 右连续.

(2) 当 $\alpha>1$ 时，由导数定义及有界变量乘无穷小量是无穷小量，得

$$f'_+(0)=\lim_{x\to 0^+}\frac{f(x)-f(0)}{x-0}=\lim_{x\to 0^+}\frac{x^{\alpha}\sin\frac{1}{x}}{x}=\lim_{x\to 0^+}x^{\alpha-1}\sin\frac{1}{x}=0$$

所以当 $\alpha>1$ 时，$f(x)$在点 $x=0$ 右可导.

【提高练习题】

1. 若 $f'(1)=1$，求极限$\lim\limits_{x\to 1}\dfrac{f(x)-f(1)}{x^2-1}$.

2. 设函数 $f(x)$ 在点 x_0 处的导数为 $f'(x_0)$，计算 $\lim\limits_{h\to 0}\dfrac{f(x_0+mh)-f(x_0-nh)}{h}$.

3. 证明：在 $x=0$ 处，函数 $f(x)=|\sin x|$ 不可导.

提高练习题参考答案：

1. $\dfrac{1}{2}$　2. $(m+n)f'(x_0)$　3. 证明略.

3.2　函数导数的四则运算法则

【学习目标】

掌握基本初等函数的导数公式，掌握导数的四则运算法则.

【知识要点】

▲ 导数的四则运算法则

设函数 $u(x)$，$v(x)$ 可导，则

(1) 和差的导数：$(u\pm v)'=u'\pm v'$.

(2) 乘积的导数：$(uv)'=u'v+uv'$，$(\lambda u)'=\lambda u'$，其中，λ 为任意常数.

(3) 商的导数：当 $v\neq 0$ 时，$\left(\dfrac{u}{v}\right)'=\dfrac{u'v-uv'}{v^2}$.

【典型例题选讲——基础篇】

例 1　已知 $y=x^a+a^x+\ln a$，求 $\dfrac{\mathrm{d}y}{\mathrm{d}x}$.

解　由函数和的求导法则知

$$\frac{\mathrm{d}y}{\mathrm{d}x}=(x^a)'+(a^x)'+(\ln a)'=ax^{a-1}+a^x\ln a+0=ax^{a-1}+a^x\ln a$$

例 2　已知 $y=(\sqrt{x}+1)(\frac{1}{\sqrt{x}}-1)$，求 y'.

解 1　因为 $y=(\sqrt{x}+1)\left(\dfrac{1}{\sqrt{x}}-1\right)=1-\sqrt{x}+\dfrac{1}{\sqrt{x}}-1=\dfrac{1}{\sqrt{x}}-\sqrt{x}$. 所以

$$y'=\left(\frac{1}{\sqrt{x}}-\sqrt{x}\right)'=-\frac{1}{2}x^{-\frac{3}{2}}-\frac{1}{2}x^{-\frac{1}{2}}$$

解 2　$y'=(\sqrt{x}+1)'\left(\dfrac{1}{\sqrt{x}}-1\right)+(\sqrt{x}+1)\left(\dfrac{1}{\sqrt{x}}-1\right)'$

$$=\frac{1}{2}x^{-\frac{1}{2}}\left(\frac{1}{\sqrt{x}}-1\right)-\frac{1}{2}x^{-\frac{3}{2}}(\sqrt{x}+1)=-\frac{1}{2}x^{-\frac{3}{2}}-\frac{1}{2}x^{-\frac{1}{2}}$$

例 3　已知 $y=\dfrac{\ln x}{x}$，求在 $x=\mathrm{e}$ 处的导数 $y'(\mathrm{e})$.

解　$y'=\left(\dfrac{\ln x}{x}\right)'=\dfrac{(\ln x)'\cdot x-(\ln x)\cdot x'}{x^2}=\dfrac{1-\ln x}{x^2}$，则 $y'(\mathrm{e})=\dfrac{1-\ln \mathrm{e}}{\mathrm{e}^2}=0$

【基础作业题】

1. 求下列函数的导数.

(1) $y=\dfrac{4}{x^5}-\dfrac{2}{x}+12$　　(2) $y=2\mathrm{e}^x-2^x+\mathrm{e}^2$

(3) $y=\mathrm{e}^x\sin x$　　(4) $y=x^3\lg x+\ln x$

(5) $y=\dfrac{1-x^2}{1+x^2}$　　(6) $y=\dfrac{1}{\ln x}$

2. 计算下列函数在指定点处的导数.

(1) $y=x^3-x\sqrt{x}+3$，求 $\left.\dfrac{\mathrm{d}y}{\mathrm{d}x}\right|_{x=1}$.　　(2) $y=x\sin x+2\cos x$，求 $y'\left(\dfrac{\pi}{4}\right)$.

【典型例题选讲——提高篇】

例 1　设函数 $f(x)=\begin{cases} x\arctan\dfrac{1}{x^2}, & x\neq 0 \\ 0, & x=0 \end{cases}$，求 $f'(x)$.

解　$f'(0)=\lim\limits_{x\to 0}\dfrac{f(x)-f(0)}{x-0}=\lim\limits_{x\to 0}\dfrac{x\arctan\dfrac{1}{x^2}-0}{x-0}=\lim\limits_{x\to 0}\arctan\dfrac{1}{x^2}=\dfrac{\pi}{2}$,

当 $x\neq 0$ 时,$f'(x)=\arctan\dfrac{1}{x^2}+x\cdot\dfrac{1}{1+\left(\dfrac{1}{x^2}\right)^2}\cdot\left(-\dfrac{2}{x^3}\right)=\arctan\dfrac{1}{x^2}-\dfrac{2x^2}{1+x^4}$,

故

$$f'(x)=\begin{cases}\arctan\dfrac{1}{x^2}-\dfrac{2x^2}{1+x^4}, & x\neq 0\\ \dfrac{\pi}{2}, & x=0\end{cases}$$

总结:对于分段函数(包括以分段形式给出的函数,带绝对值符号的函数)在分段点的导数,一般是通过定义计算.若在分段点两侧的表达式不同,则应分别考虑左、右导数.当左右导数都存在且相等,则在分段点可导,否则,在该点不可导.对于非分段点,这些点一般都是在某个开区间内(也就是说在该点的某个小邻域内),且这个开区间内函数的表达式都是一个初等函数.所以除特殊情形外,都是可导的,因此一般不需要进行讨论.

例 2　求函数 $f(x)=(x^2-x-2)|x^2-1|$ 的不可导点.

解　去掉绝对值符号,将 $f(x)$ 改写成

$$f(x)=\begin{cases}(x^2-x-2)(x^2-1), & x<-1\\ (x^2-x-2)(1-x^2), & -1\leqslant x\leqslant 1\\ (x^2-x-2)(x^2-1), & x>1\end{cases}$$

故函数 $f(x)$ 的分段点有:$x=-1$, 1.

$$\begin{aligned}f'_-(-1)&=\lim_{x\to(-1)^-}\frac{(x^2-x-2)(x^2-1)-0}{x-(-1)}=\lim_{x\to(-1)^-}\frac{(x^2-x-2)(x^2-1)}{x+1}\\&=\lim_{x\to(-1)^-}(x^2-x-2)(x-1)=0\end{aligned}$$

同理　$f'_+(-1)=\lim\limits_{x\to(-1)^+}\dfrac{(x^2-x-2)(1-x^2)-0}{x-(-1)}=0$

即 $f'_-(-1)=f'_+(-1)$,故函数 $f(x)$ 在 $x=-1$ 处可导.又

$$f'_-(1)=\lim_{x\to 1^-}\frac{(x^2-x-2)(1-x^2)-0}{x-1}=\lim_{x\to 1^-}(x^2-x-2)(-1-x)=4$$

$$f'_+(1)=\lim_{x\to 1^+}\frac{(x^2-x-2)(x^2-1)-0}{x-1}=\lim_{x\to 1^+}(x^2-x-2)(x+1)=-4$$

即 $f'_-(1)\neq f'_+(1)$,函数 $f(x)$ 在 $x=1$ 处不可导.

综上可知,函数 $f(x)$ 的不可导点为 $x=1$.

例 3　设函数 $f(x)$ 在 $x=1$ 处可导,且 $f'(1)=3$,求:

$$\lim_{n\to+\infty}n\left[f\left(1+\frac{1}{n}\right)-f\left(1-\frac{3}{n}\right)\right]$$

解 由导数定义以及函数极限与数列极限之间的关系知

$$\lim_{n\to+\infty} n\left[f\left(1+\frac{1}{n}\right)-f\left(1-\frac{3}{n}\right)\right]=\lim_{n\to+\infty}\left[\frac{f\left(1+\frac{1}{n}\right)-f(1)}{\frac{1}{n}}+\frac{f\left(1-\frac{3}{n}\right)-f(1)}{-\frac{3}{n}}\cdot 3\right]$$

$$=f'(1)+3f'(1)=12$$

【提高练习题】

1. 设函数 $f(2x)=\ln x$,则$\frac{\mathrm{d}f(x)}{\mathrm{d}x}=$______________ .

2. 在曲线 $y=x^2-x$ 上求一点,使曲线在这点处的切线与曲线 $y=\sqrt{x}$在点 $x=1$ 处的切线互相平行.

3. 设曲线 $y=f(x)$在原点与曲线 $y=\sin x$ 相切,求$\lim\limits_{n\to\infty}\sqrt{n}\sqrt{f\left(\frac{2}{n}\right)}$.

提高题参考答案:

1. $\frac{1}{x}$　2. $\left(\frac{3}{4},-\frac{3}{16}\right)$

3. 提示:由条件推得 $f'(0)=1, f(0)=0$. 于是

$$\lim_{n\to\infty}\sqrt{n}\sqrt{f\left(\frac{2}{n}\right)}=\lim_{n\to\infty}\left[2\,\frac{f\left(\frac{2}{n}\right)-f(0)}{\frac{2}{n}-0}\right]^{\frac{1}{2}}=\sqrt{2f'(0)}=\sqrt{2}$$

3.3 复合函数的导数

【学习目标】

掌握复合函数求导的法则,会求复合函数的导数.

【知识要点】

▲ 复合函数的求导法则

设函数 $u=\varphi(x)$在 x 处可导,$y=f(u)$在 $u=\varphi(x)$也可导,则复合函数 $y=f[\varphi(x)]$在点 x 处可导,并且

$$\frac{\mathrm{d}y}{\mathrm{d}x}=\frac{\mathrm{d}y}{\mathrm{d}u}\cdot\frac{\mathrm{d}u}{\mathrm{d}x}=f'(u)\cdot\varphi'(x)=y'_u\cdot u'_x$$

即复合函数的导数等于复合函数对中间变量的导数乘以中间变量对自变量的导数.

注:复合函数求导法则可推广到有限次复合的复合函数情形. 例如,对于 $y=f(u)$,$u=\varphi(v)$,$v=\psi(x)$,则有

$$\frac{\mathrm{d}y}{\mathrm{d}x}=\frac{\mathrm{d}y}{\mathrm{d}u}\cdot\frac{\mathrm{d}u}{\mathrm{d}v}\cdot\frac{\mathrm{d}v}{\mathrm{d}x}=f'(u)\cdot\varphi'(v)\cdot\psi'(x)$$

【典型例题选讲——基础篇】

例 1　求下列函数的导数.

(1) $y=(1-2x)^7$　　(2) $y=\sin^2 x$　　(3) $y=\ln\sin(\mathrm{e}^x)$

解　(1) 函数 $y=(1-2x)^7$ 是由 $y=u^7$ 及 $u=(1-2x)$ 两个函数复合而成的,而

$$y'_u=(u^7)'=7u^6, u'_x=(1-2x)'=-2$$

于是有
$$y'=7u^6\cdot(-2)=-14(1-2x)^6$$

(2) 函数 $y=\sin^2 x$ 是由函数 $y=u^2$ 及 $u=\sin x$ 复合而成的,而

$$y'_u=(u^2)'=2u,\ u'_x=(\sin x)'=\cos x$$

所以
$$y'=2u\cdot\cos x=2\sin x\cdot\cos x=\sin 2x$$

总结:对复合函数的分解过程掌握熟练之后,就不必再写出中间变量,只需按照函数复合的次序由外及里逐层求导,直接得出最后结果.

(3) $y'=\dfrac{1}{\sin \mathrm{e}^x}(\sin \mathrm{e}^x)'=\dfrac{\cos \mathrm{e}^x\cdot(\mathrm{e}^x)'}{\sin \mathrm{e}^x}=\mathrm{e}^x\cot \mathrm{e}^x$

例 2　已知函数 $y=\ln(x+\sqrt{x^2+a^2})$,求 y'.

解　$y'=[\ln(x+\sqrt{x^2+a^2})]'=\dfrac{1}{x+\sqrt{x^2+a^2}}(x+\sqrt{x^2+a^2})'$

$$=\frac{1}{x+\sqrt{x^2+a^2}}\left[1+\frac{1}{2}\frac{1}{\sqrt{x^2+a^2}}(x^2+a^2)'\right]$$

$$=\frac{1}{x+\sqrt{x^2+a^2}}\left(1+\frac{x}{\sqrt{x^2+a^2}}\right)=\frac{1}{\sqrt{x^2+a^2}}$$

例 3　求函数 $y=\sin\ln\sqrt{2x+1}$的导数.

解　$y'=(\sin\ln\sqrt{2x+1})'=\cos\ln\sqrt{2x+1}\cdot(\ln\sqrt{2x+1})'$

$$=\cos\ln\sqrt{2x+1}\cdot\frac{1}{\sqrt{2x+1}}\cdot(\sqrt{2x+1})'$$

$$=\cos\ln\sqrt{2x+1}\cdot\frac{1}{\sqrt{2x+1}}\cdot\frac{1}{2\sqrt{2x+1}}\cdot 2$$

$$=\frac{\cos\ln\sqrt{2x+1}}{2x+1}.$$

【基础作业题】

1. 求下列函数的导数.

(1) $y=\cos(4-3x)$

(2) $y=\mathrm{e}^{3x^2}$

(3) $y=\ln\sin x$

(4) $y=x\cdot\sin^3 x$

2. 求下列函数的导数.

(1) $y=10^{x\ln x}$

(2) $y=\ln\sqrt{x}+\sqrt{\ln x}$

(3) $y=\sin\left(\dfrac{1-x}{1+x}\right)$

(4) $y=\dfrac{1}{\cos^2(2x)}$

【典型例题选讲——提高篇】

例 1 求函数 $y=\arctan \mathrm{e}^x-\ln\sqrt{\dfrac{\mathrm{e}^{2x}}{\mathrm{e}^{2x}+1}}$的导数.

解 因为

$$y=\arctan \mathrm{e}^x-\frac{1}{2}[2x-\ln(\mathrm{e}^{2x}+1)]$$

所以

$$y'=\frac{\mathrm{e}^x}{1+\mathrm{e}^{2x}}-1+\frac{\mathrm{e}^{2x}}{1+\mathrm{e}^{2x}}=\frac{\mathrm{e}^x-1}{1+\mathrm{e}^{2x}}$$

例 2 已知函数 $y=f(\sin x)$,求导数$\dfrac{\mathrm{d}y}{\mathrm{d}x}$.

解　$\frac{\mathrm{d}y}{\mathrm{d}x}=[f(\sin x)]'=f'(\sin x)\cdot(\sin x)'=f'(\sin x)\cdot\cos x$

【提高练习题】

1. 设 $f(x)$ 为可导函数,求$\frac{\mathrm{d}y}{\mathrm{d}x}$.

(1) $y=f(\sin^2 x)+f(\cos^2 x)$　　　　(2) $y=f(\mathrm{e}^x)\mathrm{e}^{f(x)}$

2. 已知函数 $y=f\left(\frac{3x-2}{3x+2}\right)$,且 $f'(x)=\arctan x^2$,则$\left.\frac{\mathrm{d}y}{\mathrm{d}x}\right|_{x=0}=$__________.

提高题参考答案:

1. (1) $\sin 2x[f'(\sin^2 x)-f'(\cos^2 x)]$　(2) $\mathrm{e}^{f(x)}[f'(\mathrm{e}^x)\mathrm{e}^x+f(\mathrm{e}^x)f'(x)]$

2. $\frac{3\pi}{4}$

3.4　高 阶 导 数

【学习目标】

了解高阶导数的概念,会求简单函数的高阶导数.

【知识要点】

1. 高阶导数定义

若函数 $y=f(x)$ 的导数 $f'(x)$ 在点 x 处可导,即

$$[f'(x)]'=\lim_{\Delta x\to 0}\frac{f'(x+\Delta x)-f'(x)}{\Delta x}$$

存在,则称$[f'(x)]'$为函数 $f(x)$ 在点 x 处的二阶导数,通常记作:y'';$f''(x)$;$\frac{\mathrm{d}^2 y}{\mathrm{d}x^2}$或$\frac{\mathrm{d}^2 f}{\mathrm{d}x^2}$. 同时称 $f(x)$ 二阶可导.

注 1:几何上,导数和高阶导数可以刻画函数在 $x=x_0$ 处局部的光滑程度. 在该点处存在高阶导数的阶数越高,图像就越光滑.

注 2:为符号上的统一,记 $f^{(0)}(x)=f(x)$.

注 3:求一个函数的 n 阶导数 $f^{(n)}(x)$,一般需要求出 $f'(x)$、$f''(x)$、$f'''(x)$,然后通过观察得到它的 n 阶导数 $f^{(n)}(x)$,所得结论是否正确一般要用数学归纳法验证.

2. 高阶导数的运算法则与莱布尼茨(Leibniz)公式

(1) $[\alpha f(x)+\beta g(x)]^{(n)}=\alpha f^{(n)}(x)+\beta g^{(n)}(x)$,其中 α,β 是任意常数.

(2) 莱布尼茨(Leibniz) 公式:$[f(x)g(x)]^{(n)}=\sum_{k=0}^{n}C_n^k f^{(n-k)}(x)g^{(k)}(x)$,其中 $C_n^k=\dfrac{n!}{k!\cdot(n-k)!}$.

【典型例题选讲——基础篇】

例 1 求函数 $y=\ln\cos x$ 的二阶导数.

解 利用复合函数求导法则知 $y'=(\ln\cos x)'=\dfrac{1}{\cos x}\cdot(\cos x)'=-\tan x$,故

$$y''=(-\tan x)'=-\sec^2 x$$

例 2 求函数 $y=\ln(x+\sqrt{1+x^2})$ 的二阶导数.

解 利用复合函数求导法则知

$$\begin{aligned}y'&=[\ln(x+\sqrt{1+x^2})]'=\frac{1}{x+\sqrt{1+x^2}}\cdot(x+\sqrt{1+x^2})'\\&=\frac{1}{x+\sqrt{1+x^2}}\cdot\left(1+\frac{2x}{2\sqrt{1+x^2}}\right)=\frac{1}{x+\sqrt{1+x^2}}\cdot\frac{\sqrt{1+x^2}+x}{\sqrt{1+x^2}}\\&=\frac{1}{\sqrt{1+x^2}}\end{aligned}$$

所以
$$y''=\left(\frac{1}{\sqrt{1+x^2}}\right)'=-\frac{1}{2}(1+x^2)^{-\frac{3}{2}}\cdot 2x=-x\cdot(1+x^2)^{-\frac{3}{2}}$$

例 3 设 y 的 $n-1$ 阶导数 $y^{(n-1)}=\dfrac{x}{\ln x}$,求 y 的 n 阶导数 $y^{(n)}$.

解 $y^{(n)}$ 即对 $y^{(n-1)}=\dfrac{x}{\ln x}$ 再求导数,故利用商的求导法则知

$$y^{(n)}=[y^{(n-1)}]'=\left(\frac{x}{\ln x}\right)'=\frac{x'\cdot\ln x-x\cdot(\ln x)'}{(\ln x)^2}=\frac{\ln x-1}{(\ln x)^2}$$

【基础作业题】

1. 求下列函数的二阶导数.

(1) $y=2x^3+\ln x$

(2) $y=\mathrm{e}^{-3x+4}$

2. 已知函数 $f(x)=x^2\cos x$，求 $f''(0)$.

3. 验证函数 $y=\cos\ln x+\sin\ln x$ 满足关系式：$x^2y''+xy'+y=0$.

4. 求函数 $y=\ln(1-x)$ 的 n 阶导数.

【典型例题选讲——提高篇】

例 1　求函数 $y=\dfrac{1}{1+\sqrt{x}}+\dfrac{1}{1-\sqrt{x}}$ 的 10 阶导数.

解　因为 $y=\dfrac{1}{1+\sqrt{x}}+\dfrac{1}{1-\sqrt{x}}=\dfrac{(1-\sqrt{x})+(1+\sqrt{x})}{(1+\sqrt{x})(1-\sqrt{x})}=\dfrac{2}{1-x}$. 由复合函数求导法得

$$y'=\left(\frac{2}{1-x}\right)'=[(1-x)^{-1}]'=2(-1)(1-x)^{-2}(1-x)'=2(1-x)^{-2}$$

$$y''=[2(1-x)^{-2}]'=2(-2)(1-x)^{-3}(-1)=2\cdot 2(1-x)^{-3}$$

$$y'''=2\cdot 2\cdot 3(1-x)^{-4},\cdots$$

观察可得　$y^{(10)}=2\cdot 2\cdot 3\cdot\cdots\cdot 10(1-x)^{-11}=\dfrac{2\cdot 10!}{(1-x)^{11}}$

例 2　求函数 $y=x^2\ln(1+x)$ 在 $x=0$ 处的 n 阶导数 $y^{(n)}(0)$，其中，$n>2$.

解 利用 Leibniz 公式：$[f(x)g(x)]^{(n)}=\sum_{k=0}^{n}C_n^k f^{(n-k)}(x)g^{(k)}(x)$，则有

$$\begin{aligned}y^{(n)}&=[x^2\cdot\ln(1+x)]^{(n)}=\sum_{k=0}^{n}C_n^k\cdot(x^2)^{(k)}\cdot[\ln(1+x)]^{(n-k)}\\&=C_n^0\cdot(x^2)^{(0)}\cdot[\ln(1+x)]^{(n-0)}+C_n^1\cdot(x^2)^{(1)}\cdot[\ln(1+x)]^{(n-1)}\\&\quad+C_n^2\cdot(x^2)^{(2)}\cdot[\ln(1+x)]^{(n-2)}+0\\&=x^2\cdot[\ln(1+x)]^{(n)}+n\cdot 2x\cdot[\ln(1+x)]^{(n-1)}\\&\quad+\frac{n(n-1)}{2}\cdot 2\cdot[\ln(1+x)]^{(n-2)}\end{aligned}$$

故 $y^{(n)}(0)=\frac{n(n-1)}{2}\cdot2\cdot[\ln(1+x)]^{(n-2)}\big|_{x=0}=n(n-1)\cdot[\ln(1+x)]^{(n-2)}\big|_{x=0}$

由归纳法，不难得到 $$[\ln(1+x)]^{(n)}=(-1)^{n-1}\frac{(n-1)!}{(1+x)^n}$$

所以 $$[\ln(1+x)]^{(n-2)}=(-1)^{n-3}\frac{(n-3)!}{(1+x)^{n-2}}$$

从而 $$y^{(n)}(0)=n(n-1)\cdot(-1)^{n-3}\frac{(n-3)!}{(1+x)^{n-2}}\bigg|_{x=0}=(-1)^{n-3}\frac{n!}{n-2}$$

例 3 设 $y=\frac{1}{\sqrt{1-x^2}}\arccos x$，求 $y'(0),y''(0),y'''(0),y^{(9)}(0)$.

解 由 $y'=\frac{x}{1-x^2}\cdot\frac{1}{\sqrt{1-x^2}}\arccos x-\frac{1}{1-x^2}$ 可得 $(1-x^2)y'-xy+1=0$，两边同时对 x 求导，得

$$\begin{aligned}&(1-x^2)y''-3xy'-y=0\\&(1-x^2)y'''-5xy''-4y'=0\\&\cdots\cdots\\&(1-x^2)y^{(n+1)}-(2n+1)xy^{(n)}-n^2y^{(n-1)}=0\end{aligned}$$

故当 $x=0$ 时，$y^{(n+1)}(0)=n^2y^{(n-1)}(0)$. 显然，$y'(0)=1,y''(0)=0,y'''(0)=-4$，进而

$$\begin{aligned}y^{(9)}(0)&=8^2\cdot y^{(7)}(0)=8^2\cdot6^2\cdot y^{(5)}(0)=8^2\cdot6^2\cdot4^2\cdot y^{(3)}(0)\\&=8^2\cdot6^2\cdot4^2\cdot(-4)=-2^5(4!)^2\end{aligned}$$

总结：当高阶导数无法直接求出时，可考虑先求出导数的递推公式，方法是先求前几阶的导数关系，然后将等式作适当变形，使两端同时求导时，能得到一般的递推关系.

【提高练习题】

1. 求函数 $y=\sin(\ln x)$ 的二阶导数.
2. 求函数 $y=x\ln x$ 的 20 阶导数.

3. 求函数 $y=\frac{1}{1-x^2}$ 的 n 阶导数.

提高题参考答案:

1. $y''=\frac{-\sin(\ln x)-\cos(\ln x)}{x^2}$　2. $\frac{18!}{x^{19}}$

3. $\frac{1}{2}(-1)^n n!\left(\frac{1}{(x+1)^{n+1}}-\frac{1}{(x-1)^{n+1}}\right)$

3.5　线性逼近与微分

【学习目标】

理解线性逼近与微分的概念,了解线性逼近与微分之间的关系,学会求函数的微分,学会估计函数的变化量.

【知识要点】

1. 线性逼近的概念

设函数 $f(x)$ 在包含 a 的一个区间 I 上可导,$f(x)$ 在 a 处的线性逼近是线性函数

$$L(x)=f(a)+f'(a)(x-a),\quad x\in I$$

2. 在 $x=a$ 的附近估计 f

$$f(x)\approx L(x)=f(a)+f'(a)(x-a)$$

3. 当 x 从 a 变到 $a+\Delta x$ 时估计因变量的变化 Δy

$$\Delta y\approx f'(a)\Delta x$$

4. 微分 dy 是线性逼近的变化

$$\Delta L=\mathrm{d}y=f'(x)\Delta x=f'(x)\mathrm{d}x$$

【典型例题选讲——基础篇】

例 1　求 $f(x)=6-x^3$ 在 $x=2$ 处的线性逼近,并用其求 $f(2.1)$ 的近似值.

解　我们构造线性逼近

$$L(x)=f(a)+f'(a)(x-a)$$

其中,$f(x)=6-x^3$,$f'(x)=-3x^2$,且 $a=2$,注意到 $f(a)=f(2)=-2$,$f'(a)=f'(2)=-12$,得

$$L(x)=-2-12(x-2)=-12x+22$$

因为 $x=2.1$ 接近 $x=2$,所以我们用 $L(2.1)$ 来估计 $f(2.1)$.

$$f(2.1)\approx L(2.1)=-12\times2.1+22=-3.2$$

例 2　当热气球的半径从 4 m 减少到 3.9 m 时，估计表面积的变化.

解　由几何知识知球的表面积 $S=4\pi r^2$，故当半径改变 Δr 时，表面积的变化为 $\Delta S\approx S'(a)\Delta r$，代入 $S'(r)=8\pi r$，$a=4$ 和 $\Delta r=-0.1$，得表面积的近似变化为

$$\Delta S\approx S'(a)\Delta r=S'(4)(-0.1)=32\pi\cdot(-0.1)\approx-10.05\ (\mathrm{m}^2)$$

表面积的变化近似为 $-10.05\ \mathrm{m}^2$. 变化为负，表示减少.

例 3　已知小变化 $\mathrm{d}x$，用微分记号写出 $f(x)=3x^3-4x$ 的近似变化.

解　由 $f(x)=3x^3-4x$，得 $f'(x)=9x^2-4$，所以

$$\mathrm{d}y=f'(x)\mathrm{d}x=(9x^2-4)\mathrm{d}x$$

其解释是：自变量 x 的一个微小变化 $\mathrm{d}x$ 引起因变量 y 的一个近似 $\mathrm{d}y=(9x^2-4)\mathrm{d}x$ 的变化.

【基础作业题】

1. 将适当的函数填入下列括号内使等式成立.

(1) $\mathrm{d}(\quad)=2\mathrm{d}x$　(2) $\mathrm{d}(\quad)=3x\mathrm{d}x$　(3) $\mathrm{d}(\quad)=\sin\omega x\mathrm{d}x$

(4) $\mathrm{d}(\quad)=\dfrac{1}{1+x}\mathrm{d}x$　(5) $\mathrm{d}(\quad)=\mathrm{e}^{-2x}\mathrm{d}x$　(6) $\mathrm{d}(\quad)=\dfrac{1}{\sqrt{x}}\mathrm{d}x$

2. 写出下列函数在指定点 a 处线性逼近的直线方程，用线性逼近估计指定的函数值.

(1) $f(x)=12-x^2$；$a=2$；$f(2.1)$　(2) $f(x)=\sin x$；$a=\pi/4$；$f(0.75)$

3. 考虑下列函数，用 $\mathrm{d}y=f'(x)\mathrm{d}x$ 的形式表示 x 的微小变化与 y 的变化之间的关系.

(1) $f(x)=\sin^2 x$　(2) $f(x)=\sqrt{x^2+1}$

4. 有一半径为 r 的小球，当其半径从 $r=5$ cm 变成 $r=5.1$ cm 时，估计球体积的变化. ($V(r)=\dfrac{4}{3}\pi r^3$)

选 读 内 容

【学习目标】

了解隐函数的概念，会求隐函数的导数.

【知识要点】

1. 隐函数的导数

由方程 $F(x,y)=0$ 确定隐函数 $y=y(x)$，其求导法，是利用复合函数的求导

法则得到的. 将 $F(x,y)=0$ 看成 $F(x,y(x))=0$,在方程两边同时对 x 求导,得到关于 y' 的方程,再解出 y'. 隐函数的导数不一定都能写成仅含 x 的函数式,结果中可同时包含 x 和 y.

对幂指函数 $y=u(x)^{v(x)}$,式子两边先取对数,化成由方程 $\ln y=v(x)\cdot\ln u(x)$ 确定的隐函数的求导情况.

2. 由参数方程确定的函数的导数

设函数 $y=f(x)$ 由参数方程 $\begin{cases}x=\varphi(t),\\ y=\psi(t)\end{cases}$ $\alpha\leqslant t\leqslant\beta$ 所确定,如果 $x=\varphi(t)$,$y=\psi(t)$ 在 $[\alpha,\beta]$ 内可导,并且 $x=\varphi(t)$ 严格单调,$\varphi'(t)\neq 0$,则 y 关于 x 可导,且

$$\frac{\mathrm{d}y}{\mathrm{d}x}=\frac{\mathrm{d}y/\mathrm{d}t}{\mathrm{d}x/\mathrm{d}t}=\frac{\psi'(t)}{\varphi'(t)}$$

【典型例题选讲——基础篇】

例 1　设函数 $y=y(x)$ 由方程 $\mathrm{e}^{x+y}+\cos(xy)=0$ 确定,求 $\frac{\mathrm{d}y}{\mathrm{d}x}$.

解　分别在 $\mathrm{e}^{x+y(x)}+\cos(x\cdot y(x))=0$ 两边对 x 求导,得

$$(1+y'(x))\mathrm{e}^{x+y(x)}-(y+x\cdot y'(x))\cdot\sin(x\cdot y(x))=0$$

解得

$$y'(x)=\frac{\mathrm{e}^{x+y(x)}-y\cdot\sin(x\cdot y(x))}{x\cdot\sin(x\cdot y(x))-\mathrm{e}^{x+y(x)}}=\frac{\mathrm{e}^{x+y}-y\sin(xy)}{x\cdot\sin(xy)-\mathrm{e}^{x+y}}$$

总结:在原式中,把 y 都记为 $y(x)$,可使我们时刻记住该方程确定了一个 y 关于 x 的函数 $y=y(x)$,不容易出错;在熟练的情况下,y 不必写成 $y(x)$ 的形式.

例 2　函数 $y=y(x)$ 由方程 $\mathrm{e}^y+6xy+x^2-1=0$ 确定,求 $y'(0)$,$y''(0)$.

解　令 $x=0$,由方程得 $\mathrm{e}^{y(0)}-1=0$,故 $y(0)=0$,在 $\mathrm{e}^y+6xy+x^2-1=0$ 两边对 x 求导,得

$$y'\mathrm{e}^y+6(y+xy')+2x=0 \tag{1}$$

令 $x=0$,将 $y(0)=0$ 代入解得 $y'(0)=0$.

在(1)式两边对 x 求导,得

$$y''\mathrm{e}^y+(y')^2\mathrm{e}^y+6y'+6y'+6xy''+2=0$$

将 $y(0)=0$,$y'(0)=0$ 代入得　$y''(0)=-2$

例 3　求函数 $y=\left(\frac{x}{1+x}\right)^x$ 的导数.

解　两边取对数得　$\ln y=x[\ln x-\ln(1+x)]$

利用隐函数求导法得　$\frac{1}{y}y'=\ln x-\ln(1+x)+x\left(\frac{1}{x}-\frac{1}{1+x}\right)$

故　$y'=\left(\frac{x}{1+x}\right)^x\left[\ln\frac{x}{1+x}+\frac{1}{1+x}\right]$

例 4　设函数 $y=y(x)$ 由参数方程 $\begin{cases} x=1+t^2 \\ y=\cos t \end{cases}$ 所确定，求 $\frac{\mathrm{d}y}{\mathrm{d}x}$.

解　显然有 $\frac{\mathrm{d}x}{\mathrm{d}t}=2t$，$\frac{\mathrm{d}y}{\mathrm{d}t}=-\sin t$，故 $\frac{\mathrm{d}y}{\mathrm{d}x}=\frac{\mathrm{d}y/\mathrm{d}t}{\mathrm{d}x/\mathrm{d}t}=-\frac{\sin t}{2t}$.

【基础作业题】

1. 求由下列方程所确定的隐函数 $y=y(x)$ 的导数.

(1) $x^3+y^3-3axy=0$　(a 为常数)　　(2) $xy=\mathrm{e}^{x+y}$

2. 利用对数求导法，求函数 $y=x^{\sin x}$ 的导数.

3. 方程 $\mathrm{e}^y+xy=\mathrm{e}$ 确定了隐函数 $y=y(x)$，求 $\frac{\mathrm{d}y}{\mathrm{d}x}$，$\left.\frac{\mathrm{d}^2y}{\mathrm{d}x^2}\right|_{x=0}$.

【典型例题选讲——提高篇】

例 1　求函数 $y=x^2\sqrt{\frac{1+x}{1-x}}$ 的一阶导数.

解　对函数 $y=x^2\sqrt{\frac{1+x}{1-x}}$ 两边取对数，得

$$\ln y=\ln x^2+\ln\sqrt{\frac{1+x}{1-x}}=\ln x^2+\frac{1}{2}\ln\frac{1+x}{1-x}$$

$$= 2\ln x + \frac{1}{2}[\ln(1+x) - \ln(1-x)]$$

两边对 x 求导，有 $\frac{1}{y}y' = \frac{2}{x} + \frac{1}{2}\left[\frac{1}{1+x} - \frac{1}{1-x}(1-x)'\right] = \frac{2}{x} + \frac{1}{2}\left(\frac{1}{1+x} + \frac{1}{1-x}\right)$

从而 $$y' = x^2\sqrt{\frac{1+x}{1-x}} \cdot \left(\frac{2}{x} + \frac{1}{1-x^2}\right)$$

例 2 设 $y=y(x)$ 由 $\begin{cases} x=\arctan t \\ 2y-ty^2+e^t=5 \end{cases}$ 所确定，求 $\frac{dy}{dx}$.

解 $\frac{dx}{dt} = \frac{1}{1+t^2}$，且 $t=\tan x$，由 $2y-ty^2+e^t=5$ 得

$$2\frac{dy}{dt} - y^2 - t \cdot 2y\frac{dy}{dt} + e^t = 0$$

解得 $\frac{dy}{dt} = \frac{y^2-e^t}{2(1-ty)}$，故

$$\frac{dy}{dx} = \frac{dy/dt}{dx/dt} = \frac{(1+t^2)(y^2-e^t)}{2(1-ty)} = \frac{\sec^2 x(y^2 - e^{\tan x})}{2(1-y\tan x)}$$

例 3 设函数 $y=y(x)$ 由参数方程 $\begin{cases} x=t-\ln(1+t) \\ y=t^3+t^2 \end{cases}$ 所确定，求 $\frac{d^2y}{dx^2}$.

解 $\frac{dx}{dt} = 1 - \frac{1}{1+t} = \frac{t}{1+t}$ $\qquad \frac{dy}{dt} = 3t^2+2t$

$$\frac{dy}{dx} = \frac{dy/dt}{dx/dt} = \frac{3t^2+2t}{\frac{t}{1+t}} = (1+t)(3t+2) = 3t^2+5t+2$$

$$\frac{d^2y}{dx^2} = \frac{\frac{d}{dt}\left(\frac{dy}{dx}\right)}{\frac{dx}{dt}} = \frac{\frac{d}{dt}(3t^2+5t+2)}{\frac{t}{1+t}} = \frac{(6t+5)(1+t)}{t} = \frac{6t^2+11t+5}{t}$$

【提高练习题】

1. 求由方程 $\arctan\frac{y}{x} = \ln\sqrt{x^2+y^2}$ 所确定的隐函数 y 的导数.

2. 求下列函数的一阶导数.

(1) $y = \frac{xe^{2x}}{(x-1)(3x+2)}$ (2) $y = \sqrt{\frac{e^x}{x^2+1}}$

3. 求曲线 $\begin{cases} x=\frac{t}{1+t^2} \\ y=\frac{t^2}{1+t^2} \end{cases}$ 在 $t=\frac{1}{2}$ 所对应点处的切线与法线方程.

提高题参考答案：

1. $y'=\frac{x+y}{x-y}$

2. (1) $y'=\frac{xe^{2x}}{(x-1)(3x+2)}\left(\frac{1}{x}+2-\frac{1}{x-1}-\frac{3}{3x+2}\right)$

(2) $y'=\sqrt{\frac{e^x}{x^2+1}}\cdot\frac{x^2-2x+1}{2(x^2+1)}$

3. 切线　$y-\frac{1}{5}=\frac{4}{3}\left(x-\frac{2}{5}\right)$　　法线　$y-\frac{1}{5}=-\frac{3}{4}\left(x-\frac{2}{5}\right)$

第 3 章 自 测 题

一、选择题

1. 下列等式成立的是(　　).

A. $d(e^{-x})=e^{-x}dx$　　B. $d(\sin x^3)=\cos x^3 d(x^3)$

C. $d\left(\frac{1}{x}\right)=\ln x dx$　　D. $d(\tan x)=\frac{1}{1+x^2}dx$

2. 设 $f(x)=\begin{cases}\frac{2}{3}x^2, x\leqslant 1\\ x^2, \quad x>1\end{cases}$,则 $f(x)$在 $x=1$ 处的(　　).

A. 左、右导数存在　　B. 左导数存在,右导数不存在

C. 左导数不存在,右导数存在　　D. 左、右导数都不存在

3. 若 $f'(1)$ 存在,且 $f(1)=0$,则$\lim\limits_{x\to 1}\frac{f(x)}{x-1}$等于(　　).

A. $f'(1)$　　B. 1　　C. 0　　D. ∞

4. 若函数 $f(x)=\begin{cases}e^x, & x<0\\ a-bx, & x\geqslant 0\end{cases}$在 $x=0$ 处可导,则 a,b 的值为(　　).

A. $a=b=-1$　　B. $a=-1,\ b=1$　　C. $a=1,\ b=-1$　　D. $a=b=1$

5. 设函数 $f(x)$连续,且 $f'(0)>0$,则下列论述正确的是(　　).

A. 存在某个 $\delta>0$,对任意的 $x\in(0,\delta)$,有 $f(x)>f(0)$

B. 存在某个 $\delta>0$,对任意的 $x\in(-\delta,0)$,有 $f(x)>f(0)$

C. 存在某个 $\delta>0$,$f(x)$在$(-\delta,0)$内单调减少

D. 以上结论都不对

6. 下列函数在 $x=1$ 连续且可导的是(　　).

A. $y=|x-1|$　　B. $y=x|x-1|$

C. $y=\sqrt[3]{x-1}$　　D. $y=(x-1)^2$

二、填空题

1. 过曲线 $y=x^2+x-2$ 上的一点 M 作切线,若切线与直线 $y=4x-1$ 平行,

则切点坐标为____________.

2. 设函数 $f(x^2)=x^4+x^2+\ln 2$,则 $f'(1)=$____________.

3. 圆锥的高为 $h=4$ m,当底面半径从 $r=3$ m 增加到 $r=3.05$ m 时,圆锥体积的变化大约为____________. $\left(V(r)=\dfrac{1}{3}\pi r^2 h\right)$

4. 函数 $y=x^2\mathrm{e}^{2x}$,则 $y''=$____________.

5. 设 $x=t\mathrm{e}^{-t}$, $y=2t^3+t^2$,则 $\left.\dfrac{\mathrm{d}y}{\mathrm{d}x}\right|_{t=-1}=$____________.

三、解答题

1. 设 $y=\cos(x^2)+\sin\dfrac{1}{x}$,求 y'.

*2. 设函数 $y=y(x)$ 由方程 $x^3y=\sin y$ 确定,求导数 $\dfrac{\mathrm{d}y}{\mathrm{d}x}$.

3. 求函数 $f(x)=x^2\ln(1-x)$ 的二阶导数 $f''(x)$.

4. 求函数 $y=\ln\sqrt{\dfrac{1-x}{1+x^2}}$ 的二阶导数 y''.

5. 设 $y=x\ln x$, 求 $f^{(n)}(1)$.

*6. 设 $y=y(x)$ 由方程 $\mathrm{e}^{2x+y}-\cos(xy)=\mathrm{e}-1$ 所确定, 求曲线 $y=y(x)$ 在点 $(0, 1)$ 处的法线方程.

7. 已知当 $x\leqslant 0$ 时, 函数 $f(x)$ 有定义且二阶可导, 问 a, b, c 为何值时,函数

$$F(x)=\begin{cases} f(x), & x\leqslant 0 \\ ax^2+bx+c, & x>0 \end{cases}$$

二阶可导.

参 考 答 案

一、选择题

1. B　　2. B　　3. A　　4. C　　5. A　　6. D

二、填空题

1. $\left(\dfrac{3}{2},\dfrac{7}{4}\right)$　　2. 3　　3. 0.01　　4. $(4x^2+8x+2)\mathrm{e}^{2x}$　　5. $\dfrac{2}{\mathrm{e}}$

三、解答题

1. $y'=-2x\sin x^2-\dfrac{1}{x^2}\cos\dfrac{1}{x}$　　2. $\dfrac{\mathrm{d}y}{\mathrm{d}x}=\dfrac{-3x^2y}{x^3-\cos y}$

3. $f''(x)=2\ln(1-x)+\dfrac{3x^2-4x}{(x-1)^2}$　　4. $y''=-\dfrac{1}{2(1-x)^2}-\dfrac{1-x^2}{(1+x^2)^2}$

5. $f^{(n)}(1)=(-1)^{n-2}(n-2)!$

6. 提示:上式二边求导 $\mathrm{e}^{2x+y}(2+y')-(y+xy')\sin(xy)=0$. 所以切线斜率 $k=y'(0)=-2$. 法线斜率为 $\dfrac{1}{2}$, 法线方程为

$$y-1=\frac{1}{2}x \quad 即 \quad x-2y+2=0$$

7. 提示：$F(x)$连续，所以$\lim\limits_{x\to 0^-}F(x)=\lim\limits_{x\to 0^+}F(x)$，所以$c=f(-0)=f(0)$.

因为$F(x)$二阶可导，所以$F'(x)$连续，所以$b=f_-'(0)=f'(0)$，且

$$F'(x)=\begin{cases} f'(x), & x\leqslant 0 \\ 2ax+f'_-(0), & x>0 \end{cases}$$

$F''(0)$存在，所以$F_-''(0)=F_+''(0)$，所以

$$\lim_{x\to 0^-}\frac{f'(x)-f'(0)}{x}=\lim_{x\to 0^+}\frac{2ax+f'_-(0)-f'(0)}{x}=2a$$

所以

$$a=\frac{1}{2}f''(0)$$

第 4 章　中值定理与导数的应用

4.1　中 值 定 理

【学习目标】

理解罗尔定理和拉格朗日中值定理,并了解其几何意义;掌握这两个定理的简单应用.了解柯西中值定理.

【知识要点】

1. 罗尔(Rolle)定理

若函数 $f(x)$满足如下三个条件:(1) 在闭区间$[a,b]$上连续;(2) 在开区间(a,b)内可导;(3) $f(a)=f(b)$.则至少存在一点 $\xi\in(a,b)$,使得

$$f'(\xi)=0$$

注 1:定理要求同时满足这三个条件,结论才一定成立.

注 2:点 ξ 是在开区间(a,b)中取到的,这就保证了在处理高阶导数的问题时,Rolle 定理可以重复使用.

2. 拉格朗日(Langrange)中值定理

若函数 $f(x)$满足如下两个条件:(1) 在闭区间$[a,b]$上连续;(2) 在开区间(a,b)内可导,则至少存在一点 $\xi\in(a,b)$,使得

$$f'(\xi)=\frac{f(b)-f(a)}{b-a}\quad \text{或写成}\quad f(b)-f(a)=f'(\xi)(b-a)$$

利用 Lagrange 中值定理研究函数的性质,很容易得出下面两个推论:

推论 1　设函数 $f(x)$在(a,b)内可导,且 $f'(x)\equiv 0$,则 $f(x)\equiv c$, c 是常数.

推论 2　设函数 $f(x)$在(a,b)内可导,$f'(x)\equiv g'(x)$,则 $f(x)=g(x)+c$, c 是常数.

注 3:在 Lagrange 中值定理中,若 $f(a)=f(b)$,即为 Rolle 定理,所以 Lagrange 中值定理是 Rolle 定理的一个推广,在一元函数微分学中,这是一个十分重要的定理,有着广泛的应用.

3. 柯西(Cauchy)中值定理

若函数 $f(x)$,$g(x)$满足如下三个条件:(1) 在闭区间$[a,b]$上连续;(2) 在开区间(a,b)内可导;(3) $g'(x)\neq 0$,对任意 $x\in(a,b)$,则至少存在一点 $\xi\in(a,b)$,使得

$$\frac{f(b)-f(a)}{g(b)-g(a)}=\frac{f'(\xi)}{g'(\xi)}$$

注 4:若取 $g(x)=x$,上述定理即为拉格朗日中值定理,所以柯西中值定理是拉格朗日定理的一个推广.

三个中值定理在结论中都是断言在开区间内,至少存在一点 ξ,也就是说这样的 ξ 是存在的,但不能确定是唯一的,也无法确定点 ξ 的具体位置.

【典型例题选讲——基础篇】

例 1　函数 $f(x)=x^2-2x+4$ 在给定区间$[0,2]$上是否满足罗尔定理的所有条件?如果满足,求出定理中的数值 ξ.

解　由 $f(x)=x^2-2x+4$ 在$(-\infty,+\infty)$内连续且可导,故它在$[0,2]$上连续,在$(0,2)$内可导,$f(0)=4$,$f(2)=4$,即 $f(0)=f(4)$.

因此,$f(x)$满足罗尔定理的三个条件.

而 $f'(x)=2x-2$,令 $f'(x)=0$ 得 $x=1\in(0,2)$.

取 $\xi=1$ 因而 $f'(\xi)=0$.

例 2　证明方程 $x^5-5x+1=0$ 有且仅有一个小于 1 的正实根.

证明　设 $f(x)=x^5-5x+1$,则 $f(x)$在$[0,1]$上连续,且 $f(0)=1$,$f(1)=-3$. 由零点定理知:存在 $x_0\in(0,1)$使 $f(x_0)=0$,即 x_0 为方程小于 1 的正实根.

设另有 $x_1\in(0,1)$,$x_1\neq x_0$,使 $f(x_1)=0$. 因为 $f(x)$在 x_0,x_1 之间满足罗尔定理的条件,所以至少存在一个 ξ(在 x_0,x_1 之间)使得 $f'(\xi)=0$.

但 $f'(x)=5(x^4-1)<0$,$(x\in(0,1))$,矛盾,所以 x_0 为方程的唯一实根.

例 3　证明当 $x>0$ 时,$\frac{x}{1+x}<\ln(1+x)<x$.

证明　设 $f(t)=\ln(1+t)$,则 $f(t)$在$[0,x]$上满足拉格朗日定理的条件. 故

$$f(x)-f(0)=f'(\xi)(x-0),\ 0<\xi<x$$

因为 $f(0)=0$,$f'(t)=\frac{1}{1+t}$,从而

$$\ln(1+x)=\frac{x}{1+\xi},\ 0<\xi<x$$

由于 $0<\xi<x$,故

$$\frac{x}{1+x}<\frac{x}{1+\xi}<x$$

即

$$\frac{x}{1+x}<\ln(1+x)<x$$

【基础作业题】

1. 函数 $f(x)=x^2-2x-3$ 在给定区间 $x\in[-1,3]$上是否满足罗尔定理的所

有条件？如果满足，求出定理中的数值 ξ.

2. 判别函数 $f(x)=x^3$ 在区间 $[-2,2]$ 上是否满足拉格朗日中值定理的条件？若满足，结论中的 ξ 又是什么？

3. 当 $0<a<b$ 时，证明：$\frac{b-a}{b}<\ln\frac{b}{a}<\frac{b-a}{a}$.

【典型例题选讲——提高篇】

例 1　设 $0<a<b$，证明不等式

$$a^{n-1}<\frac{b^n-a^n}{n(b-a)}<b^{n-1},\ n=2,3,\cdots.$$

证明　设 $f(x)=x^n$，$n\geqslant 2$，则 $f(x)$ 在闭区间 $[a,b]$ 上满足 Lagrange 定理条件，于是存在一点 $\xi\in(a,b)$，使

$$\frac{f(b)-f(a)}{b-a}=f'(\xi)\quad 即\quad \frac{b^n-a^n}{b-a}=n\xi^{n-1}$$

因为 $n\geqslant 2$ 且 $a<\xi<b$，所以 $a^{n-1}<\xi^{n-1}<b^{n-1}$，因此

$$na^{n-1}<\frac{b^n-a^n}{b-a}<nb^{n-1}\quad 从而\quad a^{n-1}<\frac{b^n-a^n}{n(b-a)}<b^{n-1}$$

例 2　设有多项式函数 $f(x)=4ax^3+3bx^2+2cx+d$，其中 a,b,c,d 为常数，且

满足 $a+b+c+d=0$,要求:

(1) 证明函数 $f(x)$在$(0,1)$内至少有一个零点;

(2) 当 $3b^2<8ac$ 时,证明函数 $f(x)$在$(0,1)$内只有一个零点.

证明 (1) 考虑函数 $F(x)=ax^4+bx^3+cx^2+dx$,$F(x)$在闭区间$[0,1]$上连续,在开区间$(0,1)$内可导,且有 $F(0)=F(1)=0$.

由罗尔定理知,存在 $\xi\in(0,1)$,使得 $F'(\xi)=0$,即 $F'(\xi)=f(\xi)=0$,就是

$$f(\xi)=4a\xi^3+3b\xi^2+2c\xi+d=0$$

所以函数 $f(x)$在$(0,1)$内至少有一个零点.

(2) $f'(x)=F''(x)=12ax^2+6bx+2c$

因为 $3b^2<8ac$,故 $\Delta=(6b)^2-4(12a)\cdot(2c)=36b^2-96ac=12(3b^2-8ac)<0$,从而 $f'(x)$恒大于 0 或恒小于 0(即 $f'(x)$保持定号),故函数 $f(x)$在$(0,1)$内只有一个根.

【提高练习题】

1. 若函数 $f(x)$在(a,b)内具有二阶导数,且

$$f(x_1)=f(x_2)=f(x_3),\ a<x_1<x_2<x_3<b$$

证明:在(x_1,x_3)内至少有一点 ξ,使得 $f''(\xi)=0$.

2. 设 $a_1+a_2+\cdots+a_n=0$,试证方程 $a_1+2a_2x+\cdots+na_nx^{n-1}=0$,在区间$(0,1)$内至少有一个实根.

提高题参考答案:

1. 提示:应用两次罗尔定理.
2. 构造函数 $F(x)=a_1x+a_2x^2+\cdots+a_nx^n$,然后应用罗尔定理.

4.2 洛必达(L'Hospital)法则

【学习目标】

理解洛必达法则,会用洛必达法则求极限.

【知识要点】

在处理未定式的极限问题时,洛必达法则是一种非常有用的方法,该法则是建立在 Cauchy 中值定理的基础之上的.

$\frac{0}{0}$型或$\frac{\infty}{\infty}$型未定式的极限:

若函数 $f(x)$,$g(x)$满足: $\lim\limits_{x\to x_0}\frac{f'(x)}{g'(x)}=A$,则

$$\lim_{x\to x_0}\frac{f(x)}{g(x)}=\lim_{x\to x_0}\frac{f'(x)}{g'(x)}=A$$

注 1:将该法则中的极限过程 $x\to x_0$ 换成 $x\to x_0^+$,$x\to x_0^-$,$x\to+\infty$,$x\to-\infty$,$x\to\infty$,并对条件(2)作相应修改,结论仍真.且其中的 A 可以为有限值,$+\infty$,$-\infty$ 或∞.

注 2:若$\lim\limits_{x\to x_0}\frac{f'(x)}{g'(x)}$不存在,并不能说明$\lim\limits_{x\to x_0}\frac{f(x)}{g(x)}$一定不存在.

例如:对于极限$\lim\limits_{x\to\infty}\frac{x+\cos x}{x}$,因为$\lim\limits_{x\to\infty}\frac{(x+\cos x)'}{(x)'}=\lim\limits_{x\to\infty}\frac{1-\sin x}{1}$不存在.故不能使用洛必达法则求解该极限.正确解法是

$$\lim_{x\to\infty}\frac{x+\cos x}{x}=\lim_{x\to\infty}\left(1+\frac{\cos x}{x}\right)=1$$

注 3:不能对任何比式极限都按洛必达法则去求解,首先我们必须注意它是不是未定式极限,其次是否满足洛必达法则的其他条件.

例如:$\lim\limits_{x\to0}\frac{\sin x}{x+1}=0$,但$\lim\limits_{x\to0}\frac{(\sin x)'}{(x+1)'}=\lim\limits_{x\to0}\frac{\cos x}{1}=1$.

【典型例题选讲——基础篇】

洛必达法则是求$\frac{0}{0}$和$\frac{\infty}{\infty}$型极限非常重要的方法,其他的未定型,如 $0\cdot\infty$,$\infty-\infty$,1^∞,0^0,∞^0 等,均可转化成$\frac{0}{0}$或$\frac{\infty}{\infty}$型后再使用洛必达法则求其极限.

例 1　用洛必达法则求下列极限.

(1) $\lim\limits_{x\to1}\frac{\ln x}{x-1}$　　(2) $\lim\limits_{x\to\infty}x(e^{\frac{1}{x}}-1)$

(3) $\lim\limits_{x\to\infty}(1+x)^{\frac{1}{x}}$　　(4) $\lim\limits_{x\to1}\left(\frac{2}{x^2-1}-\frac{1}{x-1}\right)$

解　(1) 原极限为$\frac{0}{0}$型,故可直接应用洛必达法则,得

$$\lim_{x\to1}\frac{\ln x}{x-1}=\lim_{x\to1}\frac{1/x}{1}=1$$

(2) 原极限为$\infty\cdot0$ 型,故不能直接应用洛必达法则,但可以先转化,再利用.

$$\lim_{x\to\infty}x(e^{\frac{1}{x}}-1)=\lim_{x\to\infty}\frac{e^{\frac{1}{x}}-1}{1/x}=\lim_{t\to0}\frac{e^t-1}{t}=\lim_{t\to0}\frac{e^t}{1}=1$$

(3) 原极限为∞^0 型,则

$$\lim_{x\to\infty}(1+x)^{\frac{1}{x}}=\lim_{x\to\infty}e^{\frac{1}{x}\ln(1+x)}=e^{\lim\limits_{x\to\infty}\frac{\ln(1+x)}{x}}=e^{\lim\limits_{x\to\infty}\frac{1/(1+x)}{1}}=e^0=1$$

注意:本题与极限$\lim\limits_{x\to0}(1+x)^{\frac{1}{x}}=e$ 的区别.

(4) 原极限为$\infty-\infty$型,则

$$\lim_{x\to1}\left(\frac{2}{x^2-1}-\frac{1}{x-1}\right)=\lim_{x\to1}\frac{2-(x+1)}{x^2-1}=\lim_{x\to1}\frac{1-x}{x^2-1}=\lim_{x\to1}\frac{-1}{2x}=-\frac{1}{2}$$

例 2 求极限$\lim\limits_{x\to0}\frac{1-\cos x^2}{x^3\sin x}$.

分析 此极限为$\frac{0}{0}$型,可直接应用洛必达法则,但会发现求解过程很繁.

总结: 事实上,在求未定式的极限时不要急于使用洛必达法则,应充分的结合求极限的其他方法,例如无穷小量代换,四则运算法则等,将极限式尽可能地简单化.

解 当$x\to0$时,有如下等价无穷小:$\sin x\sim x$,$1-\cos x\sim\frac{1}{2}x^2$,所以

$$\lim_{x\to0}\frac{1-\cos x^2}{x^3\sin x}=\lim_{x\to0}\frac{\frac{1}{2}(x^2)^2}{x^3\cdot x}=\frac{1}{2}\lim_{x\to0}\frac{x^4}{x^4}=\frac{1}{2}$$

【基础作业题】

1. 求下列极限.

(1) $\lim\limits_{x\to0}\frac{1-\cos x}{\sin x}$　　(2) $\lim\limits_{x\to0}\frac{e^x-e^{-x}-2x}{x-\sin x}$

(3) $\lim\limits_{x\to+\infty}\frac{\ln x}{x^2}$　　(4) $\lim\limits_{x\to0}\frac{\tan x-x}{x-\sin x}$

(5) $\lim\limits_{x\to0}\left(\frac{1}{x}-\frac{1}{e^x-1}\right)$　　(6) $\lim\limits_{x\to0^+}x^x$

【典型例题选讲——提高篇】

例 1　求下列极限.

(1) $\lim\limits_{x\to 0}\dfrac{\arctan x-x}{\ln(1+2x^3)}$　　　(2) $\lim\limits_{x\to 0}\cot x\left(\dfrac{1}{\sin x}-\dfrac{1}{x}\right)$

解　(1) $\lim\limits_{x\to 0}\dfrac{\arctan x-x}{\ln(1+2x^3)}=\lim\limits_{x\to 0}\dfrac{\arctan x-x}{2x^3}=\dfrac{1}{2}\lim\limits_{x\to 0}\dfrac{\dfrac{1}{1+x^2}-1}{3x^2}=\dfrac{1}{2}\lim\limits_{x\to 0}\dfrac{-1}{3(1+x^2)}$

$$=-\frac{1}{6}$$

(2) $\lim\limits_{x\to 0}\cot x\left(\dfrac{1}{\sin x}-\dfrac{1}{x}\right)=\lim\limits_{x\to 0}\dfrac{\cos x(x-\sin x)}{x\sin^2 x}=\lim\limits_{x\to 0}\cos x\cdot\lim\limits_{x\to 0}\dfrac{x-\sin x}{x^3}$

$$=1\cdot\lim_{x\to 0}\frac{1-\cos x}{3x^2}=\lim_{x\to 0}\frac{\sin x}{6x}=\frac{1}{6}$$

例 2　设有函数 $f(x)=\dfrac{x^2\cos\dfrac{1}{x}}{\sin x}$,问:

(1) 极限 $\lim\limits_{x\to 0}f(x)$ 是否存在?若存在,极限为何值?

(2) 能否用洛必达法则求此极限,为什么?

解　(1) $\lim\limits_{x\to 0}f(x)=\lim\limits_{x\to 0}\dfrac{x^2\cos\dfrac{1}{x}}{\sin x}=\lim\limits_{x\to 0}\dfrac{x^2\cos\dfrac{1}{x}}{x}=\lim\limits_{x\to 0}x\cos\dfrac{1}{x}=0$

注:最后一个等号利用了无穷小量的性质:无穷小量乘以有界变量还是无穷小量.

(2) 不能用洛必达法则求此极限,如果应用洛必达法则,则

$$\lim_{x\to 0}f(x)=\lim_{x\to 0}\frac{x^2\cos\dfrac{1}{x}}{\sin x}=\lim_{x\to 0}\frac{2x\cos\dfrac{1}{x}+\sin\dfrac{1}{x}}{\cos x}$$

因为极限 $\lim\limits_{x\to 0}\left(2x\cos\dfrac{1}{x}+\sin\dfrac{1}{x}\right)$ 不存在,$\lim\limits_{x\to 0}\cos x=1$,则 $\lim\limits_{x\to 0}\dfrac{2x\cos\dfrac{1}{x}+\sin\dfrac{1}{x}}{\cos x}$ 不存在,所以使用洛必达法则求此极限是错误的.

例 3　求极限 $\lim\limits_{n\to\infty}\left(1+\dfrac{1}{n}+\dfrac{1}{n^2}\right)^n$.

解　先求函数极限 $\lim\limits_{x\to+\infty}\left(1+\dfrac{1}{x}+\dfrac{1}{x^2}\right)^x$(为 1^∞ 型).

$$\lim_{x\to+\infty}\left(1+\frac{1}{x}+\frac{1}{x^2}\right)^x=e^{\lim\limits_{x\to+\infty}\frac{\ln(1+x+x^2)-\ln x^2}{1/x}}=e^{\lim\limits_{x\to+\infty}\frac{\frac{2x+1}{1+x+x^2}-\frac{2}{x}}{-1/x^2}}=e^{\lim\limits_{x\to+\infty}\frac{x^2+2x}{x^2+x+1}}=e^1=e$$

由函数极限与数列极限之间的关系知: $\lim\limits_{n\to\infty}\left(1+\dfrac{1}{n}+\dfrac{1}{n^2}\right)^n=e$.

注意：不能在数列形式下直接用洛必达法则，因为对离散的变量 $n\in N$，是无法求导数的.

【提高练习题】

求下列极限.

(1) $\lim\limits_{x\to 0}\dfrac{x-x\cos x}{x-\sin x}$　　(2) $\lim\limits_{x\to\frac{\pi}{2}}\dfrac{\ln\sin x}{(\pi-2x)^2}$　　(3) $\lim\limits_{x\to 0}(\cos x)^{\frac{1}{x^2}}$

(4) $\lim\limits_{x\to+\infty}(x+2^x)^{\frac{1}{x}}$　　(5) $\lim\limits_{x\to\infty}[(2+x)e^{1/x}-x]$

提高题参考答案：

(1) 3　(2) $-\dfrac{1}{8}$　(3) $e^{-\frac{1}{2}}$　(4) 2　(5) 3

4.3　函数的单调性与极值

【学习目标】

掌握函数单调性的判别方法，了解极值的概念，掌握函数极值、最值的求法及其应用.

【知识要点】

1. 利用导数判断函数的单调性

作为微分中值定理的直接应用，根据函数的导数不变号，判断函数的单调性，是讨论可导函数单调性最常用的方法.

定理　设函数 $f(x)$在闭区间$[a,b]$上连续，在开区间(a,b)内可导.

(1) 如果在(a,b)内 $f'(x)>0$，则 $f(x)$在$[a,b]$上单调增加；

(2) 如果在(a,b)内 $f'(x)<0$，则 $f(x)$在$[a,b]$上单调减少.

注：函数的单调性是函数在一个区间上的整体性质，所以要由导数在这个区间上的共同符号来判别，而不能由这个区间内的某一点处的导数符号来判别.

例如，若已知函数 $f(x)$在 x_0 的某个邻域内可导，且 $f'(x_0)>0$，由此不能断定 $f(x)$在 x_0 的该邻域内单调递增.

如 $f(x)=\begin{cases}x+2x^2\sin\dfrac{1}{x}, & x\neq 0\\ 0, & x=0\end{cases}$，由导数定义可知 $f'(0)=1>0$，但在 $x=0$ 的任何邻域内 $f'(x)$有正有负，显然在 $x=0$ 的任何邻域内都不单调.

2. 利用导数判断函数的极值

极值存在的第一充分条件　设函数 $f(x)$在点 x_0 处连续，在 x_0 的某去心邻域内可导.

(1) 若 $x<x_0$ 时,$f'(x)>0$, 而 $x>x_0$ 时,$f'(x)<0$, 则函数 $f(x)$在 x_0 处取得极大值;

(2) 若 $x<x_0$ 时,$f'(x)<0$, 而 $x>x_0$ 时,$f'(x)>0$, 则函数 $f(x)$在 x_0 处取得极小值;

(3) 如果在 x_0 的两侧,$f'(x)$不改变符号, 则函数 $f(x)$在 x_0 处没有极值.

极值存在的第二充分条件　设函数 $f(x)$在 x_0 存在二阶导数,且 $f'(x_0)=0$, $f''(x_0)\neq 0$,则

(1) 如果 $f''(x_0)<0$,则 x_0 是 $f(x)$的一个极大值点;

(2) 如果 $f''(x_0)>0$,则 x_0 是 $f(x)$的一个极小值点.

3. 极值与最值的区别

极值和最值是两个不同的概念,它们之间有很大的区别.

区别: (1) 极值是一个局部的概念,即函数 $f(x)$在点 x_0 的某个邻域内满足

$$f(x)\leqslant f(x_0) \quad 或 \quad f(x)\geqslant f(x_0)$$

而最值是一个整体的概念,即函数 $f(x)$在整个指定区间内满足

$$f(x)\leqslant f(x_0) \quad 或 \quad f(x)\geqslant f(x_0)$$

因而极值不具有唯一性,而最值(最大值或最小值)是唯一的.

总结:最值指函数值,能取到最值的(最值)点可能不唯一.

(2) 极值点必须是定义域内的内点,但最值点不一定是内点,因此最值点不一定是极值点. 即:定义在闭区间$[a,b]$上的函数 $f(x)$的极值点必须在开区间(a,b)内,因而不可能是 $x=a$ 和 $x=b$,但最值点可能是 $x=a$ 或 $x=b$. 所以闭区间$[a,b]$上的连续函数 $f(x)$一定有最大值和最小值,但不一定有极大值和极小值.

【典型例题选讲——基础篇】

例 1　确定函数 $f(x)=2x^3-9x^2+12x-3$ 的单调区间,并求出极值.

解　该函数的定义域为$(-\infty,+\infty)$.

$f'(x)=6x^2-18x+12=6(x-1)(x-2)$,令 $f'(x)=0$, 得驻点 $x_1=1,x_2=2$. 列表(表 4.1)得:

表 4.1

x	$(-\infty,1)$	1	$(1,2)$	2	$(2,+\infty)$
$f'(x)$	+	0	−	0	+
$f(x)$	↗	极大值 2	↘	极小值 1	↗

函数 $f(x)$在区间$(-\infty,1]$和$[2,+\infty)$内单调增加,在区间$[1,2]$上单调减少,且极大值 $f(1)=2$,极小值 $f(2)=1$.

例 2　证明:当 $x>1$ 时,$2\sqrt{x}>3-\dfrac{1}{x}$.

证明　令 $f(x)=2\sqrt{x}-(3-\dfrac{1}{x})$,则 $f'(x)=\dfrac{1}{\sqrt{x}}-\dfrac{1}{x^2}=\dfrac{1}{x^2}(x\sqrt{x}-1)$.

因为当 $x>1$ 时,$f'(x)>0$,因此 $f(x)$ 在 $[1,+\infty)$ 上单调增加. 从而当 $x>1$ 时 $f(x)>f(1)$.

又由于 $f(1)=0$,故 $f(x)>f(1)=0$,即 $2\sqrt{x}-(3-\dfrac{1}{x})>0$.

也就是当 $x>1$ 时,$2\sqrt{x}>3-\dfrac{1}{x}$.

例 3　求函数 $y=2x^3+3x^2-12x+14$ 在 $[-3,4]$ 上的最大值和最小值.

解　$f'(x)=6x^2+6x-12$　解方程 $f'(x)=0$,得驻点 $x_1=-2,x_2=1$.

由于 $f(-3)=23$;$f(-2)=34$;$f(1)=7$;$f(4)=142$.

因此函数 $y=2x^3+3x^2-12x+14$ 在 $[-3,4]$ 上的最大值为 $f(4)=142$,最小值为 $f(1)=7$.

例 4　某房地产公司有 50 套公寓要出租,当租金定为每月 1800 元时,公寓会全部租出去. 当租金每月增加 100 元时,就有一套公寓租不出去,而租出去的房子每月需花费 200 元的整修维护费. 试问房租定为多少可获得最大收入?

解　设房租为每月 x 元,租出去的房子有 $\left(50-\dfrac{x-1800}{100}\right)$ 套.

每月总收入为 $R(x)=(x-200)\left(50-\dfrac{x-1800}{100}\right)=(x-200)\left(68-\dfrac{x}{100}\right)$,则

$$R'(x)=\left(68-\frac{x}{100}\right)+(x-200)\left(-\frac{1}{100}\right)=70-\frac{x}{50}$$

令 $R'(x)=0\Rightarrow x=3500$(唯一驻点). 故每月每套租金为 3500 元时收入最高. 最大收入为:

$$R(3500)=(3500-200)\left(68-\frac{3500}{100}\right)=108\,900\ (\text{元})$$

【基础作业题】

1. 求函数 $y=2x+\dfrac{8}{x}(x>0)$ 的单调区间.

2. 证明：当 $0<x<\frac{\pi}{2}$ 时，$\tan x>x+\frac{1}{3}x^3$.

3. 求下列函数的极值.

(1) $y=2x^3-6x^2-18x+5$　　(2) $y=x-\ln(1+x)$

4. 求函数 $y=2x^3-3x^2, x\in[-1,4]$ 的最值.

5. 欲做一个底为正方形，容积为 108 立方米的长方体开口容器，怎样做法所用材料最省？

【典型例题选讲　—提高篇】

例 1　设在 $[a,b]$ 上 $f''(x)>0$，证明 $g(x)=\dfrac{f(x)-f(a)}{x-a}$ 在 $(a,b]$ 上单调递增.

证明　$g'(x)=\dfrac{f'(x)(x-a)-(f(x)-f(a))}{(x-a)^2}$，$x\in(a,b]$.

由 Lagrange 中值定理，得：$f(x)-f(a)=f'(\xi)(x-a)$，$a<\xi<x$.

故 $g'(x)=\dfrac{f'(x)-f'(\xi)}{(x-a)}$，$x\in(a,b]$，由 $f''(x)>0$ 知，$f'(x)$ 严格单调递增.

又 $x>\xi$，故 $f'(x)-f'(\xi)>0$，从而 $g'(x)>0, x\in(a,b]$.
所以 $g(x)$在$(a,b]$上单调递增.

例 2 证明方程 $\tan x=1-x$ 在$(0, 1)$内有唯一实根.

证明 令 $F(x)=\tan x-1+x$. 显然函数 $F(x)$在$[0, 1]$内连续，且

$$F(0)=-1<0,\quad F(1)=\tan 1>0$$

所以由零点定理可得在$(0, 1)$中至少存在一个ξ，使 $F(\xi)=0$.

又因为 $F'(x)=\dfrac{1}{\cos^2 x}+1>0\ (0<x<1)$，所以 $F(x)=\tan x-1+x$ 单增. 所以只有一个 $\xi\in(0,1)$使得 $F(\xi)=0$，即方程 $\tan x=1-x$ 在$(0, 1)$内有唯一实根.

例 3 求常数 l 与 k 的值，使函数 $f(x)=x^3+lx^2+kx$ 在 $x=-1$ 处有极值 2，并求出在这样的 l 与 k 之下 $f(x)$的所有极值点，以及在$[0,3]$上的最小值和最大值.

解 $f'(x)=3x^2+2lx+k$，由已知得：

$$f'(-1)=3-2l+k=0, f(-1)=-1+l-k=2.$$

计算得：$k=-3, l=0$. 所以 $f(x)=x^3-3x$.

令 $f'(x)=3x^2-3=3(x-1)(x+1)=0$，得：$x=\pm 1$. 又因为 $f''(x)=6x$，所以 $f''(\pm 1)=\pm 6$.

因此 $f(1)=-2$ 是极小值，$f(-1)=2$ 是极大值. 所以在$[0,3]$内有

$$f(0)=0,\quad f(1)=-2,\quad f(3)=18$$

所以 $f(1)=-2$ 是最小值，$f(3)=18$ 是最大值.

【提高练习题】

设函数 $f(x)$在$[0,a]$上连续，在$(0,a)$内二阶可导，且 $f(0)=0, f''(x)<0$，证明函数 $g(x)=\dfrac{f(x)}{x}$在$(0,a]$内单调递减.

提高题参考答案：

提示：$\left[\dfrac{f(x)}{x}\right]'=\dfrac{x\cdot f'(x)-f(x)}{x^2}$，并设 $h(x)=x\cdot f'(x)-f(x)$，$h'(x)=x\cdot f''(x)<0$，$h(0)=0$，则 $h(x)<0$，进而$\left[\dfrac{f(x)}{x}\right]'<0$，故 $g(x)=\dfrac{f(x)}{x}$在$(0,a]$内单调递减.

4.4 曲线的凸性与函数图形

【学习目标】

会用导数判定函数图形的凸性，会求函数图形的拐点；会画简单函数的图形.

【知识要点】

1. 利用二阶导数判断函数的凸性

设 $f(x)$在(a,b)内有二阶导数,

(1) 若 $f''(x)>0, x\in(a,b)$,则 $f(x)$在(a,b)内是下凸的;

(2) 若 $f''(x)<0, x\in(a,b)$,则 $f(x)$在(a,b)内是上凸的.

注 1:此命题中函数凸性的条件是充分的,但不是必要的.

注 2:拐点的必要条件:

连续曲线下凸和上凸的分界点,称为曲线的拐点.

若点 $M_0(x_0, f(x_0))$是曲线 $y=f(x)$的拐点,则 $f''(x_0)=0$ 或 $f''(x_0)$不存在.

由拐点的必要条件,寻求拐点 M_0 时,只需从使得 $f''(x)=0$ 或 $f''(x)$不存在的点当中去找.再根据 $f''(x)$在点 x_0 的去心邻域内的符号来判别.

2. 函数作图的一般步骤

描绘函数的图形一般步骤如下:

(1) 确定函数 $f(x)$的定义域,研究函数特性如:奇偶性、周期性、有界性等;

(2) 求出一阶导数 $f'(x)$和二阶导数 $f''(x)$,并求出导数 $f'(x)$和 $f''(x)$在函数定义域内的全部零点及导数 $f'(x)$和 $f''(x)$不存在的点,用这些点把函数定义域划分成若干个小区间;

(3) 确定在这些小区间内 $f'(x)$和 $f''(x)$的符号,并由此确定函数的增减性和凸性,极值点和拐点;

(4) 确定函数图形的水平与铅直渐近线;

(5) 有时还需适当补充一些辅助作图点(如与坐标轴的交点和曲线的端点等);然后根据第(3)、(4)步中得到的结果,用平滑曲线连接各点,则可得到函数的图形.

【典型例题选讲——基础篇】

例 1　求曲线 $y=10+5x^2+\frac{10}{3}x^3$ 的凸性区间与拐点.

解　函数的定义域为$(-\infty,+\infty)$,且有

$$y' = 10x + 10x^2, \qquad y'' = 10 + 20x$$

令 $y''=0$, 得 $x=-\frac{1}{2}$.

用 $x=-\frac{1}{2}$把$(-\infty,+\infty)$分成$\left(-\infty,-\frac{1}{2}\right)$,$\left(-\frac{1}{2},+\infty\right)$两部分,列表(见表 4.2)讨论如下:

表 4.2

x	$(-\infty,-1/2)$	$-1/2$	$(-1/2,+\infty)$
$f''(x)$	$-$	0	$+$
$f(x)$	$\frown$	拐点$(-1/2,65/6)$	$\smile$

由表 4.2 可得,曲线的上凸区间为$\left(-\infty,-\frac{1}{2}\right)$,下凸区间为$\left(-\frac{1}{2},+\infty\right)$,拐点为$\left(-\frac{1}{2},\frac{65}{6}\right)$.

例 2　若曲线 $y=x^3+ax^2+bx+1$ 有拐点$(-1,1)$,则 $b=$__________.

解　$y'=3x^2+2ax+b$　　$y''=6x+2a$

因为曲线有拐点$(-1,1)$,所以有

$$\begin{cases} y(-1)=-1+a-b+1=1 \\ y''(-1)=-6+2a=0 \end{cases}$$

从而计算得　$a=3,\ b=2$

例 3　画出函数 $y=3x-x^3$ 的图形.

解　函数的定义域为$(-\infty,+\infty)$,为奇函数.且有

$$y'=3-3x^2 \qquad y''=-6x$$

令 $y'=0$ 得 $x=\pm 1$;令 $y''=0$ 得 $x=0$,在定义域内没有不可导的点.列表(表 4.3)讨论如下:

表 4.3

x	0	$(0,1)$	1	$(1,+\infty)$
y'	3	$+$	0	$-$
y''	0	$-$	$-$	$-$
y	拐点 (0, 0)	↗	极大值 2	↘

显然,曲线 $y=3x-x^3$ 无渐近线.

令 $y=0$,可知曲线 $y=3x-x^3$ 与 x 轴的交点为$(-\sqrt{3},0)$、$(\sqrt{3},0)$.

综合上述结果,画出函数 $y=3x-x^3$ 在$(0,+\infty)$的图形,由对称性得出曲线 $y=3x-x^3$ 在$(-\infty,+\infty)$内的图形(如图 4.1).

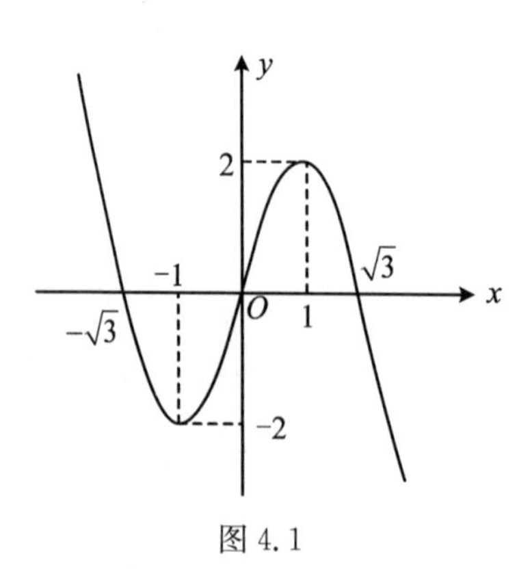

图 4.1

【基础作业题】

1. 求下列函数图形的拐点及凸性区间.

(1) $y=x^3-5x^2+3x+5$　　　　(2) $y=x+\dfrac{1}{x}$　$(x>0)$

2. 问 a 及 b 为何值时,点(1,3)为曲线 $y=ax^3+bx^2$ 的拐点?

3. 描绘函数 $y=x^3-5x^2+3x+5$ 的图形.

【典型例题选讲——提高篇】

例 1　设 $y=\dfrac{x^3+4}{x^2}$,试:

(1) 求函数的增减区间,　　(2) 求函数图像的凸性区间及拐点,

(3) 求其渐近线,　　(4) 作出图形.

解　(1) 函数的定义域为$(-\infty,0)\cup(0,+\infty)$. $y'=1-\dfrac{8}{x^3}$,得驻点 $x=2$,不可导点 $x=0$. 列表(表 4.4)讨论如下:

表 4.4

x	$(-\infty,0)$	$(0,2)$	$(2,+\infty)$
y'	+	−	+
y	↗	↘	↗

(2) $y''=\dfrac{24}{x^2}>0$. 所以函数在区间$(-\infty,0)$,$(0,+\infty)$上都是下凸的.

(3) $\lim\limits_{x\to 0}\dfrac{x^3+4}{x^2}=\infty$.

$a=\lim\limits_{x\to\infty}\dfrac{(x^3+4)/x^2}{x}=\lim\limits_{x\to\infty}\dfrac{x^3+4}{x^3}=1$.

$b=\lim\limits_{x\to\infty}\left(\dfrac{x^3+4}{x^2}-x\right)=0$.

故 $x=0$ 为垂直渐近线,$y=x$ 为斜渐近线.

(4) 零点为 $x=-\sqrt[3]{4}$,图形如图 4.2 所示.

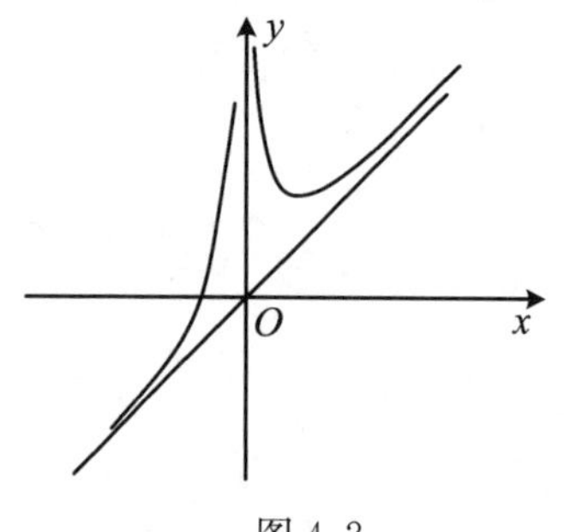

图 4.2

例 2　设曲线 $y=xe^{-x}$ 上的极大值点为 A,拐点为 B,试求通过线段 AB 的中点并垂直于 $x=0$ 的直线方程.(注:A 点是在曲线上)

解　$\dfrac{dy}{dx}=e^{-x}(1-x)$,得到驻点 $x_1=1$.

令$\dfrac{d^2y}{dx^2}=e^{-x}(x-2)=0$,得到 $x_2=2$,表列(表 4.5)讨论如下:

表 4.5

x	$(-\infty,1)$	1	$(1,2)$	2	$(2,+\infty)$
y'	+	0	−		−
y''	−		−	0	+
y	↗	极大值 e^{-1}	↘		↘

由此求得曲线上极大值点 $A(1,e^{-1})$及拐点 $B(2,2e^{-2})$.

于是直线 AB 的中点 $P\left(\dfrac{3}{2},\dfrac{e^{-1}}{2}+e^{-2}\right)$.

故所求的直线方程为 $y=\dfrac{e^{-1}}{2}+e^{-2}$.

【提高练习题】

1. 设 $f'(x_0)=f''(x_0)=0$,$f'''(x_0)>0$, 则下列选项正确的是(　　).

   A. $f'(x_0)$是 $f'(x)$的极大值　　B. $f(x_0)$是 $f(x)$的极大值

   C. $f(x_0)$是 $f(x)$的极小值　　D. $(x_0,f(x_0))$是曲线 $y=f(x)$的拐点

2. 证明:曲线 $y=\dfrac{x-1}{x^2+1}$有三个拐点位于同一直线上.

提高题参考答案：

1. D．　提示：由 $f'(x_0)=f''(x_0)=0, f'''(x_0)>0$ 得：

$f'''(x_0)=\lim\limits_{x\to x_0}\dfrac{f''(x)}{x-x_0}>0$，根据极限保号性，在 x_0 的左侧 $f''(x)<0$，在 x_0 的右侧 $f''(x)>0$，则点 $(x_0, f(x_0))$ 是曲线 $y=f(x)$ 的拐点.

2. 证明略

4.5　导数在经济学中的应用

【学习目标】

理解边际函数、弹性的概念，领会导数在经济函数中的意义.

【知识要点】

1. 边际成本，边际收益，边际利润

总成本函数 $C=C(q)$；平均成本函数 $\bar{C}=\bar{C}(q)=\dfrac{C(q)}{q}$；边际成本函数 $C'=C'(q)$. 称 $C'(q)$ 为当产量为 q 时的边际成本，其经济意义为：当产量达到 q 时，如果再生产一个单位产品，则成本将相应增加 $C'(q)$ 个单位.

同理，若总收益函数 $R=R(q)$，则边际收益函数 $R'=R'(q)$. 其经济意义：当销售量达到 q 时，若再多销售一个单位产品，则收益将相应地增加 $R'(q)$ 个单位.

利润函数 $L(q)=R(q)-C(q)$，边际利润函数 $L'(q)=R'(q)-C'(q)$. 其经济意义是：当销售量达到 q 时，如果再多销售一个单位产品，则利润将相应增加 $L'(q)$ 个单位.

2. 弹性分析

称极限 $\lim\limits_{\Delta x\to 0}\dfrac{\Delta y/y}{\Delta x/x}=\lim\limits_{\Delta x\to 0}\dfrac{\Delta y}{\Delta x}\cdot\dfrac{x}{y}=x\dfrac{y'}{y}$ 为函数 $y=f(x)$ 的弹性，记为 $\dfrac{Ey}{Ex}$，即

$$\frac{Ey}{Ex}=\lim_{\Delta x\to 0}\frac{\Delta y/y}{\Delta x/x}=\lim_{\Delta x\to 0}\frac{\Delta y}{\Delta x}\cdot\frac{x}{y}=x\frac{y'}{y}$$

在点 $x=x_0$ 处，弹性函数值 $\left.\dfrac{Ey}{Ex}\right|_{x=x_0}=x_0\dfrac{f'(x_0)}{f(x_0)}$ 称为 $f(x)$ 在点 x_0 处的弹性. 它表示在点 $x=x_0$ 处，当 x 产生 1% 的改变时，$f(x)$ 近似地改变 $\left.\dfrac{Ey}{Ex}\right|_{x=x_0}$%.

当函数 $y=f(x)$ 为需求函数 $Q=Q(p)$ 时，称 $\eta=\dfrac{EQ}{Ep}=p\dfrac{Q'}{Q}$ 为需求对价格的弹性，若在价格 $p=10$ 元时算得 $\eta=-1.3$，其经济意义为：在价格 $p=10$ 元的基础上再上涨 1% ，需求将下降 1.3%.

若收益函数为 $R(p)=p\cdot Q(p)$，同理可推得收益弹性为

$$\frac{ER}{Ep}=p\cdot\frac{Q+p\cdot Q'}{p\cdot Q}=1+p\cdot\frac{Q'}{Q}=1+\eta$$

【典型例题选讲——基础篇】

例 1　某企业每月生产 q(吨)产品的总成本 C(千元)是产量 q 的函数，$C(q)=q^2-10q+20$. 如果每吨产品销售价格 2 万元，求每月生产 10 吨、15 吨、20 吨时的边际利润.

解　每月销售 q 吨产品的总收入函数为 $R(q)=20q$，所以每月销售 q 吨产品的利润函数为

$$L(q)=R(q)-C(q)=20q-(q^2-10q+20)=-q^2+30q-20$$

边际利润为

$$L'(q)=(-q^2+30q-20)'=-2q+30$$

则每月生产 10 吨、15 吨、20 吨的边际利润分别为：

$L'(10)=-2\times10+30=10$ (千元/吨)；

$L'(15)=-2\times15+30=0$ (千元/吨)；

$L'(20)=-2\times20+30=-10$ (千元/吨).

以上结果表明：当月产量为 10 吨时，再增产 1 吨，利润将增加 1 万元；当月产量为 15 吨时，再增产 1 吨，利润不会增加；当月产量为 20 吨时，再增产 1 吨，利润反而减少 1 万元. 显然，企业不能完全靠增加产量来提高利润.

例 2　设某商品的需求函数为 $Q=e^{-\frac{p}{5}}$，求：

(1) 需求对价格的弹性函数；

(2) 分别求出价格 $p=3$，$p=5$，$p=6$ 时的需求弹性.

解　(1) 需求对价格的弹性函数为

$$\eta(p)=\frac{EQ}{Ep}=p\frac{Q'}{Q}=\left(-\frac{1}{5}\right)e^{-\frac{p}{5}}\cdot\frac{p}{e^{-\frac{p}{5}}}=-\frac{p}{5}$$

(2) 将已知参数代上式，得

$$\eta(3)=\frac{3}{5}=-0.6\qquad\eta(5)=\frac{5}{5}=-1\qquad\eta(6)=\frac{6}{5}=-1.2$$

$\eta(3)=-0.6$，说明在价格 $p=3$ 的基础上，若价格再上涨 1%，需求将减少 0.6%，此处可以看出：需求变动的幅度小于价格变动的幅度.

$\eta(5)=-1$，说明在价格 $p=5$ 的基础上，若价格再上涨 1%，需求将减少 1%，此时价格与需求变动的幅度相同.

$\eta(6)=-1.2$，说明在价格 $p=6$ 的基础上，若价格再上涨 1%，需求将减少 1.2%，此时需求变动的幅度大于价格变动的幅度.

例 3(最低成本问题)　设某厂每批生产某产品 x 个单位的总成本函数为

$$C(x)=mx^3-nx^2+px,\ 常数\ m,n,p>0$$

(1) 问每批生产多少单位时,使平均成本最小?

(2) 求最小平均成本和相应的边际成本.

解 (1) 平均成本 $\overline{C}(x)=\dfrac{C(x)}{x}=mx^2-nx+p$,求导得 $\overline{C}'=2mx-n$.

令$\overline{C}'=0$,得 $x=\dfrac{n}{2m}$,而$\overline{C}''(x)=2m>0$.

所以,每批生产$\dfrac{n}{2m}$个单位时,平均成本最小.

(2) 最小平均成本为

$$\overline{C}\left(\frac{n}{2m}\right)=m\left(\frac{n}{2m}\right)^2-n\left(\frac{n}{2m}\right)+p=\frac{4mp-n^2}{4m}$$

边际成本函数为　$C'(x)=3mx^2-2nx+p$,可得此时边际成本为

$$C'\left(\frac{n}{2m}\right)=3m\left(\frac{n}{2m}\right)^2-2n\left(\frac{n}{2m}\right)+p=\frac{4mp-n^2}{4m}$$

所以,此时最小平均成本等于其相应的边际成本.

例 4(最大利润问题)　设生产某产品的固定成本为 60 000 元,变动成本为每件 20 元,价格函数 $p=60-\dfrac{Q}{1\,000}$(Q 为销售量),假设供销平衡,问产量为多少时,有最大利润?最大利润是多少?

解　产品的总成本函数为　$C(Q)=60\,000+20Q$

收益函数为　$R(Q)=pQ=\left(60-\dfrac{Q}{1\,000}\right)Q=60Q-\dfrac{Q^2}{1\,000}$

利润函数为　$L(Q)=R(Q)-C(Q)=-\dfrac{Q^2}{1\,000}+40Q-60\,000$

边际利润函数为　$L'(Q)=-\dfrac{1}{500}Q+40$

令 $L'(Q)=-\dfrac{1}{500}Q+40=0$,得 $Q=20\,000$.

又 $L''(Q)=-\dfrac{1}{500}<0$,所以当 $Q=20\,000$ 时,L 最大,$L(20\,000)=340\,000$ 元.

所以生产 20 000 个产品时利润最大,最大利润为 340 000 元.

【基础作业题】

1. 已知某商品的成本函数为 $C(x)=100+\dfrac{x^2}{4}$,求出产量 $x=10$ 时的总成本、平均成本、边际成本,并解释其经济意义.

2. 某商品的价格 p 与需求量 Q 的关系为 $p=10-\frac{Q}{5}$，

(1) 求需求量为 20 及 30 时的总收益 R，平均收益 $\bar{R}$ 及边际收益 R'；

(2) Q 为多大时，总收益最大.

3. 某商品需求函数为 $Q=12-\frac{p}{2}$，$0<p<24$，求：

(1) 需求弹性函数；

(2) 当 $p=6$ 时的需求弹性，并解释其经济意义.

【典型例题选讲——提高篇】

例 1 设商品的需求函数为 $Q=100-5p$，其中 Q,p 分别表示需求量和价格，如果商品需求弹性的绝对值大于 1，则商品价格的取值范围是__________.

解 由于 $Q'=-5$，所以 $\eta=p\frac{Q'}{Q}=\frac{-5p}{100-5p}$，若 $|\eta|>1$，计算得：$p>10$.

又因为 $Q\geqslant 0$，即 $100-5p\geqslant 0$，得 $p\leqslant 20$. 所以 p 的取值范围是 $(10,20]$.

【提高练习题】

设某产品的需求函数为 $Q=Q(p)$，其对应价格 p 的弹性为 $\eta=-0.2$，则当需求量为 10 000 件时，价格增加 1 元会使产品收益增加__________元.

提高题参考答案：

8 000　　提示：因为 $(Q\cdot p)'=Q'p+Q$，而 $\eta=\frac{Q'p}{Q}=-0.2$，所以 $(Q\cdot p)'=0.8Q$. 当 $Q=10\,000$，$\mathrm{d}p=1$ 时，$\mathrm{d}(Qp)=(Qp)'\mathrm{d}p=8\,000$.

第 4 章 自 测 题

一、选择题

1. 下列函数在$[-1,1]$上满足罗尔定理条件的是(　　).

A. $y=e^x$　　B. $y=\ln|x|$　　C. $y=1-x^2$　　D. $y=\frac{1}{1-x^2}$

2. 已知函数 $f(x)=(x-2)(x-4)(x-8)$,则 $f'(x)=0$ 有(　　)实根.

A. 一个　　B. 两个　　C. 三个　　D. 四个

3. 函数 $y=x^4-12x+1$ 在定义域内(　　).

A. 图形上凸　　B. 图形下凸　　C. 单调增加　　D. 单调减少

4. 函数 $y=f(x)$在点 $x=x_0$ 处取得极小值,则必有(　　).

A. $f'(x_0)=0$　　B. $f''(x_0)<0$

C. $f'(x_0)=0$ 且 $f''(x_0)<0$　　D. $f'(x_0)=0$ 或 $f'(x_0)$不存在

5. 若$\lim\limits_{x\to x_0}\frac{f(x)-f(x_0)}{(x-x_0)^2}=-1$ 则在 $x=x_0$ 处 (　　).

A. 取极大值　B. 取极小值　C. 不取极值　D. 是否取极值无法确定

6. 设函数 $y=f(x)$为可导函数,则下列叙述正确的是(　　).

A. 若 $f(x)$没有零点,则 $f'(x)$必定没有零点

B. 若 $f'(x)$没有零点,则 $f(x)$必定没有零点

C. 若 $f(x)$没有零点,则 $f'(x)$至多只有一个零点

D. 若 $f'(x)$没有零点,则 $f(x)$至多只有一个零点

7. 设函数 $f(x)$在$[0,1]$上 $f'''(x)>0$,且 $f''(0)=0$,则 $f'(0)$,$f'(1)$,$f(1)-f(0)$或 $f(0)-f(1)$的大小顺序是(　　).

A. $f'(1)>f'(0)>f(1)-f(0)$　　B. $f'(1)>f(1)-f(0)>f'(0)$

C. $f(1)-f(0)>f'(1)>f'(0)$　　D. $f'(1)>f(0)-f(1)>f'(0)$

8. 设函数 $y=f(x)$在$(-\infty,+\infty)$内连续,其导函数的图形如图 4.3 所示,则 $f(x)$有(　　).

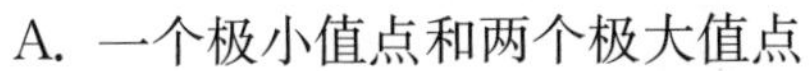

A. 一个极小值点和两个极大值点

B. 两个极小值点和一个极大值点

C. 两个极小值点和两个极大值点

D. 三个极小值点和两个极大值点

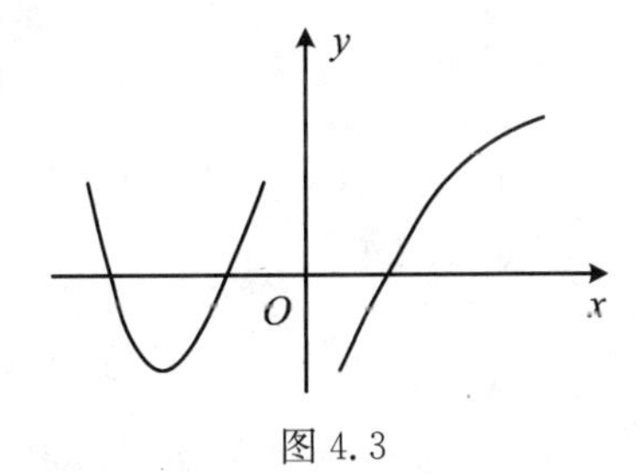

图 4.3

二、填空题

1. 函数 $f(x)=x^4$ 在$[1,2]$上满足拉格朗日定理,则 $\xi=$__________.

2. 函数 $y=x+\frac{4}{x}$的单调减区间是__________.

3. 函数 $f(x)=\frac{1}{3}x^3-3x^2+9x$ 在闭区间$[0,4]$上的最大值点为________.

4. 设 $a>0$,则方程 $a=\frac{x}{\mathrm{e}}-\ln x$ 的根的个数是________.

5. 当 $x=1$ 时,函数 $f(x)=x^3+px+q$ 取得极小值 $f(1)=0$,则 $p=$______,$q=$______.

6. 从一矿井中采 T 吨铜矿石的成本是$C=f(T)$元. 在 $T=1\,000$ 时,边际成本为 $f'(1000)=500$,则该边际成本的经济含义是________________.

三、解答题

1. 求下列极限:

(1) $\lim\limits_{x\to0}\frac{\mathrm{e}^x+\mathrm{e}^{-x}-2}{\sin^2 2x}$ (2) $\lim\limits_{x\to0}\frac{\tan x-x}{x^2\sin x}$

(3) $\lim\limits_{x\to0}\frac{x-\sin x}{x^3}$ (4) $\lim\limits_{x\to0}(\frac{1}{x^2}-\frac{1}{\sin^2 x})$

(5) $\lim\limits_{x\to1}(\frac{x}{x-1}-\frac{1}{\ln x})$ (6) $\lim\limits_{x\to\infty}x(\mathrm{e}^{\frac{1}{x}}-1)$

(7) $\lim\limits_{x\to+\infty}\mathrm{e}^x\ln(1+\frac{1}{x^2})$ (8) $\lim\limits_{x\to0^+}(1+\frac{1}{x})^x$

2. 求函数 $y=x^3-3x^2-9x+1$ 的极值.

3. 设 $f(x)$在$[0,a]$上二次可导,并且 $f(0)=0$,$f''(x)<0$,请试判定函数 $F(x)=\frac{f(x)}{x}$在区间$(0,a]$上的单调性.

四、证明题

1. 当 $x>0$ 时,$\ln\left(1+\frac{1}{x}\right)>\frac{1}{1+x}$.

2. 函数 $f(x)$在$[a,b]$内连续,在(a,b)可导,且 $f(a)=f(b)=0$,试证明:存在 $\xi\in(a,b)$,使得 $f'(\xi)=2f(\xi)$.

参考答案

一、选择题

1. C 2. B 3. B 4. D 5. A 6. D 7. B 8. C

二、填空题

1. $\sqrt[3]{\frac{15}{4}}$ 2. $(-2,0)\cup(0,2)$ 3. $x=4$ 4. 2个. 5. $p=-3,q=2$

6. 当铜矿石产量为 1 000 吨,再多生产 1 吨铜矿石,所需增加的成本为500 元.

三、解答题

1. (1) $\frac{1}{4}$ (2) $\frac{1}{3}$ (3) $\frac{1}{6}$ (4) $-\frac{1}{3}$ (5) $\frac{1}{2}$ (6) 1 (7) $+\infty$ (8) 1

2. 极大值 $y(-1)=6$,极小值 $y(3)=-26$.　　3. 单调递减.

四、证明题

1. 提示:令 $f(x)=\ln\left(1+\dfrac{1}{x}\right)-\dfrac{1}{1+x}$,当 $x>0$ 时,$f'(x)<0$,所以 $f(x)$ 在区间 $(0,+\infty)$ 上单调递减;$\lim\limits_{x\to+\infty}f(x)=\lim\limits_{x\to+\infty}\left(\ln\left(x+\dfrac{1}{x}\right)-\dfrac{1}{1+x}\right)=0$,则当 $x>0$ 时,$f(x)>\lim\limits_{x\to+\infty}f(x)=0$,即 $\ln\left(1+\dfrac{1}{x}\right)>\dfrac{1}{1+x}$.

2. 提示:设 $g(x)=e^{-2x}f(x)$,应用罗尔定理可得.

第 5 章　不 定 积 分

5.1　不定积分的概念

【学习目标】

理解原函数与不定积分的概念，了解不定积分的几何意义.

【知识要点】

1. 原函数的定义

设 $f(x)$在区间 I 上有定义，如果存在可导函数 $F(x)$，使得对 $\forall x \in I$ 有

$$F'(x) = f(x)$$

那么，称 $F(x)$为 $f(x)$在区间 I 上的一个原函数.

注 1　一个函数的任意两个原函数之间相差一个常数.

注 2　区间 I 上的连续函数一定有原函数.

2. 不定积分的定义

设 $f(x)$在区间 I 上有原函数，记 $f(x)$在区间 I 上的全体原函数为

$$\int f(x)\mathrm{d}x$$

称为 $f(x)$在区间 I 上的不定积分，这时称 $f(x)$在区间 I 上可积.

注 1　若函数 $F(x)$ 为 $f(x)$ 在区间 I 中的一个原函数，则有$\int f(x)\mathrm{d}x = F(x) + C$($C$为任意常数)，$C$称为积分常数. 求不定积分时，"$+C$"不能漏掉！但"$C$为任意常数"可省略不写.

注 2　记号$\int f(x)\mathrm{d}x$ 是一个整体，$\int$ 与 $\mathrm{d}x$ 都不可少.

3. 不定积分的几何意义

不定积分的几何意义是一族积分曲线，这一族曲线满足：在横坐标相同的点处，这些积分曲线的切线都有相同的斜率，因此这些切线必是平行的(如图 5.1 所示).

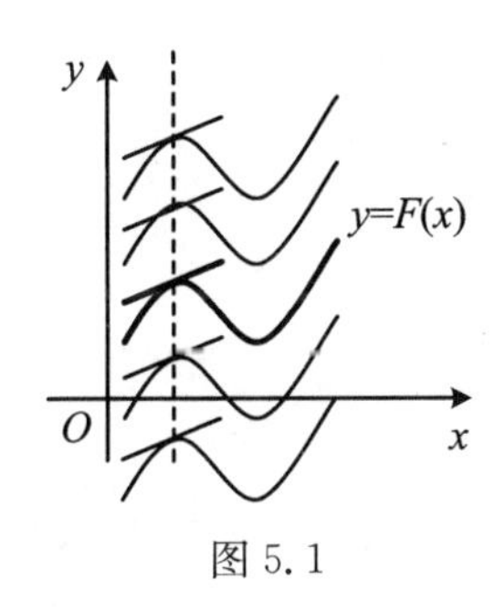

图 5.1

【典型例题选讲——基础篇】

例 1　若 $f(x)$的一个原函数为 $\ln x^2$,则 $f(x)=$______.

解　因为$(\ln x^2)'=f(x)$,所以 $f(x)=\dfrac{2}{x}$.

例 2　若$\int f(x)\mathrm{d}x = x\ln x + C$,则 $f'(x) =$ ________.

解　$f(x)=(x\ln x)'=\ln x+1, f'(x)=\dfrac{1}{x}$.

例 3　$\mathrm{d}\int a^{-2x}\mathrm{d}x =$ (　　).

A. a^{-2x}　　B. $-2a^{-2x}\ln a\mathrm{d}x$　　C. $a^{-2x}\mathrm{d}x$　　D. $a^{-2x}\mathrm{d}x+C$

解　根据$\dfrac{\mathrm{d}}{\mathrm{d}x}\left(\int f(x)\mathrm{d}x\right)= f(x)$,则 $\mathrm{d}\left(\int f(x)\mathrm{d}x\right)= f(x)\mathrm{d}x$. 故应选 C.

【基础作业题】

1. 填空并将下列式子转化成它的积分形式.

(1) (　　$)'=\sec^2 x\Rightarrow$　　　(2) (　　$)'=3x^2\Rightarrow$

(3) (　　$)'=\mathrm{e}^x\Rightarrow$　　　(4) (　　$)'=\sec x\cdot\tan x\Rightarrow$

2. 设$\int xf(x)\mathrm{d}x = \arccos x + C$,求 $f(x)$.

3. 设 $f(x)$的导函数是 $\sin x$,求 $f(x)$的原函数的全体.

4. 求解下列各式.

(1) $\left[\int \mathrm{e}^{3x}\mathrm{d}x\right]'$

(2) $\int (\mathrm{e}^{2x})'\mathrm{d}x$

(3) $\left[\int \frac{1}{2}\sin 2x\mathrm{d}x\right]'$

(4) $\int (2\ln(2x))'\mathrm{d}x$

5. 一曲线位于 y 轴右侧,通过点$(\mathrm{e}^2,3)$,且在任一点处切线的斜率等于该点横坐标的倒数,求该曲线的方程.

【典型例题选讲——提高篇】

例1 设$\int f'(x^3)\mathrm{d}x = x^3 + C$,$f(x) = (\quad)$.

解 因为$\int f'(x^3)\mathrm{d}x = x^3 + C$,所以$f'(x^3) = 3x^2$.令$x^3 = t$,则$f'(t) = 3t^{\frac{2}{3}}$,于是有$f(t) = 3\int t^{\frac{2}{3}}\mathrm{d}t = \frac{9}{5}t^{\frac{5}{3}} + C$.故$f(x) = \frac{9}{5}x^{\frac{5}{3}} + C$.

例2 设$f(x)$是连续函数,$F(x)$是$f(x)$的原函数,则下列结论正确的是(　　).

A. 当$f(x)$是奇函数时,$F(x)$必是偶函数

B. 当$f(x)$是偶函数时,$F(x)$必是奇函数

C. 当$f(x)$是周期函数时,$F(x)$必是周期函数

D. 当$f(x)$是单增函数时,$F(x)$必是单增函数

解 用排除法:

B. $f(x)=3x^2$是偶函数,但原函数$F(x)=x^3+1$不是奇函数;

C. $f(x)=1+\cos x$是周期函数,但原函数$F(x)=x+\sin x$不是周期函数;

D. $f(x)=2x$是单增函数,但原函数$F(x)=x^2$不是单增函数.

所以应选A.

【提高练习题】

1. 设$f'(\ln x)=1+x$,则$f(x)=$________.
2. 若$[f^3(x)]'=1$,则$f(x)=$________.

提高练习题参考答案:

1. $x+\mathrm{e}^x+C$　　2. $\sqrt[3]{x+C}$

5.2 不定积分的基本公式及运算法则

【学习目标】

熟练掌握基本积分公式,掌握不定积分的运算法则,会用直接积分法求一些简单函数的积分.

【知识要点】

1. 不定积分的基本公式

(1) $\int 0\mathrm{d}x = C$　　　　(2) $\int k\mathrm{d}x = kx + C$

(3) $\int x^{\alpha}\mathrm{d}x = \frac{1}{1+\alpha}x^{\alpha+1} + C(\alpha \neq -1)$　　(4) $\int \frac{1}{x}\mathrm{d}x = \ln|x| + C$

(5) $\int a^{x}\mathrm{d}x = \frac{1}{\ln a}a^{x} + C(a > 0, a \neq 1)$　　(6) $\int \mathrm{e}^{x}\mathrm{d}x = \mathrm{e}^{x} + C$

(7) $\int \sin x\mathrm{d}x = -\cos x + C$　　(8) $\int \cos x\mathrm{d}x = \sin x + C$

(9) $\int \sec^{2}x\mathrm{d}x = \tan x + C$　　(10) $\int \csc^{2}x\mathrm{d}x = -\cot x + C$

(11) $\int \sec x\tan x\mathrm{d}x = \sec x + C$　　(12) $\int \csc x\cot x\mathrm{d}x = -\csc x + C$

(13) $\int \frac{1}{\sqrt{1-x^{2}}}\mathrm{d}x = \arcsin x + C = -\arccos x + C$

(14) $\int \frac{1}{1+x^{2}}\mathrm{d}x = \arctan x + C = -\mathrm{arccot}\, x + C$

2. 不定积分的运算法则

法则 1　$\left(\int f(x)\mathrm{d}x\right)' = f(x)$，　或者　$\mathrm{d}\int f(x)\mathrm{d}x = f(x)\mathrm{d}x$.

法则 2　$\int f'(x)\mathrm{d}x = f(x) + C$，　或者　$\int \mathrm{d}f(x) = f(x) + C$.

法则 3　$\int kf(x)\mathrm{d}x = k\int f(x)\mathrm{d}x$,其中,$k$ 为非零常数.

法则 4　$\int (f(x) \pm g(x))\mathrm{d}x = \int f(x)\mathrm{d}x \pm \int g(x)\mathrm{d}x$.

3. 直接积分法

将被积函数简单恒等变形,直接用不定积分性质和基本积分公式求不定积分的方法.用直接积分法可求出一些简单函数的不定积分.

【典型例题选讲——基础篇】

例 1　下列等式成立的是(　　).

A. $\frac{\mathrm{d}}{\mathrm{d}x}\int f(x)\mathrm{d}x = f(x)$　　B. $\int f'(x)\mathrm{d}x = f(x)$

C. $\mathrm{d}\int f(x)\mathrm{d}x = f(x)$　　D. $\int \mathrm{d}f(x) = f(x)$

解　由不定积分的运算法则 1 和 2,应选 A.

例 2　求$\int \frac{3-\sqrt{x^{3}}+x\sin x}{x}\mathrm{d}x$.

解
$$\int \frac{3-\sqrt{x^{3}}+x\sin x}{x}\mathrm{d}x = 3\int \frac{1}{x}\mathrm{d}x - \int \sqrt{x}\mathrm{d}x + \int \sin x\mathrm{d}x$$
$$= 3\ln|x| - \frac{2}{3}x^{\frac{3}{2}} - \cos x + C$$

例 3　求$\int \frac{3x^4+3x^2+1}{x^2+1}\mathrm{d}x$.

解　$$\int \frac{3x^4+3x^2+1}{x^2+1}\mathrm{d}x=\int\left[\frac{3x^2(x^2+1)}{x^2+1}+\frac{1}{x^2+1}\right]\mathrm{d}x$$
$$=\int 3x^2\mathrm{d}x+\int\frac{1}{x^2+1}\mathrm{d}x=x^3+\arctan x+C$$

例 4　求$\int \frac{1+\cos^2 x}{1+\cos 2x}\mathrm{d}x$.

解　将被积函数化为同角的三角函数,再按公式积分.

$$\int \frac{1+\cos^2 x}{1+\cos 2x}\mathrm{d}x=\int\frac{1+\cos^2 x}{2\cos^2 x}\mathrm{d}x=\frac{1}{2}\int \sec^2 x\mathrm{d}x+\frac{1}{2}\int\mathrm{d}x$$
$$=\frac{1}{2}\tan x+\frac{x}{2}+C$$

例 5　设某工厂生产某产品的边际成本 $C'(x)$ 与产量 x 的函数关系为 $C'(x)=7+\frac{25}{\sqrt{x}}$,已知固定成本为 1 000,求成本函数.

解　$C(x)=\int(7+\frac{25}{\sqrt{x}})\mathrm{d}x=7x+50\sqrt{x}+C$,已知固定成本为 1 000 元,即 $C(0)=1\,000$,代入得 $C=1\,000$,故

$$C(x)=7x+50\sqrt{x}+1\,000$$

【基础作业题】

1. 计算下列不定积分.

(1) $\int\left(\frac{\sqrt[3]{x}}{3}-\frac{1}{\sqrt{x}}\right)\mathrm{d}x$　　(2) $\int\frac{1-x^2}{1+x^2}\mathrm{d}x$

(3) $\int\frac{x^3+2x+1}{x^2}\mathrm{d}x$　　(4) $\int\frac{x^4+x^2+1}{x^2+1}\mathrm{d}x$

(5) $\int 3^x e^x \mathrm{d}x$

(6) $\int \cot^2 x \mathrm{d}x$

(7) $\int \frac{1}{1+\cos 2x}\mathrm{d}x$

(8) $\int \frac{\cos 2x}{\cos^2 x \cdot \sin^2 x}\mathrm{d}x$

2. 设某商品的需求量 Q 是价格 p 的函数,该商品的最大需求量为 1 000 (即 $p=0$ 时,$Q=1\,000$) ,已知需求量的变化率(边际需求)为

$$Q'(p)=-1\,000\ln 3 \cdot \left(\frac{1}{3}\right)^p$$

试求需求量 Q 与价格 p 的函数关系.

5.3 换元积分法

【学习目标】

掌握常见的凑微分式,会用第一换元法求解一些常见积分,掌握第二换元法中典型的换元方式和题型解法.

【知识要点】

1. 第一换元积分法(凑微分法)

定理 1(第一换元法)　如果 $g(u)$关于 u 存在原函数 $F(u)$, $u=\varphi(x)$关于 x 存在连续导数,则:

$$\int g[\varphi(x)]\varphi'(x)\mathrm{d}x = \int g[\varphi(x)]\mathrm{d}\varphi(x)$$
$$= \int g(u)\mathrm{d}u = F(u) + C = F[\varphi(x)] + C$$

第一换元法求不定积分$\int f(x)\mathrm{d}x$ 的具体过程为:

$$\int f(x)\mathrm{d}x \xlongequal{\text{表成}} \int g[\varphi(x)]\varphi'(x)\mathrm{d}x \xlongequal{\text{令}\ \varphi(x)=u} \int g(u)\mathrm{d}u$$
$$= F(u) + C \xlongequal{u=\varphi(x)} F[\varphi(x)] + C$$

在上述过程中,关键的一步是将原来的被积函数 $f(x)$写成 $g[\varphi(x)]$与 $\varphi'(x)$的乘积,即 $f(x)=g[\varphi(x)]\varphi'(x)$. 此时 $\varphi'(x)$与 $\mathrm{d}x$ 可凑成$u(=\varphi(x))$的微分 $\mathrm{d}u=\varphi'(x)\mathrm{d}x$,且 $g(u)$的原函数比较容易求得. 所以第一换元法又称为凑微分法,即将原被积函数中“分离”一部分与 $\mathrm{d}x$ 凑成另一微分形式.

常见的凑微分有:

(1) $\int f(ax+b)\mathrm{d}x = \frac{1}{a}\int f(ax+b)\mathrm{d}(ax+b)$

(2) $\int f(ax^n+b)x^{n-1}\mathrm{d}x = \frac{1}{an}\int f(ax^n+b)\mathrm{d}(ax^n+b)\quad (a\neq 0, n\geqslant 1)$

(3) $\int f(\sqrt{x})\frac{1}{\sqrt{x}}\mathrm{d}x = 2\int f(\sqrt{x})\mathrm{d}\sqrt{x}$

(4) $\int f(\frac{1}{x})\frac{1}{x^2}\mathrm{d}x = -\int f(\frac{1}{x})\mathrm{d}\frac{1}{x}$

(5) $\int f(\ln x)\frac{1}{x}\mathrm{d}x = \int f(\ln x)\mathrm{d}(\ln x)$

(6) $\int f(\sin x)\cos x\mathrm{d}x = \int f(\sin x)\mathrm{d}(\sin x)$

(7) $\int f(\cos x)\sin x\mathrm{d}x = -\int f(\cos x)\mathrm{d}(\cos x)$

(8) $\int f(\tan x)\frac{1}{\cos^2 x}\mathrm{d}x = \int f(\tan x)\mathrm{d}(\tan x)$

(9) $\int f(\cot x)\frac{1}{\sin^2 x}\mathrm{d}x = -\int f(\cot x)\mathrm{d}(\cot x)$

(10) $\int f(\sec x)\sec x\tan x\mathrm{d}x = \int f(\sec x)\mathrm{d}(\sec x)$

(11) $\int f(\csc x)\csc x\cot x\mathrm{d}x=-\int f(\csc x)\mathrm{d}(\csc x)$

(12) $\int f(\arcsin x)\dfrac{1}{\sqrt{1-x^2}}\mathrm{d}x=\int f(\arcsin x)\mathrm{d}(\arcsin x)$

(13) $\int f(\arctan x)\dfrac{1}{1+x^2}\mathrm{d}x=\int f(\arctan x)\mathrm{d}(\arctan x)$

(14) $\int f(\mathrm{e}^x)\mathrm{e}^x\mathrm{d}x=\int f(\mathrm{e}^x)\mathrm{d}(\mathrm{e}^x)$

2. 第二换元积分法

定理 2(第二换元法) 设 $x=\varphi(t)$ 为单调可导函数,且 $\varphi'(t)\neq 0$,又设 $f[\varphi(t)]\varphi'(t)$ 存在原函数 $F(t)$,则:

$$\int f(x)\mathrm{d}x=\int f[\varphi(t)]\varphi'(t)\mathrm{d}t=F(t)+C=F[\psi(x)]+C$$

其中,$t=\psi(x)$ 是 $x=\varphi(t)$ 的反函数.

用第二换元法求 $\int f(x)\mathrm{d}x$ 的具体过程为:

$$\int f(x)\mathrm{d}x \xlongequal{\text{令 } x=\varphi(t)} \int f[\varphi(t)]\mathrm{d}\varphi(t)=\int f[\varphi(t)]\varphi'(t)\mathrm{d}t$$

$$=F(t)+C \xlongequal{t=\psi(x)} F[\psi(x)]+C$$

其中,$t=\psi(x)$ 是 $x=\varphi(t)$ 的反函数.

在上述过程中,关键是作适当的变量代换 $x=\varphi(t)$,使 $\int f(x)\mathrm{d}x$ 容易求得.

1) 根式代换

当被积函数含根式 $\sqrt[n]{ax+b}$ 时,令 $\sqrt[n]{ax+b}=t$,可化被积函数为有理函数.

2) 三角代换

当被积函数含根式 $\sqrt{a^2-x^2}$ 或 $\sqrt{x^2\pm a^2}$,而又不能凑微分时,常用三角代换将被积函数有理化.

对 $\sqrt{a^2-x^2}$,令 $x=a\sin t$,$\mathrm{d}x=a\cos t\mathrm{d}t$,$t=\arcsin\dfrac{x}{a}$,$\sqrt{a^2-x^2}=a\cos t$.

对 $\sqrt{x^2+a^2}$,令 $x=a\tan t$,$\mathrm{d}x=a\sec^2 t\mathrm{d}t$,$t=\arctan\dfrac{x}{a}$,$\sqrt{x^2+a^2}=a\sec t$.

对 $\sqrt{x^2-a^2}$,令 $x=a\sec t$,$\mathrm{d}x=a\sec t\tan t\mathrm{d}t$,$t=\arccos\dfrac{a}{x}$,$\sqrt{x^2-a^2}=a\tan t$.

【典型例题选讲——基础篇】

例 1 若 $\int f(x)\mathrm{d}x=F(x)+C$,则 $\int f(2x-3)\mathrm{d}x=$ ________ .

解　$\int f(2x-3)\mathrm{d}x=\frac{1}{2}\int f(2x-3)\mathrm{d}(2x-3)=\frac{1}{2}F(2x-3)+C$

例 2　计算(1) $\int\frac{a^{\frac{1}{x}}}{x^2}\mathrm{d}x$；　(2) $\int\frac{1}{\sqrt{x}(1+x)}\mathrm{d}x$.

解　(1) $\int\frac{a^{\frac{1}{x}}}{x^2}\mathrm{d}x=-\int a^{\frac{1}{x}}\mathrm{d}(\frac{1}{x})=-\frac{a^{\frac{1}{x}}}{\ln a}+C$

(2) $\int\frac{1}{\sqrt{x}(1+x)}\mathrm{d}x=2\int\frac{1}{1+x}\mathrm{d}(\sqrt{x})=2\int\frac{1}{1+(\sqrt{x})^2}\mathrm{d}(\sqrt{x})=2\arctan\sqrt{x}+C$

例 3　求$\int\frac{2x+3}{x^2+3x-10}\mathrm{d}x$.

解　原式 $=\int\frac{\mathrm{d}(x^2+3x-10)}{x^2+3x-10}=\ln|x^2+3x-10|+C$

例 4　求$\int\frac{1-x}{\sqrt{1-x^2}}\mathrm{d}x$.

解

$$\begin{aligned}\int\frac{1-x}{\sqrt{1-x^2}}\mathrm{d}x&=\int\left(\frac{1}{\sqrt{1-x^2}}-\frac{x}{\sqrt{1-x^2}}\right)\mathrm{d}x\\&=\int\frac{1}{\sqrt{1-x^2}}\mathrm{d}x+\frac{1}{2}\int\frac{1}{\sqrt{1-x^2}}\mathrm{d}(1-x^2)\\&=\arcsin x+\sqrt{1-x^2}+C\end{aligned}$$

例 5　求$\int\frac{\sqrt[3]{x}}{x(\sqrt{x}+\sqrt[3]{x})}\mathrm{d}x$.

解　被积函数中既有$\sqrt[3]{x}$，又有$\sqrt{x}$，要使其有理化，须令 $x=t^6$. 则$\sqrt[3]{x}=t^2$，$\sqrt{x}=t^3$，$\mathrm{d}x=6t^5\mathrm{d}t$. 于是

原式 $=\int\frac{6\mathrm{d}t}{t^2+t}=6\int\left(\frac{1}{t}-\frac{1}{1+t}\right)\mathrm{d}t=6\ln\left|\frac{t}{1+t}\right|+C=6\ln\left|\frac{\sqrt[6]{x}}{1+\sqrt[6]{x}}\right|+C$

例 6　计算　$\int\frac{x^2}{\sqrt{1-x^2}}\mathrm{d}x$.

解　令 $x=\sin t$，选择如图 5.2 所示直角三角形. 则 $\sqrt{1-x^2}=\cos t$，$\mathrm{d}x=\cos t\mathrm{d}t$，于是

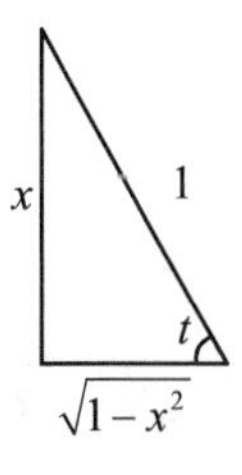

图 5.2

原式 $=\int\frac{\sin^2 t\cos t}{\cos t}\mathrm{d}t=\int\sin^2 t\mathrm{d}t=\int\frac{1-\cos 2t}{2}\mathrm{d}t$

$=\frac{1}{2}\int\mathrm{d}t-\frac{1}{4}\int\cos 2t\mathrm{d}(2t)=\frac{1}{2}t-\frac{1}{4}\sin 2t+C$

$=\frac{1}{2}t-\frac{1}{2}\sin t\cos t+C$

$$=\frac{1}{2}\arcsin x-\frac{x}{2}\sqrt{1-x^2}+C$$

【基础作业题】

1. 观察第一换元法的结构特征填空.

(1) $\int e^{\boxed{2x}}\cdot(\quad)dx=\int e^{\boxed{2x}}\cdot d\boxed{\quad}=e^{\boxed{\quad}}+C$;

(2) $\int \sin\boxed{x^2}\cdot(\quad)dx=\int \sin\boxed{x^2}\cdot d\boxed{x^2}=-\cos\boxed{\quad}+C$;

(3) $\int(\quad)\cdot(\quad)dx=\int\frac{1}{\boxed{\quad}}\cdot d\boxed{\quad}=\ln|x+2|+C$;

(4) $\int\boxed{\ln x}^2\cdot(\quad)dx=\int\boxed{\quad}^2\cdot d\boxed{\quad}=(\quad)+C$.

总结:对于能直接采用凑微分法的积分结构:

(1) 复合函数是两层的,凑(　　)层函数的微分,参看(　　)层函数凑微分.(内,外)

(2) 5.2 节的积分公式表中 x 的位置可以全部替换成(　　)的任意函数.(相同,不同)

2. 计算下列不定积分.

(1) $\int\frac{1}{\sqrt[3]{2-3x}}dx$

(2) $\int\frac{1}{3+2x}dx$

(3) $\int x^2\sin x^3dx$

(4) $\int\frac{(\ln x)^2}{x}dx$

(5) $\int\frac{e^x}{1+e^x}dx$

(6) $\int\frac{\sin(\sqrt{x}+1)}{\sqrt{x}}dx$

3. 计算下列不定积分.

(1) $\int \cos^2(2x+3)\mathrm{d}x$

(2) $\int \frac{1}{\sqrt{4-9x^2}}\mathrm{d}x$

(3) $\int \frac{1}{x^2-8x+25}\mathrm{d}x$

(4) $\int \frac{1}{(x+1)(x-2)}\mathrm{d}x$

(5) $\int \frac{1}{1+\mathrm{e}^x}\mathrm{d}x$

(6) $\int \frac{x}{(x+1)^3}\mathrm{d}x$

4. 计算下列不定积分.

(1) $\int \frac{\sqrt{x}}{1+\sqrt{x}}\mathrm{d}x$

(2) $\int \frac{x^3}{\sqrt{4-x^2}}\mathrm{d}x$

(3) $\int \frac{\sqrt{x^2-9}}{x}\mathrm{d}x$

(4) $\int \frac{1}{(1+x^2)^2}\mathrm{d}x$

【典型例题选讲——提高篇】

例 1 $\int \frac{x+5}{x^2-6x+13}\mathrm{d}x=($　　$)$.

解　原式$=\frac{1}{2}\int \frac{(2x-6)\mathrm{d}x}{x^2-6x+13}+\int \frac{8\mathrm{d}x}{4+(x-3)^2}$

$$=\frac{1}{2}\int \frac{\mathrm{d}(x^2-6x+13)}{x^2-6x+13}+4\int \frac{\mathrm{d}\left(\frac{x-3}{2}\right)}{1+\left(\frac{x-3}{2}\right)^2}$$

$$=\frac{1}{2}\ln(x^2-6x+13)+4\arctan\frac{x-3}{2}+C$$

所以答案应为：　$\frac{1}{2}\ln(x^2-6x+13)+4\arctan\frac{x-3}{2}+C$

例 2　求下列不定积分.

(1) $\int \frac{\arctan\frac{1}{x}}{1+x^2}\mathrm{d}x$　　　　(2) $\int \frac{\sqrt{\ln(x+\sqrt{1+x^2})+3}}{\sqrt{1+x^2}}\mathrm{d}x$

解　(1) 由于$\left(\arctan\frac{1}{x}\right)'=\frac{1}{1+\left(\frac{1}{x}\right)^2}\cdot\left(-\frac{1}{x^2}\right)=-\frac{1}{1+x^2}$,所以

$$\text{原式}=-\int\arctan\frac{1}{x}\mathrm{d}\left(\arctan\frac{1}{x}\right)=-\frac{1}{2}\left(\arctan\frac{1}{x}\right)^2+C$$

(2) $[\ln(x+\sqrt{1+x^2})+3]'=\frac{1}{x+\sqrt{1+x^2}}\cdot\left(1+\frac{x}{\sqrt{1+x^2}}\right)=\frac{1}{\sqrt{1+x^2}}$

$$\text{原式}=\int\sqrt{\ln(x+\sqrt{1+x^2})+3}\ \mathrm{d}[\ln(x+\sqrt{1+x^2})+3]$$

$$=\frac{2}{3}[\ln(x+\sqrt{1+x^2})+3]^{\frac{3}{2}}+C$$

例 3　求下列不定积分.

(1) $\int \frac{\sqrt{4-x^2}}{x^4}\mathrm{d}x$　　　　(2) $\int \frac{\mathrm{d}x}{(1+x+x^2)^{3/2}}$

解　(1) 令 $x=\frac{1}{t}$, $\mathrm{d}x=-\frac{1}{t^2}\mathrm{d}t$. 则：

$$\text{原式}=\int\frac{\frac{1}{t}\sqrt{4t^2-1}}{\frac{1}{t^4}}\left(-\frac{1}{t^2}\right)\mathrm{d}t=-\int t\sqrt{4t^2-1}\mathrm{d}t=-\frac{1}{8}\int\sqrt{4t^2-1}\mathrm{d}(4t^2-1)$$

$$=-\frac{1}{12}(4t^2-1)^{3/2}+C=-\frac{1}{12}\left(\frac{4}{x^2}-1\right)^{3/2}+C$$

(2) 令 $x+\frac{1}{2}=\frac{1}{t}$，$\mathrm{d}x=-\frac{1}{t^2}\mathrm{d}t$，则

$$原式=\int\frac{\mathrm{d}x}{\left[\left(x+\frac{1}{2}\right)^2+\frac{3}{4}\right]^{\frac{3}{2}}}=\int\frac{1}{\left[\frac{1}{t^2}+\frac{3}{4}\right]^{\frac{3}{2}}}\left(-\frac{1}{t^2}\right)\mathrm{d}t=-\int\frac{t\mathrm{d}t}{\left(1+\frac{3}{4}t^2\right)^{\frac{3}{2}}}$$

$$=-\frac{2}{3}\int\frac{\mathrm{d}\left(\frac{3}{4}t^2+1\right)}{\left(\frac{3}{4}t^2+1\right)^{\frac{3}{2}}}=\frac{4}{3}\left(\frac{3}{4}t^2+1\right)^{-\frac{1}{2}}+C=\frac{2}{3}\frac{2x+1}{\sqrt{1+x+x^2}}+C$$

注：此题用到的方法叫**倒代换**，即令 $x=\frac{1}{t}$，$\mathrm{d}x=-\frac{1}{t^2}\mathrm{d}t$.

设 m,n 分别为被积函数的分子、分母关于 x 的最高次数，当 $n-m\geqslant 2$ 时，一般可用倒代换. 常见使用倒代换积分的被积函数还有 $\frac{1}{x^k\sqrt{a^2+x^2}}$，$\frac{1}{x^k\sqrt{x^2-a^2}}$，$\frac{\sqrt{a^2\pm x^2}}{x^4}$，$\frac{\sqrt{x^2-a^2}}{x^4}$.

例 4　求 $I_1=\int\frac{\sin x}{a\sin x+b\cos x}\mathrm{d}x$，$I_2=\int\frac{\cos x}{a\sin x+b\cos x}\mathrm{d}x$　$(a^2+b^2\neq 0)$.

解　$$aI_1+bI_2=\int\frac{a\sin x+b\cos x}{a\sin x+b\cos x}\mathrm{d}x=\int 1\mathrm{d}x=x+C_1 \tag{1}$$

$$aI_2-bI_1=\int\frac{a\cos x-b\sin x}{a\sin x+b\cos x}\mathrm{d}x=\int\frac{\mathrm{d}(a\sin x+b\cos x)}{a\sin x+b\cos x}$$
$$=\ln|a\sin x+b\cos x|+C_2 \tag{2}$$

联立(1)(2)，解得

$$I_1=\frac{1}{a^2+b^2}(ax-b\ln|a\sin x+b\cos x|)+C$$

$$I_2=\frac{1}{a^2+b^2}(bx+a\ln|a\sin x+b\cos x|)+C$$

注：求不定积分 $\int f_1(x)\mathrm{d}x$，有时可以找出另一函数 $f_2(x)$ 的不定积分 $\int f_2(x)\mathrm{d}x$，通过组合得到两个较容易求出的不定积分，这样就可以通过解方程组求出 $\int f_1(x)\mathrm{d}x$. 此种方法技巧性非常强，关键就是要找出合适的伴侣“$\int f_2(x)\mathrm{d}x$”.

【提高练习题】

1. 求下列不定积分.

(1) $\int(x\ln x)^{\frac{3}{2}}(\ln x+1)\mathrm{d}x$　　(2) $\int\frac{\sin 2x}{\sqrt{a^2\cos^2 x+b^2\sin^2 x}}\mathrm{d}x(a^2\neq b^2)$

2. 求下列不定积分.

(1) $\int \frac{\mathrm{d}x}{x(x^7+2)}$ (2) $\int \frac{x+1}{x^2\sqrt{x^2-1}}\mathrm{d}x$

3. 求 $I_1=\int \frac{1}{1+x^3}\mathrm{d}x, I_2=\int \frac{x}{1+x^3}\mathrm{d}x$.

提高练习题参考答案:

1. (1) $\frac{2}{5}(x\ln x)^{\frac{5}{2}}+C$, (2) $\frac{2}{b^2-a^2}\sqrt{a^2\cos^2 x+b^2\sin^2 x}+C$

2. (1) $-\frac{1}{14}\ln|2+x^7|+\frac{1}{2}\ln|x|+C$, (2) $\frac{\sqrt{x^2-1}}{x}-\arcsin\frac{1}{x}+C$

3. 提示:$I_1-I_2=\int \frac{1-x}{1+x^3}\mathrm{d}x=\int \frac{1-x^2}{(1+x^3)(1+x)}\mathrm{d}x=\int \frac{1+x^3-x^2(1+x)}{(1+x^3)(1+x)}\mathrm{d}x$

答案 $I_1=-\frac{1}{6}\ln|1+x^3|+\frac{1}{2}\ln|x+1|+\frac{1}{\sqrt{3}}\arctan\frac{2x-1}{\sqrt{3}}+C$

$I_2=\frac{1}{6}\ln|1+x^3|-\frac{1}{2}\ln|x+1|+\frac{1}{\sqrt{3}}\arctan\frac{2x-1}{\sqrt{3}}+C$

5.4 分部积分法

【学习目标】

了解分部积分公式的推导过程,会合理选取 u 使得积分得以计算,掌握常见的选取 u 的方法,会用分部积分法求一些典型的积分题目.

【知识要点】

1. 分部积分公式

设函数 $u=u(x)$, $v=v(x)$可导,则

$$\int u\mathrm{d}v=uv-\int v\mathrm{d}u$$

注 1:通过积分公式$\int u\mathrm{d}v=uv-\int v\mathrm{d}u$,可将不定积分$\int u\mathrm{d}v$转化为$\int v\mathrm{d}u$,如果要此公式起到简化积分的作用,那么自然要求$\int v\mathrm{d}u$ 比$\int u\mathrm{d}v$ 简单而容易积分,即 u 和 v 的选取应该使得:(1)v 容易求出,(2) 积分$\int v\mathrm{d}u$ 比原积分$\int u\mathrm{d}v$ 易求.

注 2:当被积函数是下列五类函数中某两类函数的乘积时,常考虑使用分部积分法:对数函数,反三角函数,多项式函数,三角函数,指数函数.

为达到简化积分的目的,一般应按照上述函数从左到右的顺序,先指定为 u,

其余的则是 v'.

【典型例题选讲——基础篇】

例 1 求$\int \arccos x\mathrm{d}x$.

解 原式$= x\arccos x-\int x\mathrm{d}\arccos x = x\arccos x+\int \frac{x}{\sqrt{1-x^2}}\mathrm{d}x$

$$= x\arccos x-\frac{1}{2}\int \frac{1}{\sqrt{1-x^2}}\mathrm{d}(1-x^2) = x\arccos x-\sqrt{1-x^2}+C$$

例 2 求 $I=\int \cos x\cdot \ln\sin x\mathrm{d}x$.

解 $I=\int \cos x\cdot \ln\sin x\mathrm{d}x=\int \ln\sin x\mathrm{d}\sin x = \sin x\cdot\ln\sin x-\int \sin x\mathrm{d}\ln\sin x$

$$= \sin x\cdot\ln\sin x-\int\cos x\mathrm{d}x = \sin x\cdot\ln\sin x-\sin x+C$$

例 3 求$\int \ln(x+\sqrt{1+x^2})\mathrm{d}x$.

解 原式$= x\ln(x+\sqrt{1+x^2})-\int x\cdot\frac{1+\frac{x}{\sqrt{1+x^2}}}{x+\sqrt{1+x^2}}\mathrm{d}x$

$$= x\ln(x+\sqrt{1+x^2})-\int\frac{x}{\sqrt{1+x^2}}\mathrm{d}x$$

$$= x\ln(x+\sqrt{1+x^2})-\frac{1}{2}\int\frac{\mathrm{d}(1+x^2)}{\sqrt{1+x^2}}$$

$$= x\ln(x+\sqrt{1+x^2})-\sqrt{1+x^2}+C$$

例 4 求$\int\sin(2\ln x)\mathrm{d}x$.

解 令 $I=\int\sin(2\ln x)\mathrm{d}x$，则

$$I= x\sin(2\ln x)-\int x\cos(2\ln x)\frac{2}{x}\mathrm{d}x = x\sin(2\ln x)-2\int\cos(2\ln x)\mathrm{d}x$$

$$= x\sin(2\ln x)-2\left\{x\cos(2\ln x)-\int x\cdot[-\sin(2\ln x)]\frac{2}{x}\mathrm{d}x\right\}$$

$$= x\sin(2\ln x)-2x\cos(2\ln x)-4I+C_1$$

故
$$I=\frac{1}{5}x[\sin(2\ln x)-2\cos(2\ln x)]+C,\ C=\frac{1}{5}C_1$$

【基础作业题】

1. 计算下列不定积分.

(1) $\int x\cos\frac{x}{2}\mathrm{d}x$

(2) $\int \ln(x^2+1)\mathrm{d}x$

(3) $\int \arcsin x\mathrm{d}x$

(4) $\int \frac{x}{1+\cos x}\mathrm{d}x$

(5) $\int x\tan^2 x\mathrm{d}x$

(6) $\int \cos(\ln x)\mathrm{d}x$

【典型例题选讲——提高篇】

例 1 设 $f(\mathrm{e}^x)=\sin x+\mathrm{e}^x$，计算$\int f(x)\mathrm{d}x$.

解 可以先求出 $f(x)$的表达式，再积分. 但下述方法更简捷.

作变量代换 $x=\mathrm{e}^t$，则 $t=\ln x$，且

$$\int f(x)\mathrm{d}x=\int f(\mathrm{e}^t)\mathrm{d}\mathrm{e}^t=\int f(\mathrm{e}^t)\mathrm{e}^t\mathrm{d}t=\int(\sin t+\mathrm{e}^t)\mathrm{e}^t\mathrm{d}t$$

$$=\frac{1}{2}\mathrm{e}^t(\sin t-\cos t)+\frac{1}{2}\mathrm{e}^{2t}+C=\frac{1}{2}x(\sin\ln x-\cos\ln x)+\frac{1}{2}x^2+C$$

例 2 求$\int\frac{x+\sin x}{1+\cos x}\mathrm{d}x$.

解 原式$=\int \frac{x}{1+\cos x}\mathrm{d}x+\int \frac{\sin x}{1+\cos x}\mathrm{d}x$

$$=\int \frac{x}{2\cos^2(x/2)}\mathrm{d}x+\int \frac{2\sin\frac{x}{2}\cos\frac{x}{2}}{2\cos^2\frac{x}{2}}\mathrm{d}x=\int x\mathrm{d}(\tan\frac{x}{2})+\int \tan\frac{x}{2}\mathrm{d}x$$

$$=x\tan\frac{x}{2}-\int \tan\frac{x}{2}\mathrm{d}x+\int \tan\frac{x}{2}\mathrm{d}x=x\tan\frac{x}{2}+C$$

注:此题的解题思路是先将被积函数转化为两部分,对其中的一部分用分部积分公式,所产生的新的不定积分项正好与另一部分抵消.

【提高练习题】

求下列不定积分.

(1) $\int \frac{\cos x+x\sin x}{(x+\cos x)^2}\mathrm{d}x$ (2) $\int \frac{1+\sin x}{1+\cos x}\mathrm{e}^x\mathrm{d}x$ (3) $\int \frac{x\mathrm{e}^x}{(1+x)^2}\mathrm{d}x$

提高练习题参考答案:

(1) 提示:原式 $=\int \frac{(\cos x+x)-x(1-\sin x)}{(x+\cos x)^2}\mathrm{d}x$,答案为$\frac{x}{x+\cos x}+C$.

(2) 提示:原式 $=\int \frac{1}{2\cos^2\frac{x}{2}}\mathrm{e}^x\mathrm{d}x+\int \frac{2\sin\frac{x}{2}\cos\frac{x}{2}}{2\cos^2\frac{x}{2}}\mathrm{e}^x\mathrm{d}x$,答案为 $\mathrm{e}^x\tan\frac{x}{2}+C$.

(3) 提示:原式 $=\int \frac{(x+1)\mathrm{e}^x-\mathrm{e}^x}{(1+x)^2}\mathrm{d}x$,答案为$\frac{\mathrm{e}^x}{1+x}+C$.

5.5 简单有理函数的积分

【学习目标】

理解真分式的拆项方法,并进而求出有理函数的不定积分.

【知识要点】

1. 有理函数的不定积分

有理函数是指有理式所表示的函数,它包括有理整式和有理分式两类:

有理整式: $P(x)=a_nx^n+a_{n-1}x^{n-1}+\cdots+a_1x+a_0$

有理分式: $\frac{P(x)}{Q(x)}=\frac{a_nx^n+a_{n-1}x^{n-1}+\cdots+a_1x+a_0}{b_mx^m+b_{m-1}x^m+\cdots+b_1x+b_0}$

其中,m、n 都是非负整数;$a_n,a_{n-1},\cdots,a_0$ 及 $b_m,b_{m-1},\cdots,b_0$ 都是实数,并且 $a_n\neq0$,

$b_m \neq 0$.

若有理分式满足 $n<m$,称为真分式;$n \geqslant m$,称为假分式.

利用多项式除法,可以把任意一个假分式化为一个有理整式和一个真分式之和.

把真分式化成部分分式之和,最后只出现下列四类分式:

(1) $\dfrac{A}{x-a}$; (2) $\dfrac{A}{(x-a)^n}$; (3) $\dfrac{Ax+B}{x^2+px+q}$; (4) $\dfrac{Ax+B}{(x^2+px+q)^n}$.

其中,n 为大于等于 2 的正整数,A、B、p、q 均为常数,$p^2-4q<0$.

以上四类部分分式的不定积分:

(1) $\displaystyle\int \frac{A}{x-a}\mathrm{d}x = A\ln|x-a|+C$

(2) $\displaystyle\int \frac{A}{(x-a)^n}\mathrm{d}x = \frac{A}{1-n}\frac{1}{(x-a)^{n-1}}+C$, n 为大于 1 的整数

(3) $\displaystyle\int \frac{Ax+B}{x^2+px+q}\mathrm{d}x = \frac{A}{2}\ln|x^2+px+q| + \frac{2B-Ap}{\sqrt{4q-p^2}}\arctan\frac{2x+p}{\sqrt{4q-p^2}}+C$

(4) $\displaystyle\int \frac{Ax+B}{(x^2+px+q)^n}\mathrm{d}x$

$$= \frac{A}{2(1-n)}\frac{1}{(x^2+px+q)^{n-1}} + \left(B-\frac{Ap}{2}\right)\int \frac{1}{\left\{\left(q-\frac{p^2}{4}\right)+\left(x+\frac{p}{2}\right)^2\right\}^n}\mathrm{d}x$$

剩下来的积分问题就变成了 $I_n = \displaystyle\int \frac{1}{(a^2+x^2)^n}\mathrm{d}x$ 的积分,而

$$I_n = \frac{1}{2a^2(n-1)}\frac{x}{(a^2+x^2)^{n-1}} + \frac{2n-3}{2a^2(n-1)}I_{n-1}$$

2. 三角函数有理式的不定积分

三角函数有理式是指:$\sin x$ 和 $\cos x$ 以及常数经过有限次四则运算得到的函数式.

计算三角函数有理式的积分 $\displaystyle\int R(\sin x,\cos x)\mathrm{d}x$,一般有以下两种方法:

(1) 用万能代换化三角函数有理式的积分为有理函数的积分.

令 $t=\tan\dfrac{x}{2}$, $\sin x=\dfrac{2t}{1+t^2}$, $\cos x=\dfrac{1-t^2}{1+t^2}$, $\mathrm{d}x=\dfrac{2}{1+t^2}\mathrm{d}t$

$$\int R(\sin x,\cos x)\mathrm{d}x = \int R\left(\frac{2t}{1+t^2},\frac{1-t^2}{1+t^2}\right)\cdot\frac{2}{1+t^2}\mathrm{d}t$$

在多数情况下,施行这种变换后将导致积分运算比较繁杂,故不应把这种变换作为首选方法.

(2) 利用三角恒等式化简.

【典型例题选讲——基础篇】

例 1　求 $\int \frac{x+4}{x^3+2x-3}\mathrm{d}x$.

解　$\frac{x+4}{x^3+2x-3}=\frac{x+4}{(x-1)(x^2+x+3)}=\frac{A}{x-1}+\frac{Bx+D}{x^2+x+3}$

两端去分母,得

$$x+4=A(x^2+x+3)+(Bx+D)(x-1)$$

令 $x=1$,得 $A=1$;令 $x=0$,得 $4=3A-D$,$D=-1$;令 $x=2$,得 $6=9A+2B+D$,$B=-1$,于是

$$\begin{aligned}\int \frac{x+4}{x^3+2x-3}\mathrm{d}x&=\int\left(\frac{1}{x-1}+\frac{-x-1}{x^2+x+3}\right)\mathrm{d}x\\&=\int \frac{1}{x-1}\mathrm{d}(x-1)-\int \frac{\frac{1}{2}(2x+1)+\frac{1}{2}}{x^2+x+3}\mathrm{d}x\\&=\ln|x-1|-\frac{1}{2}\ln(x^2+x+3)-\frac{1}{\sqrt{11}}\arctan\frac{2x+1}{\sqrt{11}}+C\end{aligned}$$

例 2　求 $\int \frac{\mathrm{d}x}{x(x-1)^2}$.

解　$$\begin{aligned}\int \frac{\mathrm{d}x}{x(x-1)^2}&=-\int \frac{x-1-x}{x(x-1)^2}\mathrm{d}x=-\int\left(\frac{1}{x(x-1)}-\frac{1}{(x-1)^2}\right)\mathrm{d}x\\&=-\int\left(\frac{1}{x-1}-\frac{1}{x}-\frac{1}{(x-1)^2}\right)\mathrm{d}x=\ln\left|\frac{x}{x-1}\right|-\frac{1}{x-1}+C\end{aligned}$$

例 3　求 $\int \frac{1}{3\sin x+4\cos x}\mathrm{d}x$.

解　令 $\tan\frac{x}{2}=t$, 则

$$\int \frac{1}{3\sin x+4\cos x}\mathrm{d}x=\int \frac{1}{3\,\frac{2t}{1+t^2}+4\,\frac{1-t^2}{1+t^2}}\,\frac{2\mathrm{d}t}{1+t^2}=\int \frac{\mathrm{d}t}{2+3t-2t^2}$$

设 $\frac{1}{2+3t-2t^2}=\frac{A}{t-2}+\frac{B}{2t+1}$, 两边同乘以 $2+3t-2t^2$,得 $1=-A(2t+1)+B(2-t)$;令 $t=2$,得 $A=-\frac{1}{5}$;令 $t=-\frac{1}{2}$,得 $B=\frac{2}{5}$.

$$\begin{aligned}\int \frac{1}{3\sin x+4\cos x}\mathrm{d}x&=\frac{1}{5}\int\left(\frac{-1}{t-2}+\frac{2}{2t+1}\right)\mathrm{d}t=\frac{1}{5}\ln\left|\frac{2t+1}{t-2}\right|+C\\&=\frac{1}{5}\ln\left|\frac{2\tan\frac{x}{2}+1}{\tan\frac{x}{2}-2}\right|+C\end{aligned}$$

例 4　求不定积分$\int \frac{\sin x\cos x}{1+\sin^4 x}\mathrm{d}x$.

解　令 $t=\sin x$,则

原式 $=\int \frac{t\mathrm{d}t}{1+t^4}=\frac{1}{2}\int \frac{\mathrm{d}t^2}{1+(t^2)^2}=\frac{1}{2}\arctan t^2+C=\frac{1}{2}\arctan(\sin^2 x)+C$

【基础作业题】

计算下列不定积分.

(1) $\int \frac{x+3}{x^2-5x+6}\mathrm{d}x$　　(2) $\int \frac{x-1}{(x+1)(x^2+x+1)}\mathrm{d}x$

【典型例题选讲——提高篇】

例 1　求不定积分$\int \frac{x^2-1}{x^4+1}\mathrm{d}x$.

解　原式$=\int \frac{1-\frac{1}{x^2}}{x^2+\frac{1}{x^2}}\mathrm{d}x=\int \frac{\mathrm{d}(x+\frac{1}{x})}{\left(x+\frac{1}{x}\right)^2-2}$

$$=\frac{1}{2\sqrt{2}}\ln\left|\frac{x+\frac{1}{x}-\sqrt{2}}{x+\frac{1}{x}+\sqrt{2}}\right|+C=\frac{1}{2\sqrt{2}}\ln\left|\frac{x^2-\sqrt{2}x+1}{x^2+\sqrt{2}x+1}\right|+C$$

注:利用上述类似的方法,处理下面的积分是非常方便的.

(1) $\int \frac{x^2+1}{x^4+1}\mathrm{d}x$

(2) $\int \frac{1}{x^4+1}\mathrm{d}x=\frac{1}{2}\int \frac{x^2+1}{x^4+1}\mathrm{d}x-\frac{1}{2}\int \frac{x^2-1}{x^4+1}\mathrm{d}x$

(3) $\int \frac{x^2}{x^4+1}\mathrm{d}x=\frac{1}{2}\int \frac{x^2+1}{x^4+1}\mathrm{d}x+\frac{1}{2}\int \frac{x^2-1}{x^4+1}\mathrm{d}x$

例 2　计算 $I=\int \frac{\sin x+\cos x}{\sin x+2\cos x}\mathrm{d}x$.

解 注意到$(\sin x+2\cos x)'=\cos x-2\sin x$,则做如下分解.

$$\frac{\sin x+\cos x}{\sin x+2\cos x}=\frac{A(\sin x+2\cos x)}{\sin x+2\cos x}+\frac{B(\cos x-2\sin x)}{\sin x+2\cos x}$$

则$A-2B=1,2A+B=1$,即$B=-\frac{1}{5},A=\frac{3}{5}$,故

$$\begin{aligned}I&=\frac{3}{5}x-\frac{1}{5}\int\frac{\mathrm{d}(\sin x+2\cos x)}{\sin x+2\cos x}\\&=\frac{3}{5}x-\frac{1}{5}\ln|\sin x+2\cos x|+C\end{aligned}$$

【提高练习题】

1. 求$\int\frac{\mathrm{d}x}{1+x^4}$.

2. 求$\int\frac{7\cos x-3\sin x}{5\cos x+2\sin x}\mathrm{d}x$.

提高练习题参考答案:

1. 提示:将$\int\frac{1}{x^4+1}\mathrm{d}x$表示成$\frac{1}{2}\int\frac{x^2+1}{x^4+1}\mathrm{d}x-\frac{1}{2}\int\frac{x^2-1}{x^4+1}\mathrm{d}x$.

答案 $\frac{\sqrt{2}}{4}\arctan\frac{x^2-1}{\sqrt{2}x}-\frac{\sqrt{2}}{8}\ln\left|\frac{x^2-\sqrt{2}x+1}{x^2+\sqrt{2}x+1}\right|+C$

2. 提示:设$7\cos x-3\sin x=A(5\cos x+2\sin x)+B(2\cos x-5\sin x)$.

答案 $x+\ln|5\cos x+2\sin x|+C$

第5章自测题

一、选择题

1. 若$F'(x)=\frac{1}{\sqrt{1-x^2}},F(0)=\frac{1}{2}\pi$,则$F(x)$为______.

   A. $\arcsin x+\frac{1}{2}\pi$ B. $\arcsin x$ C. $\arcsin x+\pi$ D. $\arcsin x-\pi$

2. 设$f(x)$是连续的偶函数,则其原函数$F(x)$一定是( ).

   A. 偶函数 B. 奇函数

   C. 非奇非偶函数 D. 有一个是奇函数

3. 若$\int f(x)\mathrm{d}x=F(x)+C$,则$\int \mathrm{e}^{-x}f(\mathrm{e}^{-x})\mathrm{d}x=$______.

   A. $F(\mathrm{e}^x)+C$ B. $-F(\mathrm{e}^{-x})+C$ C. $F(\mathrm{e}^{-x})+C$ D. $-F(\mathrm{e}^x)+C$

4. 设$I_1=\int\frac{1+x}{x(1+x\mathrm{e}^x)}\mathrm{d}x,I_2=\int\frac{\mathrm{d}u}{u(1+u)}$,则存在函数$u=u(x)$,使( ).

   A. $I_1=I_2+x$ B. $I_1=I_2-x$ C. $I_1=-I_2$ D. $I_1=I_2$

5. 当 $n \neq -1$ 时，$\int x^n \ln x \mathrm{d}x =$ (　　).

A. $\frac{x^n}{n}\left(\ln x-\frac{1}{n}\right)+C$　　B. $\frac{x^{n-1}}{n-1}\left(\ln x-\frac{1}{n-1}\right)+C$

C. $\frac{x^{n+1}}{n+1}\left(\ln x-\frac{1}{n+1}\right)+C$　　D. $\frac{x^{n+1}}{n+1}\ln x+C$

二、填空题

1. 设 $\int \frac{f(x^2)}{2}\mathrm{d}x = \mathrm{e}^{3x}+C$，则 $f(x)=$ ______.

2. $\int x^3 \cdot \mathrm{e}^x \mathrm{d}x =$ ______.

3. $\int \frac{f'(\ln x)}{x}\mathrm{d}x =$ ______.

4. 设 $\int xf(x)\mathrm{d}x = \arcsin x + C$，则 $\int \frac{\mathrm{d}x}{f(x)} =$ ______.

三、解答题

1. 求 $\int \frac{1}{\sqrt{1+\mathrm{e}^x}}\mathrm{d}x$.

2. 求 $\int \frac{\mathrm{d}x}{\sin^3 x\cos x}$.

3. 计算 $\int \frac{\ln(\mathrm{e}^x+1)}{\mathrm{e}^x}\mathrm{d}x$.

4. 设 $F(x)$ 是 $f(x)$ 的一个原函数，且当 $x \geqslant 0$ 时，$f(x)F(x)=\frac{x\mathrm{e}^x}{2(1+x)^2}$. 已知 $F(0)=1$，$F(x)>0$，试求 $f(x)$.

5. 设 $f(\sin^2 x)=\frac{x}{\sin x}$，求 $\int \frac{\sqrt{x}}{\sqrt{1-x}}f(x)\mathrm{d}x$.

6. 若 $f(x)=x\mathrm{e}^x$，求 $\int \ln x \cdot f'(x)\mathrm{d}x$.

参考答案

一、选择题

1. A　2. D　3. B　4. D　5. C

二、填空题

1. $6\mathrm{e}^{3\sqrt{x}}$　2. $(x^3-3x^2+6x-6)\mathrm{e}^x+C$　3. $f(\ln x)+C$

4. $-\frac{1}{3}\sqrt{(1-x^2)^3}+C$

三、解答题

1. $\ln\left|\frac{\sqrt{e^x+1}-1}{\sqrt{e^x+1}+1}\right|+C$

2. 提示:原式$=\int\frac{\sin^2 x+\cos^2 x}{\sin^3 x\cos x}dx$,答案为$\ln|\csc 2x-\cot 2x|-\frac{1}{2\sin^2 x}+C$

3. $-e^{-x}\ln(e^x+1)+x-\ln(e^x+1)+C$

4. $\frac{xe^{\frac{x}{2}}}{2(1+x)^{\frac{3}{2}}}$

5. $-2\sqrt{1-x}\arcsin\sqrt{x}+2\sqrt{x}+C$

6. $e^x(x\ln x-1)+C$

第 6 章　定积分及其应用

6.1　定积分的概念

【学习目标】

理解定积分的概念和几何意义,了解函数的可积性.

【知识要点】

1. 定积分的定义

设函数 $y=f(x)$ 在$[a,b]$上有定义,任取分点 $a=x_0<x_1<\cdots<x_{n-1}<x_n=b$,把$[a,b]$分成 n 个小区间$[x_{i-1},x_i]$, $i=1,2,\cdots,n$,记 $\Delta x_i=x_i-x_{i-1}$, $i=1,2,\cdots,n$,$\lambda=\max\limits_{1\leqslant i\leqslant n}\{\Delta x_i\}$,取 $\xi_i\in[x_{i-1},x_i]$, $i=1,2,\cdots,n$,作和式 $\sum\limits_{i=1}^{n}f(\xi_i)\Delta x_i$.

若当 $\lambda\to 0$ 时上述和式极限存在(这个极限值与$[a,b]$的分割及点 ξ_i 的取法均无关),则称函数 $f(x)$ 在闭区间$[a,b]$上可积,并且称此极限值为函数 $f(x)$ 在$[a,b]$上的定积分,记$\int_a^b f(x)\mathrm{d}x$,即

$$\int_a^b f(x)\mathrm{d}x=\lim_{\lambda\to 0}\sum_{i=1}^{n}f(\xi_i)\Delta x_i$$

其中,$f(x)$ 称为被积函数,$f(x)\mathrm{d}x$ 称为被积表达式,x 称为积分变量,$[a,b]$称为积分区间,a 与 b 分别称为积分下限与积分上限,符号$\int_a^b f(x)\mathrm{d}x$ 读做函数 $f(x)$ 从 a 到 b 的定积分.

注 1:定积分是特定和式的极限,它表示一个数. 它只取决于被积函数与积分下限、积分上限,而与积分变量采用什么字母无关.

注 2:规定:(1) $\int_a^a f(x)\mathrm{d}x=0$;　(2) $\int_b^a f(x)\mathrm{d}x=-\int_a^b f(x)\mathrm{d}x$, $a<b$.

注 3:定积分的存在定理:如果 $f(x)$在闭区间$[a,b]$上连续或只有有限个第一类间断点,则 $f(x)$在$[a,b]$上可积.

2. 定积分的几何意义

$\int_a^b f(x)\mathrm{d}x$ 等于曲线 $y = f(x)$、直线 $x = a, x = b$ 和 $y = 0$ 所围成的在 x 轴上方部分与下方部分面积的代数和，即$\int_a^b f(x)dx = -A_1 + A_2 - A_3$.（见图 6.1）

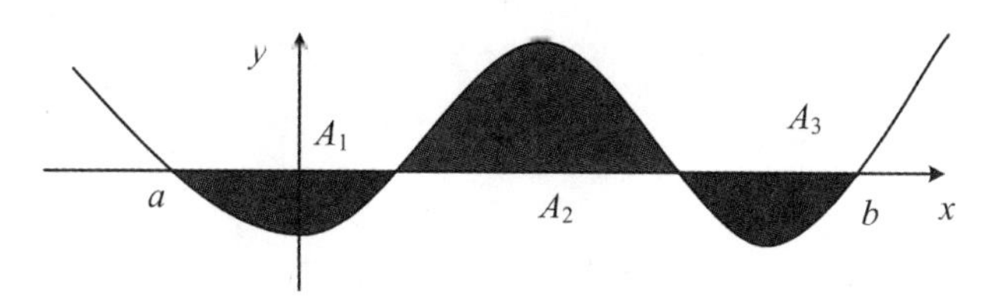

图 6.1

【典型例题选讲——基础篇】

例 1　用定积分的定义计算定积分$\int_a^b c\,\mathrm{d}x$，其中，c 为一定常数.

解　任取分点 $a = x_0 < x_1 < x_2 < \cdots < x_n = b$，把$[a,b]$分成 n 个小区间$[x_{i-1}, x_i]$，$i = 1,2,\cdots,n$，小区间长度记为 $\Delta x = x_i - x_{i-1}$，$i = 1,2,\cdots,n$，在每个小区间$[x_{i-1}, x_i]$上任取一点 ξ_i 作乘积 $f(\xi_i)\cdot\Delta x_i$ 的和式：

$$\sum_{i=1}^{n} f(\xi_i)\cdot\Delta x_i = \sum_{i=1}^{n} c\cdot(x_i - x_{i-1}) = c(b-a)$$

记 $\lambda = \max\limits_{1\leqslant i\leqslant n}\{\Delta x_i\}$，则

$$\int_a^b c\,\mathrm{d}x = \lim_{\lambda\to 0}\sum_{i=1}^{n} f(\xi_i)\cdot\Delta x_i = \lim_{\lambda\to 0} c(b-a) = c(b-a)$$

例 2　根据定积分的几何意义求下列积分的值.

（1）$\int_{-1}^{1} x\,\mathrm{d}x$　（2）$\int_{-R}^{R}\sqrt{R^2 - x^2}\,\mathrm{d}x$　（3）$\int_0^{2\pi}\cos x\,\mathrm{d}x$　（4）$\int_{-1}^{1}|x|\,\mathrm{d}x$

解　（1）由图 6.2，$\int_{-1}^{1} x\,\mathrm{d}x = (-A_1) + A_1 = 0$.

（2）由图 6.3，$\int_{-R}^{R}\sqrt{R^2 - x^2}\,\mathrm{d}x = 2A_2 = \dfrac{\pi R^2}{2}$.

（3）由图 6.4，$\int_0^{2\pi}\cos x\,\mathrm{d}x = A_3 + (-A_4) + A_5 = A_3 + A_5 + (-A_3 - A_5) = 0$.

（4）由图 6.5，$\int_{-1}^{1}|x|\,\mathrm{d}x = 2A_6 = 2\cdot\dfrac{1}{2}\cdot 1\cdot 1 = 1$.

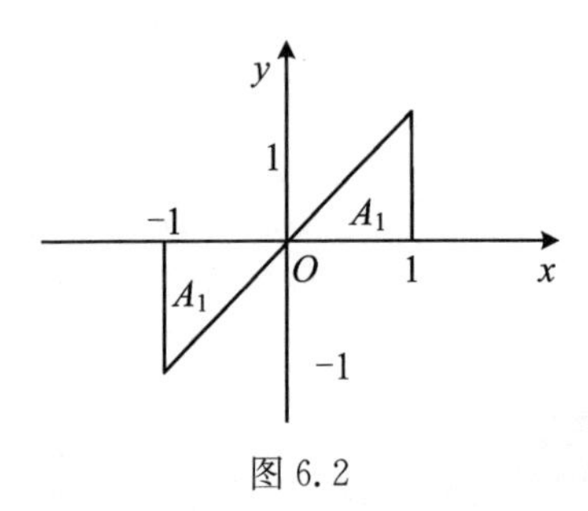

图 6.2

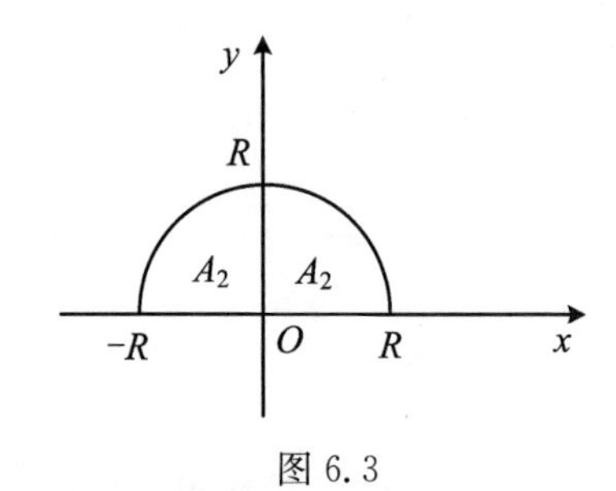

图 6.3

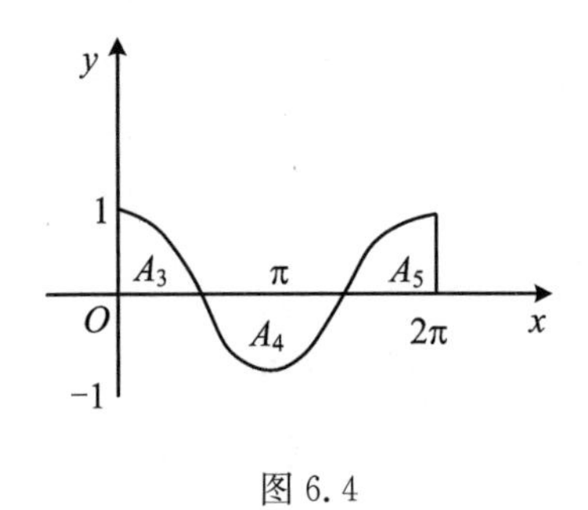

图 6.4

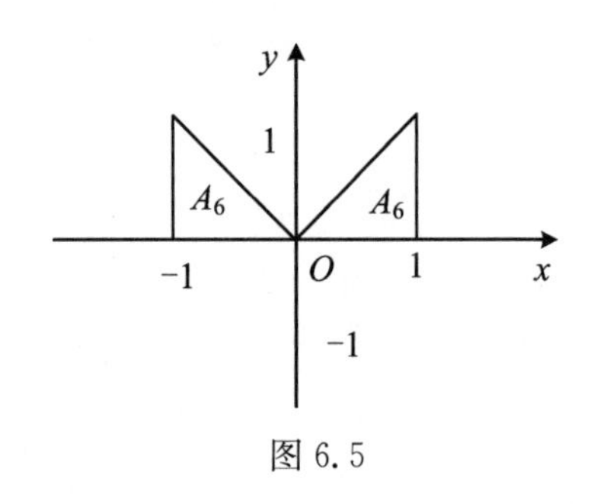

图 6.5

【基础作业题】

1. 利用定积分的定义计算$\int_0^1 e^x \mathrm{d}x$.

2. 利用定积分的几何意义,计算下列积分.

(1) $\int_{-1}^{2} |x| \mathrm{d}x$ (2) $\int_{-3}^{3} \sqrt{9-x^2} \mathrm{d}x$

【典型例题选讲——提高篇】

例 1 用定积分表示极限:$\lim\limits_{n\to\infty}\sum\limits_{i=1}^{n} \dfrac{n}{n^2+i^2}$.

解　$\lim\limits_{n\to\infty}\sum\limits_{i=1}^{n}\frac{n}{n^2+i^2}=\lim\limits_{n\to\infty}\sum\limits_{i=1}^{n}\frac{1}{1+\left(\frac{i}{n}\right)^2}\frac{1}{n}=\lim\limits_{n\to\infty}\sum\limits_{i=1}^{n}f(\xi_i)\Delta x_i=\int_0^1\frac{1}{1+x^2}\mathrm{d}x$

其中:(1) $f(x)=\frac{1}{1+x^2}$

(2) 将[0,1]n 等分,$[x_{i-1},x_i]=\left[\frac{i-1}{n},\frac{i}{n}\right]$, $\Delta x_i=\frac{1}{n}$, $i=1,2,\cdots,n$

(3) 取 $\xi_i=x_i=\frac{i}{n}$,于是

$$\sum_{i=1}^{n}f(\xi_i)\Delta x_i=\sum_{i=1}^{n}\frac{1}{1+\left(\frac{i}{n}\right)^2}\frac{1}{n}$$

(4) $\int_0^1\frac{1}{1+x^2}\mathrm{d}x=\lim\limits_{n\to\infty}\sum\limits_{i=1}^{n}\frac{1}{1+\left(\frac{i}{n}\right)^2}\frac{1}{n}=\lim\limits_{n\to\infty}\sum\limits_{i=1}^{n}\frac{n}{n^2+i^2}$

【提高练习题】

用定积分表示极限$\lim\limits_{n\to\infty}\sum\limits_{i=1}^{n}\frac{1}{n+i}$.

提高练习题参考答案: $\int_0^1\frac{1}{1+x}\mathrm{d}x$

6.2　定积分的性质

【学习目标】

理解定积分性质及积分中值定理,会用性质对定积分估值.

【知识要点】

1. 定积分的基本性质

(1) $\int_a^b[f(x)\pm g(x)]\mathrm{d}x=\int_a^bf(x)\mathrm{d}x\pm\int_a^bg(x)\mathrm{d}x$;

(2) $\int_a^bkf(x)\mathrm{d}x=k\int_a^bf(x)\mathrm{d}x$;

(3) $\int_a^bf(x)\mathrm{d}x=\int_a^cf(x)\mathrm{d}x+\int_c^bf(x)\mathrm{d}x$;

(4) 若 $f(x)\equiv1$,则$\int_a^bf(x)\mathrm{d}x=b-a$;

(5) 若在$[a,b]$上，$f(x)\geqslant 0$，则$\int_a^b f(x)\mathrm{d}x\geqslant 0$.

推论 1 在$[a,b]$上，$f(x)\leqslant g(x)$，则$\int_a^b f(x)\mathrm{d}x\leqslant\int_a^b g(x)\mathrm{d}x$.

推论 2 $\left|\int_a^b f(x)\mathrm{d}x\right|\leqslant\int_a^b |f(x)|\mathrm{d}x$.

(6) 设M与m分别是函数$f(x)$在$[a,b]$上的最大值及最小值，则

$$m(b-a)\leqslant\int_a^b f(x)\mathrm{d}x\leqslant M(b-a)$$

2. 积分中值定理

如果函数$f(x)$在闭区间$[a,b]$上连续，则在$[a,b]$上至少存在一点ξ，使

$$\int_a^b f(x)\mathrm{d}x=f(\xi)(b-a)$$

【典型例题选讲——基础篇】

例 1 若对$a\leqslant x\leqslant b$，有$f(x)\leqslant g(x)$，下面两个式子是否成立，为什么？

(1) $\int_a^b f(x)\mathrm{d}x\leqslant\int_a^b g(x)\mathrm{d}x$ (2) $\int f(x)\mathrm{d}x\leqslant\int g(x)\mathrm{d}x$

解 由定积分的比较性质知(1)式成立，而不定积分的结果表示一族函数，$\int f(x)\mathrm{d}x$与$\int g(x)\mathrm{d}x$不能比较大小，故(2)式不成立.

例 2 利用定积分的估值公式，估计定积分$\int_{-1}^1(4x^4-2x^3+5)\mathrm{d}x$的值.

解 先求$f(x)=4x^4-2x^3+5$在$[-1,1]$上的最值，由$f'(x)=16x^3-6x^2=0$，得

$$x=0\quad 或\quad x=\frac{3}{8}$$

比较$f(-1)=11$，$f(0)=5$，$f\left(\frac{3}{8}\right)=-\frac{27}{1024}$，$f(1)=7$的大小，知

$$m=-\frac{27}{1024}\quad M=11$$

由定积分的估值公式，得$m\cdot[1-(-1)]\leqslant\int_{-1}^1(4x^4-2x^3+5)\mathrm{d}x\leqslant M\cdot[1-(-1)]$，即

$$-\frac{27}{512}\leqslant\int_{-1}^1(4x^4-2x^3+5)\mathrm{d}x\leqslant 22$$

【基础作业题】

1. 不计算积分，比较下列各组积分值的大小.

(1) $\int_0^1 x\mathrm{d}x$ 和 $\int_0^1 x^2\mathrm{d}x$ (2) $\int_0^1 \mathrm{e}^x\mathrm{d}x$ 和 $\int_0^1 \mathrm{e}^{x^2}\mathrm{d}x$

2. 估计下列积分值.

(1) $\int_1^4 (x^2+1)\mathrm{d}x$ (2) $\int_{\frac{\pi}{4}}^{\frac{5\pi}{4}} (1+\sin^2 x)\mathrm{d}x$

【典型例题选讲——提高篇】

例(推广的积分中值定理) 设 $f(x)$,$g(x)$在$[a,b]$上连续且 $g(x)$不变号,则至少存在一点 $\xi\in[a,b]$,使

$$\int_a^b f(x)g(x)\mathrm{d}x = f(\xi)\int_a^b g(x)\mathrm{d}x$$

证 (1) 如果 $g(x)=0,x\in[a,b]$,那么$\int_a^b g(x)\mathrm{d}x=0$,$\int_a^b f(x)g(x)\mathrm{d}x=\int_a^b f(x)\cdot 0\mathrm{d}x=0$,此时任取$\xi\in[a,b]$,都有$\int_a^b f(x)g(x)\mathrm{d}x=f(\xi)\int_a^b g(x)\mathrm{d}x=0$.

(2) 若 $g(x)\neq 0$,由 $g(x)$不变号,得 $g(x)$恒大于零或恒小于零,不妨设 $g(x)>0$. 由 $f(x)$在$[a,b]$上连续,必取到最小值 m 与最大值M. 对于一切 $x\in[a,b]$,都有

$$m\leqslant f(x)\leqslant M\Rightarrow mg(x)\leqslant f(x)g(x)\leqslant Mg(x)\Rightarrow$$

$$m\int_a^b g(x)\mathrm{d}x=\int_a^b mg(x)\mathrm{d}x\leqslant\int_a^b f(x)g(x)\mathrm{d}x\leqslant\int_a^b Mg(x)\mathrm{d}x=M\int_a^b g(x)\mathrm{d}x.$$

由于$\int_a^b g(x)\mathrm{d}x>0$,得

$$m\leqslant\frac{\int_a^b f(x)g(x)\mathrm{d}x}{\int_a^b g(x)\mathrm{d}x}\leqslant M$$

故至少存在 $\xi\in[a,b]$，使 $\dfrac{\int_a^b f(x)g(x)\mathrm{d}x}{\int_a^b g(x)\mathrm{d}x}=f(\xi)$，即

$$\int_a^b f(x)g(x)\mathrm{d}x=f(\xi)\int_a^b g(x)\mathrm{d}x$$

注：若 $g(x)=1$，则上式即为我们所使用的教材中的积分中值定理.

【提高练习题】

设函数 $f(x)$ 在 $[0,1]$ 上连续，在 $(0,1)$ 内可导，且 $3\int_{\frac{2}{3}}^1 f(x)\mathrm{d}x=f(0)$. 证明：在 $(0,1)$ 内存在一点 ξ，使 $f'(\xi)=0$.

提高练习题参考答案：

提示：结合积分中值定理与罗尔定理来证明.

6.3 微积分基本公式

【学习目标】

掌握变上限积分的性质，熟练掌握牛顿—莱布尼茨公式.

【知识要点】

1. 变上限积分函数

定理 1 如果函数 $f(x)$ 在闭区间 $[a,b]$ 上连续，则变上限积分 $\Phi(x)=\int_a^x f(t)\mathrm{d}t$ 在闭区间 $[a,b]$ 上可导，且

$$\Phi'(x)=\frac{\mathrm{d}}{\mathrm{d}x}\int_a^x f(t)\mathrm{d}t=f(x),\quad a\leqslant x\leqslant b$$

定理 2（原函数存在定理） 如果函数 $f(x)$ 在 $[a,b]$ 上连续，则变上限积分 $\Phi(x)=\int_a^x f(t)\mathrm{d}t$ 是 $f(x)$ 在 $[a,b]$ 上的一个原函数.

2. 牛顿—莱布尼茨公式

定理 3 若函数 $F(x)$ 是连续函数 $f(x)$ 在区间 $[a,b]$ 上的一个原函数，则

$$\int_a^b f(x)\mathrm{d}x=F(x)\Big|_a^b=F(b)-F(a)$$

以上公式称为微积分基本定理，又称牛顿—莱布尼茨公式.

【典型例题选讲——基础篇】

例 1　已知 $\Phi(x)=\int_0^x \cos t\mathrm{d}t$，求 $\Phi'\left(\frac{\pi}{3}\right)$.

解　由 $\Phi'(x)=\frac{\mathrm{d}}{\mathrm{d}x}\int_0^x \cos t\mathrm{d}t=\cos x$，得

$$\Phi'\left(\frac{\pi}{3}\right)=\cos\left(\frac{\pi}{3}\right)=\frac{1}{2}$$

例 2　已知 $F(x)=\int_{x^2}^{\sin x}\sqrt{1+t}\mathrm{d}t$，求 $F'(x)$.

解　
$$F(x)=\int_{x^2}^{\sin x}\sqrt{1+t}\mathrm{d}t=\int_{x^2}^{c}\sqrt{1+t}\mathrm{d}t+\int_c^{\sin x}\sqrt{1+t}\mathrm{d}t$$
$$=-\int_c^{x^2}\sqrt{1+t}\mathrm{d}t+\int_c^{\sin x}\sqrt{1+t}\mathrm{d}t,$$
$$F'(x)=-\sqrt{1+x^2}\cdot 2x+\sqrt{1+\sin x}\cdot\cos x$$
$$=-2x\sqrt{1+x^2}+\sqrt{1+\sin x}\cdot\cos x$$

注：若 $F(x)=\int_{\beta(x)}^{\alpha(x)}f(t)\mathrm{d}t$，则 $F'(x)=f[\alpha(x)]\cdot\alpha'(x)-f[\beta(x)]\cdot\beta'(x)$.

例 3　求极限 $\lim\limits_{x\to 1}\dfrac{\int_1^x \sin\pi t\mathrm{d}t}{1+\cos\pi x}$.

解　此极限是“$\frac{0}{0}$”型未定型，由洛必达法则，得

$$\lim_{x\to 1}\frac{\int_1^x \sin\pi t\mathrm{d}t}{1+\cos\pi x}=\lim_{x\to 1}\frac{\sin\pi x}{-\pi\sin\pi x}=-\frac{1}{\pi}$$

例 4　计算下列定积分：

(1) $\int_0^{2\pi}|\sin x|\mathrm{d}x$　　　　(2) $\int_1^2\left(x+\frac{1}{x}\right)^2\mathrm{d}x$

解　(1)
$$\int_0^{2\pi}|\sin x|\mathrm{d}x=\int_0^{\pi}\sin x\mathrm{d}x+\int_\pi^{2\pi}(-\sin x)\mathrm{d}x$$
$$=(-\cos x)\Big|_0^{\pi}+\cos x\Big|_\pi^{2\pi}=2+2=4$$

(2) $\int_1^2\left(x+\frac{1}{x}\right)^2\mathrm{d}x=\int_1^2\left(x^2+2+\frac{1}{x^2}\right)\mathrm{d}x=\left(\frac{1}{3}x^3+2x-\frac{1}{x}\right)\Big|_1^2=\frac{29}{6}$

【基础作业题】

1. 计算下列各导数.

(1) $\frac{\mathrm{d}}{\mathrm{d}x}\int_x^1 \sin t\mathrm{d}t$　　　　(2) $\frac{\mathrm{d}}{\mathrm{d}x}\int_0^{x^2}\sqrt{1+t^2}\mathrm{d}t$

2. 求下列极限.

(1) $\lim\limits_{x\to 0}\dfrac{\int_0^x \cos t^2 \mathrm{d}t}{x}$　　　　(2) $\lim\limits_{x\to 0}\dfrac{\int_0^x \arctan t\mathrm{d}t}{x^2}$

3. 计算下列定积分.

(1) $\int_0^{\frac{\pi}{4}} \tan^2 x\mathrm{d}x$　　　　(2) $\int_0^1 |2t-1|\mathrm{d}t$

(3) $\int_1^4 \dfrac{s^4-8}{s^2}\mathrm{d}s$　　　　(4) $\int_{-1}^1 f(x)\mathrm{d}x$,其中 $f(x)=\begin{cases} x, & x\leqslant 0 \\ 3x^2, & x>0 \end{cases}$

【典型例题选讲——提高篇】

例 1　设 $f(x)$在$(-\infty,+\infty)$内连续且 $f(x)>0$. 证明函数

$$F(x)=\frac{\int_0^x tf(t)\mathrm{d}t}{\int_0^x f(t)\mathrm{d}t}$$

在$(0,+\infty)$内单调增加.

证明　$\forall x\in(0,+\infty)$,由于 $f(t)>0$, $(x-t)f(t)>0$, $0<t<x$,而

$$\frac{\mathrm{d}}{\mathrm{d}x}\int_0^x tf(t)\mathrm{d}t = xf(x),\quad \frac{\mathrm{d}}{\mathrm{d}x}\int_0^x f(t)\mathrm{d}t = f(x)$$

于是

$$F'(x)=\frac{xf(x)\int_0^x f(t)\mathrm{d}t - f(x)\int_0^x tf(t)\mathrm{d}t}{\left(\int_0^x f(t)\mathrm{d}t\right)^2}=\frac{f(x)\int_0^x (x-t)f(t)\mathrm{d}t}{\left(\int_0^x f(t)\mathrm{d}t\right)^2}>0$$

所以 $F(x)$在$(0,+\infty)$内单调增加.

例 2　设 $f(x)$ 是连续函数，且 $\int_0^{x^3-1} f(t)\mathrm{d}t = x$，求 $f(7)$.

解　两边求导得 $3x^2 \cdot f(x^3-1)=1$，$f(x^3-1)=\frac{1}{3x^2}$，令 $x=2$，则得

$$f(7) = f(2^3-1) = \frac{1}{12}$$

例 3　设 $f(x)$ 有连续导数，$f(0)=0$，$f'(0)\neq 0$，$F(x)=\int_0^x (x^2-t^2)f(t)\mathrm{d}t$，且当 $x\to 0$ 时，$F'(x)$ 与 x^k 是同阶无穷小，求 k 的值.

解　$F(x)=\int_0^x (x^2-t^2)f(t)\mathrm{d}t = x^2\int_0^x f(t)\mathrm{d}t - \int_0^x t^2 f(t)\mathrm{d}t$

$$F'(x) = 2x\int_0^x f(t)\mathrm{d}t + x^2 f(x) - x^2 f(x) = 2x\int_0^x f(t)\mathrm{d}t$$

由洛必达法则，得

$$\lim_{x\to 0}\frac{F'(x)}{x^k} = \lim_{x\to 0}\frac{2\int_0^x f(t)\mathrm{d}t}{x^{k-1}} = \lim_{x\to 0}\frac{2f(x)}{(k-1)x^{k-2}}$$

$$= \lim_{x\to 0}\frac{2f'(x)}{(k-1)(k-2)x^{k-3}} \overset{k=3}{=} f'(0)\neq 0$$

故　$k=3$.

【提高练习题】

1. 设隐函数 $y=y(x)$ 由方程 $x^3-\int_0^x \mathrm{e}^{-t^2}\mathrm{d}t + y^3 + \ln 4 = 0$ 所确定，求 $\frac{\mathrm{d}y}{\mathrm{d}x}$.

2. 证明函数 $f(x)=\int_0^x (t-t^2)\sin^2 t\mathrm{d}t$ 在区间 $(0,+\infty)$ 上的最大值不超过 $\frac{1}{20}$.

3. 求正常数 a 与 b，使等式 $\lim_{x\to 0}\frac{1}{bx-\sin x}\int_0^x \frac{t^2}{\sqrt{a+t^2}}\mathrm{d}t = 1$ 成立.

4. 已知两曲线 $y=f(x)$ 与 $y=\int_0^{\arctan x}\mathrm{e}^{-t^2}\mathrm{d}t$ 在点 $(0,0)$ 处的切线相同，写出此切线方程，并求极限 $\lim_{n\to\infty} nf\left(\frac{2}{n}\right)$.

提高练习题参考答案：

1. $y'=\frac{3x^2-\mathrm{c}^{-x^2}}{-3y^2}$　2. 提示：$t\geqslant 0$ 时，$\sin t\leqslant t$　3. $a=4$，$b=1$　4. 切线方程为 $y=x$，$\lim_{n\to\infty} nf\left(\frac{2}{n}\right)=2$

6.4 定积分的换元积分法和分部积分法

【学习目标】

掌握定积分换元法和分部积分法，理解定积分换元法与不定积分换元法的区别.

【知识要点】

1. 定积分的换元法

设函数 $f(x)$在$[a,b]$上连续，令 $x=\varphi(t)$，则有

$$\int_a^b f(x)\mathrm{d}x \xlongequal{x=\varphi(t)} \int_\alpha^\beta f[\varphi(t)]\varphi'(t)\mathrm{d}t$$

其中，函数应满足以下三个条件：

(1) $\varphi(\alpha)=a,\varphi(\beta)=b$；

(2) $\varphi(t)$在$[\alpha,\beta]$上单值且有连续导数；

(3) 当 t 在$[\alpha,\beta]$上变化时，对应 $x=\varphi(t)$值在$[a,b]$上变化.

上述公式称为定积分换元公式，其方法与不定积分类似，但换元同时必须换积分限，且原上限对应新上限，原下限对应新下限.

2. 定积分的分部积分公式

设函数 $u(x),v(x)$在区间$[a,b]$上均有连续导数，则

$$\int_a^b u\mathrm{d}v = (uv)\Big|_a^b - \int_a^b v\mathrm{d}u$$

3. 偶函数与奇函数在对称区间上的定积分

设函数 $f(x)$在$[-a,a]$上连续，则

(1) 当 $f(x)$ 为偶函数时，$\int_{-a}^a f(x)\mathrm{d}x = 2\int_0^a f(x)\mathrm{d}x$；

(2) 当 $f(x)$ 为奇函数时，$\int_{-a}^a f(x)\mathrm{d}x = 0$.

利用上述结论，对奇偶函数在关于原点对称区间上的定积分计算带来方便.

【典型例题选讲——基础篇】

例 1 计算(1) $\int_0^4 \frac{1-\sqrt{x}}{1+\sqrt{x}}\mathrm{d}x$； (2) $\int_0^1 \frac{1}{4+x^2}\mathrm{d}x$.

解 (1) 令$\sqrt{x}=t$，则 $x=t^2$，$\mathrm{d}x=2t\mathrm{d}t$，当 $x=0$ 时，$t=0$，当 $x=4$ 时，$t=2$，于是

$$\int_0^4 \frac{1-\sqrt{x}}{1+\sqrt{x}}\mathrm{d}x=\int_0^2 \frac{1-t}{1+t}2t\mathrm{d}t = \int_0^2[4-2t-\frac{4}{1+t}]\mathrm{d}t$$

$$= \left[4t - t^2 - 4\ln|1+t|\right]_0^2 = 4 - 4\ln 3$$

(2) $\displaystyle\int_0^1 \frac{1}{4+x^2}\mathrm{d}x = \frac{1}{2}\int_0^1 \frac{1}{1+\left(\frac{x}{2}\right)^2}\mathrm{d}\left(\frac{x}{2}\right) = \frac{1}{2}\arctan\frac{x}{2}\Big|_0^1 = \frac{1}{2}\arctan\frac{1}{2}$

注:用换元积分法计算定积分时,如果引入新的变量,那么求得关于新变量的原函数后,不必回代,直接将新的积分上下限代入计算就可以了.如果不引入新的变量,那么也就不需要换积分限,直接计算就可以得出结果.

例 2　计算$\displaystyle\int_0^1 (5x+1)\mathrm{e}^{5x}\mathrm{d}x$.

解　$\displaystyle\int_0^1 (5x+1)\mathrm{e}^{5x}\mathrm{d}x = \int_0^1 (5x+1)\mathrm{d}\frac{\mathrm{e}^{5x}}{5} = \frac{\mathrm{e}^{5x}}{5}(5x+1)\Big|_0^1 - \int_0^1 \frac{\mathrm{e}^{5x}}{5}\mathrm{d}(5x+1)$

$$= \frac{6\mathrm{e}^5 - 1}{5} - \frac{\mathrm{e}^{5x}}{5}\Big|_0^1 = \mathrm{e}^5$$

【基础作业题】

1. 用定积分换元法计算下列定积分.

(1) $\displaystyle\int_{\frac{\pi}{3}}^{\pi} \sin\left(\frac{\pi}{3}+x\right)\mathrm{d}x$　　(2) $\displaystyle\int_0^1 t\mathrm{e}^{-\frac{t^2}{2}}\mathrm{d}t$

(3) $\displaystyle\int_0^{\sqrt{2}} \sqrt{2-x^2}\,\mathrm{d}x$　　(4) $\displaystyle\int_0^8 \frac{\mathrm{d}x}{1+\sqrt{x+1}}$

(5) $\displaystyle\int_{-1/2}^{1/2} \frac{(\arcsin x)^2}{\sqrt{1-x^2}}\mathrm{d}x$　　(6) $\displaystyle\int_{-5}^{5} \frac{x^3\sin^2 x}{x^4+2x^2+1}\mathrm{d}x$

2. 用分部积分法计算下列定积分.

(1) $\int_{0}^{1} x\mathrm{e}^{-x}\mathrm{d}x$ (2) $\int_{1}^{e} x\ln x\mathrm{d}x$

【典型例题选讲——提高篇】

例 1 求连续函数 $f(x)$，使满足$\int_{0}^{1} f(xt)\mathrm{d}t = f(x) + x\mathrm{e}^{x}$.

分析 通过变量代换，将被积函数中 x 的换到积分限上，结合变上限积分的导数公式，对方程两边关于 x 求导.

解 $\int_{0}^{1} f(xt)\mathrm{d}t \xlongequal{\text{令 } xt=u} \int_{0}^{x} f(u)\cdot\frac{1}{x}\mathrm{d}u = \frac{1}{x}\int_{0}^{x} f(u)\mathrm{d}u$ 代入等式并化简有

$$\int_{0}^{x} f(u)\mathrm{d}u = xf(x) + x^{2}\mathrm{e}^{x}$$

等式两边同时对 x 求导有 $\quad f(x)=f(x)+xf'(x)+2x\mathrm{e}^{x}+x^{2}\mathrm{e}^{x}$

得 $\quad f'(x)=-(2\mathrm{e}^{x}+x\mathrm{e}^{x})$

于是 $\quad f(x) = -\int(2\mathrm{e}^{x} + x\mathrm{e}^{x})\mathrm{d}x = -2\mathrm{e}^{x} - (x\mathrm{e}^{x} - \mathrm{e}^{x}) + C = -\mathrm{e}^{x} - x\mathrm{e}^{x} + C$

容易验证 $f(x)$满足方程.

例 2 设 $f(x)$ 在$[0,1]$ 上连续，计算$\int_{0}^{\frac{\pi}{2}} \frac{f(\sin x)}{f(\sin x)+f(\cos x)}\mathrm{d}x$.

解 设 $I = \int_{0}^{\frac{\pi}{2}} \frac{f(\sin x)}{f(\sin x)+f(\cos x)}\mathrm{d}x$，于是

$$I \xlongequal{\text{令 } x=\frac{\pi}{2}-t} -\int_{\frac{\pi}{2}}^{0} \frac{f(\cos t)}{f(\cos t)+f(\sin t)}\mathrm{d}t = \int_{0}^{\frac{\pi}{2}} \frac{f(\cos x)}{f(\cos x)+f(\sin x)}\mathrm{d}x$$

$$2I = \int_{0}^{\frac{\pi}{2}} \frac{f(\sin x)}{f(\sin x)+f(\cos x)}\mathrm{d}x + \int_{0}^{\frac{\pi}{2}} \frac{f(\cos x)}{f(\sin x)+f(\cos x)}\mathrm{d}x = \int_{0}^{\frac{\pi}{2}}\mathrm{d}x = \frac{\pi}{2}$$

得

$$I=\frac{\pi}{4}$$

例 3 设 $f(x)$ 为连续函数，且 $f(x) = x + 2\int_{0}^{1} f(t)\mathrm{d}t$，求 $f(x)$.

解 设 $k = \int_{0}^{1} f(t)\mathrm{d}t$，有 $f(x) = x + 2k$.

上式两边从 0 到 1 积分，得

$$k = \int_{0}^{1} f(x)\mathrm{d}x = \int_{0}^{1}(x+2k)\mathrm{d}x = \left(\frac{1}{2}x^{2}+2kx\right)\Big|_{0}^{1} = \frac{1}{2}+2k$$

解得 $k=-\frac{1}{2}$，故 $f(x)=x-1$.

【提高练习题】

1. 设连续函数 $f(x)$ 满足 $\int_0^x f(x-t)\mathrm{d}t=\mathrm{e}^{-2x}-1$，求 $\int_0^1 f(x)\mathrm{d}x$.

2. 已知函数 $f(x)$ 在$[0,2]$上二阶可导，且 $f(2)=1, f'(2)=0, \int_0^2 f(x)\mathrm{d}x=4$，求 $\int_0^1 x^2 f''(2x)\mathrm{d}x$.

3. 设连续函数 $f(x)$ 满足 $f(x)=3x^2-x\int_0^1 f(x)\mathrm{d}x$，求 $f(x)$.

提高练习题参考答案：

1. $\mathrm{e}^{-2}-1$　2. $\frac{1}{2}$　3. $f(x)=3x^2-\frac{2}{3}x$

6.5　定积分的几何应用

【学习目标】

了解定积分的微元法，会用公式计算常见平面图形的面积和立体的体积.

【知识要点】

1. 定积分的微元法

(1) 在$[a,b]$上任取一个微小区间$[x,x+\mathrm{d}x]$，然后写出 ΔQ 在这个小区间上的近似值 $f(x)\mathrm{d}x$，记为 $\mathrm{d}Q$(称为 Q 的微元)；

(2) 将微元 $\mathrm{d}Q$ 在 $[a,b]$上无限“累加”，即在$[a,b]$上积分，得

$$Q=\int_a^b f(x)\mathrm{d}x$$

上述两步解决问题的方法称为微元法.

2. 平面图形的面积公式

(1) 由上下两条曲线 $y=f_2(x), y=f_1(x)$ $(f_2(x)\geqslant f_1(x))$ 及 $x=a, x=b$ 所围成的图形，面积 $A=\int_a^b[f_2(x)-f_1(x)]\mathrm{d}x$.

(2) 由左右两条曲线 $x=g_1(y), x=g_2(y)$ $(g_2(y)\geqslant g_1(y))$ 及 $y=c, y=d$ 所围成的图形，面积 $A=\int_c^d[g_2(y)-g_1(y)]\mathrm{d}y$.

3. 旋转体的体积公式

(1) 由曲线 $y=f(x)$、直线 $x=a$、$x=b$ 及 x 轴所围成的曲边梯形，绕 x 轴旋转

一周而生成的立体的体积为

$$V=\int_a^b \pi\left[f(x)\right]^2 \mathrm{d}x$$

(2) 由曲线 $x=\varphi(y)$、直线 $y=c$、$y=d$ 及 y 轴所围成的曲边梯形，绕 y 轴旋转一周而生成的立体的体积为

$$V=\int_c^d \pi\left[\varphi(y)\right]^2 \mathrm{d}y$$

4. 平行截面面积为已知的立体的体积

设一空间立体，夹在平面 $x=a$ 与 $x=b$ 之间($a<b$)，垂直于 Ox 轴的截面面积为连续函数 $A(x)$，则立体的体积 V 为

$$V=\int_a^b A(x)\mathrm{d}x$$

【典型例题选讲——基础篇】

例 1 计算椭圆$\frac{x^2}{a^2}+\frac{y^2}{b^2}=1$所围成的平面图形面积(图 6.6).

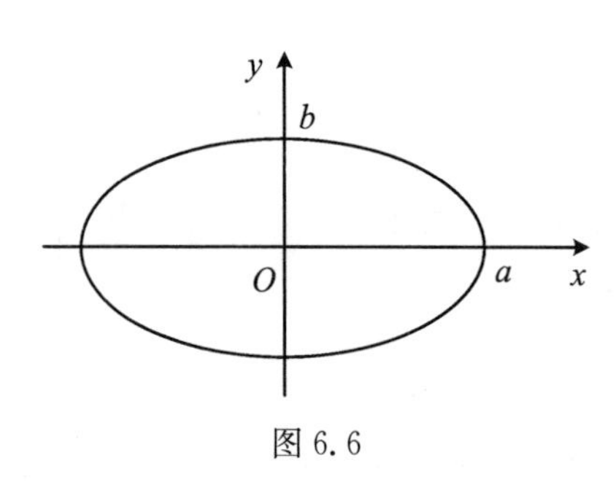

图 6.6

解：由于对称性，只需计算该椭圆位于第一象限部分的面积 S_1，所求面积 $S=4S_1$. 由$\frac{x^2}{a^2}+\frac{y^2}{b^2}=1$，解得上半椭圆的方程 $y=\frac{b}{a}\sqrt{a^2-x^2}$，从而 $S=4\int_0^a \frac{b}{a}\sqrt{a^2-x^2}\mathrm{d}x=\frac{4b}{a}\cdot\frac{1}{4}\pi a^2=\pi ab$.

特别地，当 $a=b=R$ 时，得圆(半径为 R)的面积 $S=\pi R^2$.

注：计算平面图形面积时，尽可能利用图形的对称性，以简化计算.

例 2 求由曲线 $xy=4$，直线 $x=1,x=4,y=0$ 所围图形(图 6.7)绕 x 轴旋转一周而形成的立体体积.

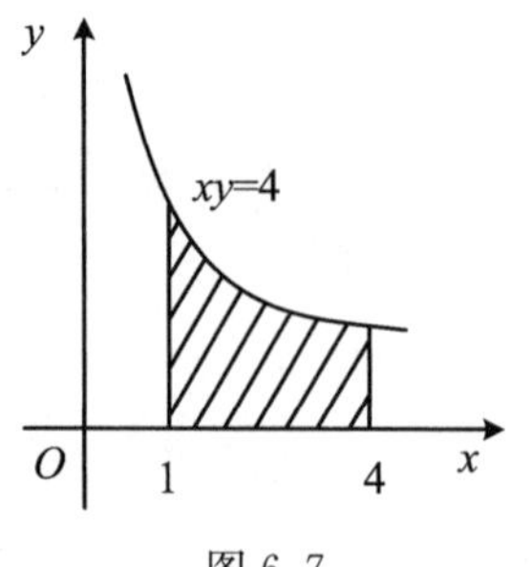

图 6.7

解 所求立体可看作曲线 $y=\frac{4}{x}$，$x\in[1,4]$绕 x 轴旋转而成的，所以体积

$$V=\pi\int_1^4\left(\frac{4}{x}\right)^2\mathrm{d}x=16\pi\int_1^4\frac{1}{x^2}\mathrm{d}x=-16\pi\left.\frac{1}{x}\right|_1^4=12\pi$$

小结：求旋转体体积时，第一要弄清被旋转平面图形由哪些曲线围成；第二要确定图形绕哪一坐标轴旋转，选好积分变量.

【基础作业题】

1. 求由曲线 $y=\sin x$、直线 $y=0$、$x=0$ 和 $x=\pi$ 所围图形的面积.

2. 求由曲线 $y=\ln x$ 与直线 $y=\ln a$、$y=\ln b$、y 轴所围图形的面积($b>a>0$).

3. 求曲线 $y=x^3$ 与直线 $x=2$,$y=0$ 所围成的图形分别绕 x 轴、y 轴旋转产生的立体体积.

【典型例题选讲——提高篇】

例 1　设 $y=x^2$,$0\leqslant x\leqslant 1$,问:

(1) t 取何值时,图 6.8 中阴影面积 S_1 与 S_2 之和 $S=S_1+S_2$ 最小?

(2) t 取何值时,面积 $S=S_1+S_2$ 最大.

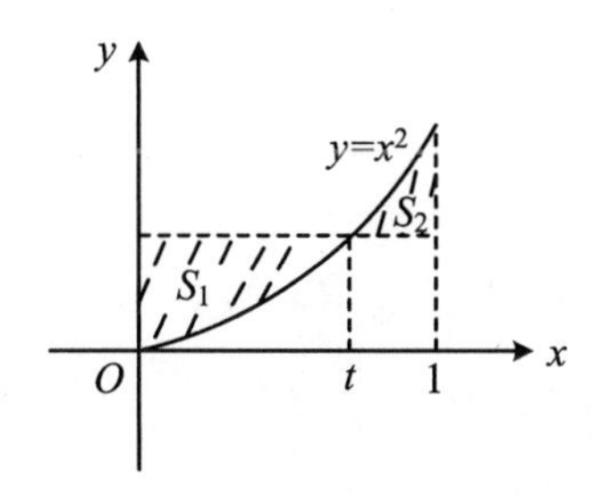

图 6.8

解 $S_1 = t^3 - \int_0^t x^2\mathrm{d}x = \frac{2}{3}t^3$

$$S_2 = \int_t^1 x^2\mathrm{d}x - (1-t)t^2 = \frac{2}{3}t^3 - t^2 + \frac{1}{3}$$

$$S = S(t) = S_1 + S_2 = \frac{4}{3}t^3 - t^2 + \frac{1}{3},\quad 0 \leqslant t \leqslant 1$$

令 $S'=4t^2-2t=2t(2t-1)=0$,得 $t=\frac{1}{2}$,$t=0$.

比较下列函数值:$S\left(\frac{1}{2}\right)=\frac{1}{4}$,$S(0)=\frac{1}{3}$,$S(1)=\frac{2}{3}$.

由此可见,当 $t=\frac{1}{2}$ 时,$S=S_1+S_2$ 最小;当 $t=1$ 时,$S=S_1+S_2$ 最大.

【提高练习题】

1. 在第一象限内求曲线 $y=-x^2+1$ 上的一点,使该点处的切线与所给曲线及两坐标轴所围成的平面图形面积为最小,并求此最小面积.

2. 证明在(1,3)内存在唯一的点 ξ,使得由 $y=\mathrm{e}^x$,$x=\xi$,$y=\mathrm{e}$ 所围图形绕 x 轴旋转所得的立体体积为由 $y=\mathrm{e}^x$,$x=\xi$,$y=\mathrm{e}^3$ 所围图形绕 x 轴旋转所得的立体体积的 2 倍.

提高练习题参考答案:

1. $\left(\frac{1}{\sqrt{3}},\frac{2}{3}\right)$,$S\left(\frac{1}{\sqrt{3}}\right)=\frac{2}{9}(2\sqrt{3}-3)$ 2. 证明略

6.6 积分在经济分析中的应用

【学习目标】

理解由边际函数求原经济函数的原理,学会用边际函数求原经济函数. 理解收入流的现值与终值,并会求解. 了解洛伦兹曲线与基尼系数,消费者剩余和生产者剩余.

【知识要点】

1. 需求函数

若已知边际需求为 $Q'(p)$,则总需求函数 $Q(p)$ 为

$$Q(p) = \int_0^p Q'(t)\mathrm{d}t + Q_0$$

2. 总成本函数

设产量为 x 时的边际成本为 $C'(x)$,固定成本 C_0,则产量为 x 时的总成本函数

为

$$C(x)=\int_0^x C'(t)\,\mathrm{d}t+C(0)=\int_0^x C'(t)\,\mathrm{d}t+C_0$$

其中，$\int_0^x C'(t)\,\mathrm{d}t$ 为变动成本.

3. 总收益函数

设产销量为 x 时的边际收益为 $R'(x)$，则产销量为 x 时的总收益函数 $R(x)$ 为

$$R(x)=\int_0^x R'(t)\,\mathrm{d}t$$

4. 利润函数

设产销量为 x 时的边际利润为 $L'(x)$，此时利润函数为

$$L(x)=\int_0^x L'(t)\,\mathrm{d}t+L(0)$$

因为 $L(0)=R(0)-C(0)=-C(0)$，所以

$$L(x)=\int_0^x L'(t)\,\mathrm{d}t-C(0)$$

5. 现值与终值

设 t 年时企业获得的收入为 $f(t)$，年利率为 r，按连续复利计算，在时间段 $[0,T]$ 获得的总收入终值为

$$F=\int_0^T f(t)\mathrm{e}^{r(T-t)}\,\mathrm{d}t$$

其现值为

$$F_0=F\mathrm{e}^{-rT}=\int_0^T f(t)\mathrm{e}^{-rt}\,\mathrm{d}t$$

6. 洛伦兹曲线与基尼系数

洛伦兹曲线（如图 6.9 所示）反映的是收入最低的任意百分比人口与所得到的收入百分比之间的对应关系，是美国统计学家 M. O. 洛伦兹提出来的.

基尼系数 $G=\dfrac{A}{A+B}$，显然 $0\leqslant G\leqslant 1$. 基尼系数越大，说明社会收入分配越不平等.

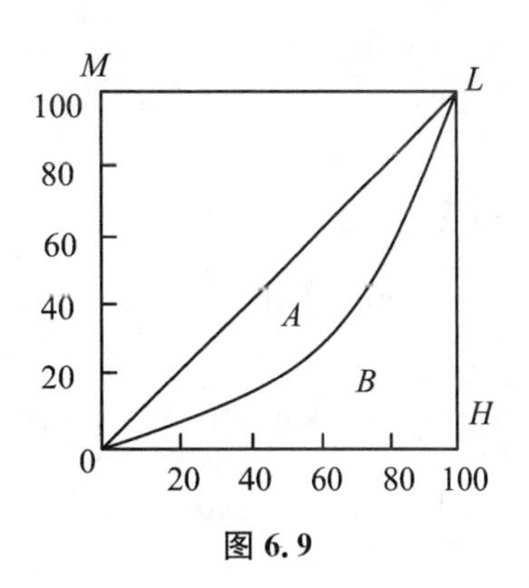

图 6.9

7. 消费者剩余和生产者剩余

设某商品的需求函数为 $p=D(Q)$，这里 p 是价格，Q 是需求量. 若 $p_0=D(Q_0)$，则原打算用高于市场价格 p_0 的价格购买商品的消费者，会由于市场价格定于 p_0 而得到好处，这个好处称为消费者剩余，记作 $R_D(Q_0)$，即

$$R_D(Q_0)=\int_0^{Q_0} D(Q)\,\mathrm{d}Q-p_0Q_0$$

生产者剩余是指卖者出售一种物品或服务得到的价格减去卖者最低所能接受的价格,即

$$R_S(Q_0)=p_0Q_0-\int_0^{Q_0}S(Q)\mathrm{d}Q$$

其中,$p=S(Q)$为供给函数,Q是供给量,$p_0=S(Q_0)$.

【典型例题选讲——基础篇】

例 1　某煤矿投资 2000 万元建成,在时刻 t 的追加成本为 $C'(t)=6+2t^{\frac{2}{3}}$(百万元/年),增加收益 $R'(t)=18-t^{\frac{2}{3}}$,试确定该矿何时停止生产方可获得最大利润?最大利润为多少?

解　当 $L'(t)=0$,即 $R'(t)=C'(t)$时,利润最大,由

$$6+2t^{\frac{2}{3}}=18-t^{\frac{2}{3}}$$

解得 $t=8$,故 $t=8$ 时,利润最大,最大利润为

$$L(8)=\int_0^8[R'(t)-C'(t)]\mathrm{d}t-C_0=\int_0^8(12-3t^{\frac{2}{3}})\mathrm{d}t-20$$

$$=(12t-\frac{9}{5}t^{\frac{5}{3}})\Big|_0^8-20=18.4\quad(百万元)$$

例 2　有一特大型水电投资项目,投资总成本为 10^6 万元,竣工后每年可得收入 6.5×10^4 万元.若年利率为 5%,按连续复利计算,求该投资为无限期限时纯收入的贴现值.

解　项目竣工后 T 年总收入的现值为

$$F_0=\int_0^T 6.5\times10^4\times \mathrm{e}^{-0.05t}\mathrm{d}t=1.3\times10^6(1-\mathrm{e}^{-0.05T})\quad(万元)$$

当投资为无限期限时,$T\to+\infty$,纯收入的贴现值

$$\int_0^{+\infty}6.5\times10^4\times\mathrm{e}^{-0.05t}\mathrm{d}t-10^6$$

$$=\lim_{T\to+\infty}1.3\times10^6(1-\mathrm{e}^{-0.05T})-10^6$$

$$=3\times10^5\quad(万元)$$

【基础作业题】

1. 若一企业生产某产品的边际成本是产量 x 的函数

$$C'(x)=8$$

固定成本 $C_0=90$,求总成本函数.

2. 已知边际收入为 $R'(x)=3-0.2x$，x 为销售量. 求总收入函数 $R(x)$，并确定最高收入的大小.

3. 某产品的边际成本 $C'(x)=1$，边际收入 $R'(x)=5-x$（产量 x 的单位为百台），求：

(1) 产量多少时，总利润最大？

(2) 若(1)题中在利润最大的产量上又生产了 1 百台，总利润减少了多少？

4. 某企业想购买一台设备，该设备成本为 5000 元，t 年后该设备的报废价值为 $S(t)=5000-400t$(元)，使用该设备在 t 年时可使企业增加收入 $850-40t$(元). 若年利率为 5%，计算连续复利，企业应在什么时候报废这台设备？此时，总利润的现值是多少？

6.7　广 义 积 分

【学习目标】

理解无限区间上的广义积分和无界函数的广义积分的概念，会判断简单的广义积分的敛散性.

【知识要点】

1. 无限区间上的广义积分

设函数 $f(x)$在区间$[a,+\infty)$上连续，称形如$\int_a^{+\infty} f(x)\mathrm{d}x$ 的积分为函数 $f(x)$ 在无限区间$[a,+\infty)$ 上的广义积分.

(1) $f(x)$在$[a,+\infty)$上的广义积分

$$\int_a^{+\infty} f(x)\mathrm{d}x \stackrel{\Delta}{=} \lim_{b\to+\infty}\int_a^b f(x)\mathrm{d}x$$

若此极限存在，称$\int_a^{+\infty} f(x)\mathrm{d}x$ 收敛,否则称$\int_a^{+\infty} f(x)\mathrm{d}x$ 发散.

(2) $f(x)$在$(-\infty,b]$上的广义积分

$$\int_{-\infty}^b f(x)\mathrm{d}x \stackrel{\Delta}{=} \lim_{a\to-\infty}\int_a^b f(x)\mathrm{d}x$$

若此极限存在，称$\int_{-\infty}^b f(x)\mathrm{d}x$ 收敛,否则称$\int_{-\infty}^b f(x)\mathrm{d}x$ 发散.

(3) $f(x)$在$(-\infty,+\infty)$上的广义积分

$$\int_{-\infty}^{+\infty} f(x)\mathrm{d}x \stackrel{\Delta}{=} \int_{-\infty}^0 f(x)\mathrm{d}x+\int_0^{+\infty} f(x)\mathrm{d}x$$

如果右边均收敛，称$\int_{-\infty}^{+\infty} f(x)\mathrm{d}x$ 收敛. 若右边至少有一个发散，则称$\int_{-\infty}^{+\infty} f(x)\mathrm{d}x$ 发散.

2. 无界函数的广义积分

(1) 瑕点：若 $f(x)$在 a 的任意去心邻域内无界，称 a 为 $f(x)$的瑕点.

(2) $f(x)$在$(a,b]$上的广义积分：

设 a 为 $f(x)$的瑕点，$\int_a^b f(x)\mathrm{d}x \stackrel{\Delta}{=} \lim\limits_{A\to a^+}\int_A^b f(x)\mathrm{d}x$，若此极限存在，称$\int_a^b f(x)\mathrm{d}x$ 收敛，否则称$\int_a^b f(x)\mathrm{d}x$ 发散.

(3) $f(x)$在$[a,b)$上的广义积分：

设 b 为 $f(x)$ 的瑕点，$\int_a^b f(x)\mathrm{d}x \stackrel{\Delta}{=} \lim\limits_{A\to b^-}\int_a^A f(x)\mathrm{d}x$，若此极限存在，称$\int_a^b f(x)\mathrm{d}x$ 收敛，否则称$\int_a^b f(x)\mathrm{d}x$ 发散.

(4) $f(x)$在$[a,b]$上的广义积分：

设 c 为 $f(x)$ 的瑕点，$\int_a^b f(x)\mathrm{d}x \stackrel{\Delta}{=} \int_a^c f(x)\mathrm{d}x+\int_c^b f(x)\mathrm{d}x$，若右边均收敛，称$\int_a^b f(x)\mathrm{d}x$ 收敛. 若右边至少有一个发散，则称$\int_a^b f(x)\mathrm{d}x$ 发散.

【典型例题选讲——基础篇】

例 1　求$\int_0^{+\infty} t\mathrm{e}^{-pt}\,\mathrm{d}t$.

解　$\int_0^{+\infty} t\mathrm{e}^{-pt}\,\mathrm{d}t = -\frac{1}{p}t\mathrm{e}^{-pt}\Big|_0^{+\infty} + \frac{1}{p}\int_0^{+\infty}\mathrm{e}^{-pt}\,\mathrm{d}t = -\frac{1}{p^2}\mathrm{e}^{-pt}\Big|_0^{+\infty} = \frac{1}{p^2}$，$p>0$，

其中，$\lim\limits_{t\to+\infty}\frac{t}{\mathrm{e}^{pt}} = \lim\limits_{t\to+\infty}\frac{1}{p\mathrm{e}^{pt}} = 0$.

例 2　讨论$\int_{-1}^{1}\frac{\mathrm{d}x}{x^2}$的敛散性.

解　$x=0$为瑕点，则$\int_{-1}^{1}\frac{\mathrm{d}x}{x^2} = \int_{-1}^{0}\frac{\mathrm{d}x}{x^2} + \int_{0}^{1}\frac{\mathrm{d}x}{x^2}$，因

$$\int_0^1\frac{\mathrm{d}x}{x^2} = \lim_{A\to0^+}\int_A^1\frac{\mathrm{d}x}{x^2} = \lim_{A\to0^+}\left(-\frac{1}{x}\right)\Big|_A^1 = \lim_{A\to0^+}\left(\frac{1}{A}-1\right) = +\infty$$

故$\int_{-1}^{1}\frac{\mathrm{d}x}{x^2}$的发散.

【基础作业题】

1. 判定下列广义积分的敛散性，若收敛，计算其值.

(1) $\int_1^{+\infty}\frac{\mathrm{d}x}{\sqrt{x}}$　　　　(2) $\int_{-\infty}^{+\infty}\frac{\mathrm{d}x}{x^2+2x+2}$

(3) $\int_0^1\frac{x\,\mathrm{d}x}{\sqrt{1-x^2}}$　　　　(4) $\int_0^2\frac{\mathrm{d}x}{(1-x)^2}$

第 6 章 自 测 题

一、选择题

1. 在区间$[a,b]$上$f(x)>0$，$f'(x)<0$，$f''(x)>0$，令$s_1=\int_a^b f(x)\,\mathrm{d}x$，

$s_2=f(b)(b-a)$，$s_3=\frac{1}{2}[f(b)+f(a)](b-a)$，则有(　　).

A. $s_1<s_2<s_3$　B. $s_2<s_1<s_3$　C. $s_3<s_1<s_2$　D. $s_2<s_3<s_1$

2. $f(x)$为连续的奇函数，又$F(x)=\int_0^x f(t)\mathrm{d}t$，则$F(-x)=$(　　).

A. $F(x)$　　B. $-F(x)$　　C. 0　　D. 非零常数

3. $\int_0^x f(t)\mathrm{d}t=\frac{x^2}{4}$，则$\int_0^4\frac{1}{\sqrt{x}}f(\sqrt{x})\mathrm{d}x=$(　　).

A. 16　　B. 8　　C. 4　　D. 2

4. $\int_0^x f(t)\mathrm{d}t=\frac{1}{2}f(x)-\frac{1}{2}$，且 $f(0)=1$，则 $f(x)=$(　　).

A. $\mathrm{e}^{\frac{x}{2}}$　　B. $\frac{1}{2}\mathrm{e}^x$　　C. e^{2x}　　D. $\frac{1}{2}\mathrm{e}^{2x}$

5. 曲线 $y=\mathrm{e}^x$ 与其过原点的切线及 y 轴所围平面图形的面积为(　　).

A. $\int_0^1(\mathrm{e}^x-\mathrm{e}x)\mathrm{d}x$　　B. $\int_1^e(\ln y-y\ln y)\mathrm{d}y$

C. $\int_1^{\mathrm{e}}(\mathrm{e}^x-x\mathrm{e}^x)\mathrm{d}x$　　D. $\int_0^1(\ln y-y\ln y)\mathrm{d}y$

二、填空题

1. 曲线 $y=\int_1^x t(1-t)\mathrm{d}t$ 的上凸区间是________.

2. 若 $\int_0^k(2x-3x^2)\mathrm{d}x=0$，则 $k=$ ________.

3. $\int_{-1}^1 x(1+x^{2005})(\mathrm{e}^x-\mathrm{e}^{-x})\mathrm{d}x=$ ________.

4. 若广义积分 $\int_0^{+\infty}\frac{k}{1+x^2}\mathrm{d}x=1$，其中 k 为常数，则 $k=$ ________.

三、解答题

1. 计算下列定积分.

(1) $\int_0^{\frac{\pi}{4}}\frac{\tan x}{\cos^2 x}\mathrm{d}x$　　(2) $\int_0^1\ln(2x+1)\mathrm{d}x$

(3) $\int_0^4\sqrt{16-x^2}\mathrm{d}x$　　(4) $\int_4^9\frac{\sqrt{x}}{\sqrt{x}-1}\mathrm{d}x$

2. 设正数 a，且满足关系式$\lim\limits_{x\to 0}\left(\frac{a-x}{a+x}\right)^{\frac{2}{x}}=\int_{\frac{1}{a}}^{+\infty}x\mathrm{e}^{-4x}\mathrm{d}x$，试求 a 的值.

3. 曲线 C 的方程为 $y=f(x)$，点$(3,2)$是它的一个拐点，直线 l_1 与 l_2 分别是曲线 C 在点$(0,0)$与$(3,2)$处的切线，其交点为$(2,4)$，设 $f(x)$ 具有三阶连续导数，计算$\int_0^3(x^2+x)f'''(x)\mathrm{d}x$.

4. 求 $\varphi(x)=\int_0^{x^2}(1-t)\arctan t\mathrm{d}t$ 的极值点.

5. 设

$$f(x)=\begin{cases}\dfrac{\int_0^{2x}(\mathrm{e}^{t^2}-1)\mathrm{d}t}{x^2}, & x\neq 0\\ A, & x=0\end{cases}$$

问:当 A 为何值时,$f(x)$ 在点 $x=0$ 处可导,并求出 $f'(0)$.

6. 设 $f(x)=\cos x+2\int_0^{\frac{\pi}{2}}f(x)\mathrm{d}x$,其中 $f(x)$ 为连续函数,试求 $f(x)$.

7. 求由曲线 $y=\ln x$ 与两直线 $y=\mathrm{e}+1-x$ 及 $y=0$ 所围成的平面图形的面积和绕 x 轴旋转而成的立体的体积.

参考答案

一、选择题

1. B　2. A　3. D　4. C　5. A

二、填空题

1. $\left(\frac{1}{2},+\infty\right)$　2. 0 或 1　3. $\frac{4}{\mathrm{e}}$　4. $\frac{2}{\pi}$

三、解答题

1. (1) $\frac{1}{2}$　(2) $\frac{3}{2}\ln 3-1$　(3) 4π　(4) $7+2\ln 2$

2. $\frac{4}{15}$　3. 20　4. $x=\pm 1$ 极大值点,$x=0$ 极小值点

5. $A=0,f'(0)=\frac{8}{3}$　6. $f(x)=\cos x+\frac{2}{1-\pi}$　7. $\frac{3}{2},\pi\left(\mathrm{e}-\frac{5}{3}\right)$

第7章　多元函数及其微积分学

7.1　空间解析几何初步

【学习目标】

了解空间解析几何的基本概念，理解空间直角坐标系的定义和曲面方程（平面、球面、柱面、旋转曲面）.

【知识要点】

1. 空间直角坐标系与点的坐标

设 $Oxyz$ 为空间直角坐标系，若点 P 为空间中一点，则点 P 的坐标可表示为 (x,y,z)，三个坐标轴的正向必须符合右手规则.

注1：点 P 在 x 轴上$\Leftrightarrow y=0, z=0$.（y 轴和 z 轴上的点有类似的结论）.

点 P 在 xOy 平面上$\Leftrightarrow z=0$.（yOz 平面和 zOx 平面上的点有类似的结论）.

注2：设 $P_1(x_1,y_1,z_1)$，$P_2(x_2,y_2,z_2)$ 为空间中任意两点，则 P_1，P_2 之间的距离为

$$|P_1P_2|=\sqrt{(x_1-x_2)^2+(y_1-y_2)^2+(z_1-z_2)^2}$$

2. 空间曲面与方程

（1）球面方程：$(x-x_0)^2+(y-y_0)^2+(z-z_0)^2=R^2$，它表示以 (x_0,y_0,z_0) 为球心，以 R 为半径的球面.

（2）平面的一般方程：$Ax+By+Cz+D=0$.

（3）柱面：设柱面的母线平行于 z 轴，准线 C 是 xOy 平面上一条曲线，其方程为 $\begin{cases}F(x,y)=0\\ z=0\end{cases}$，则该柱面的方程为 $F(x,y)=0$.（母线平行于 x 轴和 y 轴的柱面也有类似的结果）.

（4）旋转曲面（以 z 轴作为旋转轴为例）：

圆锥面方程：$z^2=a^2(x^2+y^2)$，特别地，当 $a=1$ 时，圆锥面为 $z^2=x^2+y^2$，$z=\sqrt{x^2+y^2}$ 表示上半圆锥面，$z=-\sqrt{x^2+y^2}$ 表示下半圆锥面.

旋转抛物面方程：$z=x^2+y^2$，注意与圆锥面方程的区别.

【典型例题选讲——基础篇】

例 1　求点 $M(4,-3,5)$ 到各坐标轴,各坐标面的距离.

解　由图 7.1 可知,点 M 到 x 轴的距离

$$d_1=\sqrt{(-3)^2+5^2}=\sqrt{34}$$

点 M 到 y 轴的距离

$$d_2=\sqrt{4^2+5^2}=\sqrt{41}$$

点 M 到 z 轴的距离

$$d_3=\sqrt{4^2+(-3)^2}=5$$

点 M 到 xOy 平面的距离 $d_4=5$;

点 M 到 xOz 平面的距离 $d_5=3$;

点 M 到 yOz 平面的距离 $d_6=4$.

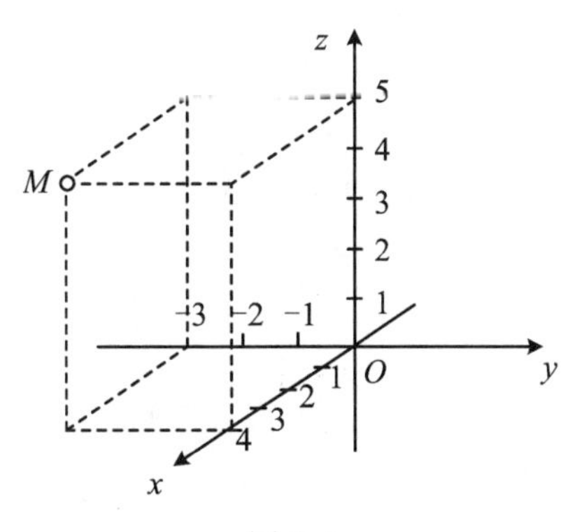

图 7.1

例 2　证明以 $A(4,1,9)$,$B(10,-1,6)$,$C(2,4,3)$ 为顶点的三角形是等腰直角三角形.

证明　因为 $|AB|=\sqrt{(10-4)^2+(-1-1)^2+(6-9)^2}=7$

$$|AC|=\sqrt{(2-4)^2+(4-1)^2+(3-9)^2}=7$$

$$|BC|=\sqrt{(2-10)^2+(4+1)^2+(3-6)^2}=\sqrt{98}=7\sqrt{2}$$

于是 $|AB|=|AC|$,且

$$|AB|^2+|AC|^2=|BC|^2$$

故 ΔABC 为等腰直角三角形.

例 3　将坐标面 xOz 上的圆 $x^2+z^2=9$ 绕 z 轴旋转一周,求所生成的旋转面方程.

解　以 $\pm\sqrt{x^2+y^2}$ 代替圆方程 $x^2+z^2=9$ 中的 x,则所生成的旋转面方程为

$$\left(\pm\sqrt{x^2+y^2}\right)^2+z^2=9$$

即 $x^2+y^2+z^2=9$,这是球心在原点,半径为 3 的球面.

注:坐标面 xOz 上的曲线 $F(x,z)=0$ 绕 x 轴旋转一周生成的旋转面方程为

$$F(x,\pm\sqrt{y^2+z^2})=0$$

【基础作业题】

1. 在空间直角坐标系中画出点 $P(1,2,-3)$,并求它关于下列对称的点的坐标.

由所画出的图形观察得:

(1) 关于原点对称的点：

(2) 关于 y 轴对称的点：

(3) 关于 yOz 平面对称的点：

2. 求球心在点 $M(-2,1,3)$，且通过点$(1,0,0)$的球面方程.

3. 指出下列方程在**空间中**各表示什么图形，并作出其草图.

(1) $x^2+y^2=1$　　(2) $z=x^2+y^2$

7.2　多元函数的概念

【学习目标】

理解多元函数和二元函数的概念，会求二元函数的定义域和简单二元函数的极限，理解二元函数连续的概念，了解有界闭区域上连续函数的性质.

【知识要点】

1. 平面区域的概念

平面区域是指整个平面或者平面上一条封闭曲线围成的部分，围成平面区域的曲线称为边界，包含边界的区域称为闭区域，不包含边界的区域称为开区域.

点 $P_0(x_0,y_0)$的 δ 邻域 $U(P_0,\delta)=\{(x,y)\mid(x-x_0)^2+(y-y_0)^2<\delta^2\}$.

点 $P_0(x_0,y_0)$的去心 δ 邻域 $\overset{o}{U}(P_0,\delta)=\{(x,y)\mid 0<(x-x_0)^2+(y-y_0)^2<\delta^2\}$.

2. *n* 维空间、多元函数

n 维空间 $R^n=\{(x_1,x_2,\cdots,x_n)\mid x_i\in R,i=1,2,\cdots,n\}$，也称为 n 维欧氏空间.

设 $D\subset R^n$ 为一非空点集，若对于每一个点 $P(x_1,x_2,\cdots,x_n)\in D$，通过对应法则 f，总对应着一个实数 z，则称对应法则 f 为定义在 D 上的 n 元函数，记为

$$z=f(x_1,x_2,\cdots,x_n),\ x_1,x_2,\cdots,x_n\in D$$

其中,$x_1,x_2,\cdots,x_n$ 称为自变量,y 称为因变量,D 称为函数 n 元函数 f 的定义域.

常见的有二元函数 $z=f(x,y)$, $x,y\in D$.

注 1:n 维空间 R^n 中任意两点 $P(x_1,x_2,\cdots,x_n)$,$Q(y_1,y_2,\cdots,y_n)$间的距离为

$$|PQ|=\sqrt{(x_1-y_1)^2+(x_2-y_2)^2+\cdots+(x_n-y_n)^2}$$

注 2:一般,有解析式的 n 元函数的定义域在没有作特殊指定的情况下,是指使得解析式有意义的所有点的集合.

注 3:二元函数 $z=f(x,y)$ 的图形是指空间点集 $\{(x,y,z)\mid z=f(x,y)\ (x,y)\in D\}$,通常是一张曲面,该曲面在 xOy 平面上的投影即为 $z=f(x,y)$ 的定义域 D.

3. 二元函数的极限

设二元函数 $f(x,y)$在点 $P_0(x_0,y_0)$的某空心邻域内有定义,$\lim\limits_{(x,y)\to(x_0,y_0)}f(x,y)=A$ 是指:当动点 $P(x,y)$在该空心邻域内沿任意路径趋于点 $P_0(x_0,y_0)$时,函数 $f(x,y)$无限趋于常数 A.

注意:由极限的定义可知,二元函数 $f(x,y)$在点(x_0,y_0)处的极限与函数在点(x_0,y_0)是否有定义或取什么值都没有关系,反映的是二元函数 $f(x,y)$在其空心邻域内的性质.

4. 二元函数的连续性

函数 $f(x,y)$在点 $P_0(x_0,y_0)$处连续是指:$\lim\limits_{(x,y)\to(x_0,y_0)}f(x,y)=f(x_0,y_0)$.

【典型例题选讲——基础篇】

例 1　已知函数 $f(x,y)=x^2+y^2-xy\arctan\dfrac{x}{y}$,试求 $f(tx,ty)$.

解　由题意

$$\begin{aligned}f(tx,ty)&=(tx)^2+(ty)^2-tx\cdot ty\arctan\frac{tx}{ty}\\&=t^2x^2+t^2y^2-t^2xy\arctan\frac{x}{y}\\&=t^2\left(x^2+y^2-xy\arctan\frac{x}{y}\right)=t^2f(x,y)\end{aligned}$$

例 2　求下列函数的定义域,并画出定义域的示意图.

(1) $z=\ln(4-xy)$　(2) $z=x+\arccos y$　(3) $z=\sqrt{x^2-4}+\sqrt{4-y^2}$

解　(1) 要使 $\ln(4-xy)$有意义,必须 $4-xy>0$,即定义域为$\{(x,y)\mid xy<4\}$,如图 7.3 所示.

(2) 要使 $\arccos y$ 有意义,必须$-1\leqslant y\leqslant 1$,故定义域为$\{(x,y)\mid x\in R,-1\leqslant y\leqslant 1\}$如图 7.4 所示.

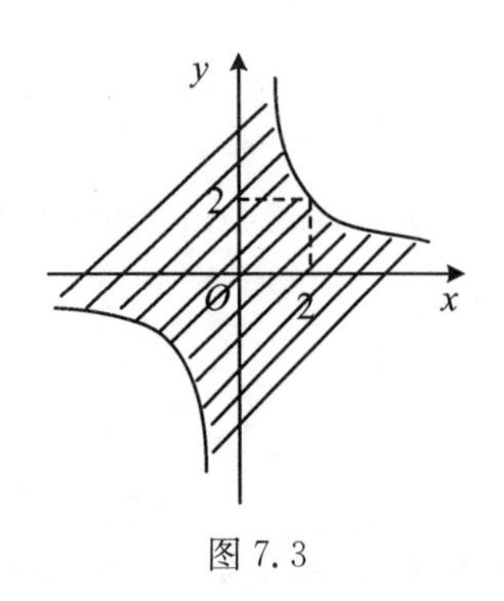

图 7.3

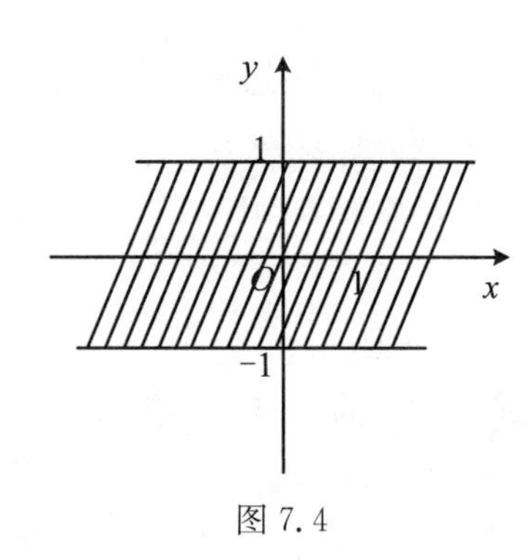

图 7.4

(3) 要使$\sqrt{x^2-4}+\sqrt{4-y^2}$有意义，必须$x^2-4\geqslant 0$，且$4-y^2\geqslant 0$，即$|x|\geqslant 2$，且$|y|\leqslant 2$，故定义域为$\{(x,y)\,|\,|x|\geqslant 2$，且$|y|\leqslant 2\}$，如图 7.5 所示.

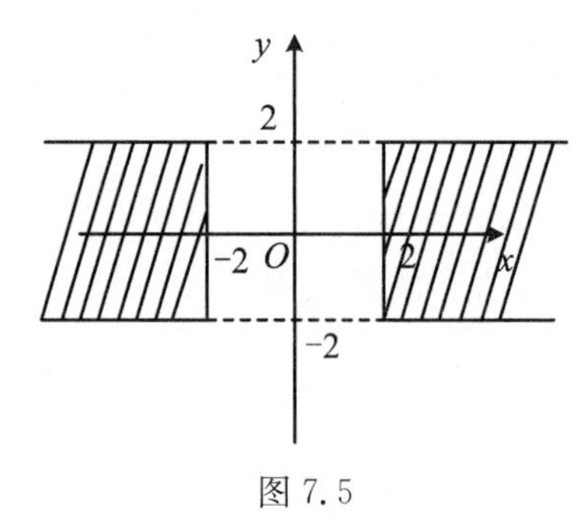

图 7.5

例 3 求下列函数的极限.

(1) $\lim\limits_{(x,y)\to(1,2)}\dfrac{x+y}{x^2-xy+y^2}$　　(2) $\lim\limits_{(x,y)\to(0,0)}\dfrac{(2+x)\sin(x^2+y^2)}{x^2+y^2}$

(3) $\lim\limits_{(x,y)\to(0,0)}\dfrac{x^2y^2}{x^2+y^2}$

解 (1) 由初等函数的性质可知，$f(x,y)=\dfrac{x+y}{x^2-xy+y^2}$在点(1,2)处连续，故

$$\lim_{(x,y)\to(1,2)}\frac{x+y}{x^2-xy+y^2}=\frac{1+2}{1-2+4}=1$$

(2) $\lim\limits_{(x,y)\to(0,0)}\dfrac{(2+x)\sin(x^2+y^2)}{x^2+y^2}=\lim\limits_{(x,y)\to(0,0)}(2+x)\cdot\lim\limits_{(x,y)\to(0,0)}\dfrac{\sin(x^2+y^2)}{x^2+y^2}$

$=2\cdot 1=2$

(3) 当$xy\neq 0$时，$\left|\dfrac{x^2y^2}{x^2+y^2}\right|\leqslant\left|\dfrac{x^2y^2}{2xy}\right|=\left|\dfrac{xy}{2}\right|$，又因为$\lim\limits_{(x,y)\to(0,0)}\left|\dfrac{xy}{2}\right|=0$，由挤压定理知

$$\lim_{(x,y)\to(0,0)}\frac{x^2y^2}{x^2+y^2}=0$$

当 $xy=0$,即沿 x 轴或 y 轴趋于点(0,0)时,仍然有 $\lim\limits_{(x,y)\to(0,0)}\dfrac{x^2y^2}{x^2+y^2}=0$.

综上所述,极限 $\lim\limits_{(x,y)\to(0,0)}\dfrac{x^2y^2}{x^2+y^2}=0$.

注意:一元函数中有关极限四则运算法则,两个重要极限、无穷小的性质及连续函数性质求极限的各种方法,在多元函数求极限过程中均可使用.

【基础作业题】

1. 求下列函数的定义域,并在平面直角坐标系中画出定义域的图形.

(1) $z=\sqrt{y^2-2x}$　　(2) $z=\ln(y-x^2)$

2. 设 $g(x,y,z)=\sqrt{x^2\cdot\cos y}+z^2$,求(1) $g(2,0,2)$;(2) $g\left(1,\dfrac{\pi}{2},3\right)$.

3. 求下列二元函数的极限.

(1) $\lim\limits_{(x,y)\to(0,4)}\dfrac{2x}{\sqrt{y}}$　　(2) $\lim\limits_{(x,y)\to(0,0)}\dfrac{xy}{2-\sqrt{xy+4}}$

【典型例题选讲——提高篇】

例 1　设 $f(x+y,\dfrac{y}{x})=x^2-y^2$,求 $f(x,y)$.

解　令 $u=x+y,v=\dfrac{y}{x}$,则 $x=\dfrac{u}{1+v},y=\dfrac{uv}{1+v}$,由题设可知

$$f(u,v)=(\frac{u}{1+v})^2-(\frac{uv}{1+v})^2=\frac{u^2(1-v^2)}{(1+v)^2}=\frac{u^2(1-v)}{1+v}$$

故
$$f(x,y)=\frac{x^2(1-y)}{1+y}$$

例 2 证明下列函数当$(x,y)\to(0,0)$时极限不存在.

(1) $f(x,y)=\dfrac{xy}{x+y}$　　　　(2) $f(x,y)=\dfrac{x^2y^2}{x^2y^2+(x-y)^2}$

解 (1) 当(x,y)沿曲线 $y=-x+x^3$ 趋于$(0,0)$时,有

$$\lim_{\substack{(x,y)\to(0,0)\\ y=-x+x^3}}\frac{xy}{x+y}=\lim_{x\to 0}\frac{x(-x+x^3)}{x+(-x+x^3)}=\lim_{x\to 0}\frac{x^2-1}{x}=\infty$$

即(x,y)沿曲线 $y=-x+x^3$ 趋于$(0,0)$时,其极限不存在,故原二重极限不存在.

(2) 当(x,y)沿射线 $y=x$ 趋于$(0,0)$时,有

$$\lim_{\substack{(x,y)\to(0,0)\\ y=x}}\frac{x^2y^2}{x^2y^2+(x-y)^2}=\lim_{x\to 0}\frac{x^2\cdot x^2}{x^2\cdot x^2+(x-x)^2}=\lim_{x\to 0}\frac{x^4}{x^4}=1$$

当(x,y)沿射线 $y=-x$ 趋于$(0,0)$时,有

$$\lim_{\substack{(x,y)\to(0,0)\\ y=-x}}\frac{x^2y^2}{x^2y^2+(x-y)^2}=\lim_{x\to 0}\frac{x^2\cdot x^2}{x^2\cdot x^2+(x+x)^2}=\lim_{x\to 0}\frac{x^4}{x^4+4x^2}$$
$$=\lim_{x\to 0}\frac{x^2}{x^2+4}=0$$

由此可知,当(x,y)按不同的方式趋于$(0,0)$,所得的极限值不同,故原二重极限不存在.

注意:由二元函数极限定义中的"任意路径"可知,要证明 $f(x,y)$当$(x,y)\to(x_0,y_0)$时极限不存在,只需令(x,y)按某种特殊方式趋于(x_0,y_0)时,$f(x,y)$不趋于常数,或令(x,y)按两种特殊方式趋于(x_0,y_0)时,$f(x,y)$趋于两个不同的常数.

【提高练习题】

证明极限 $\lim\limits_{(x,y)\to(0,0)}\dfrac{x+y}{x-y}$不存在.

提高题参考答案:略.

7.3 偏导数

【学习目标】

理解二元函数的偏导数概念,会计算简单二元函数的偏导数. 了解偏导数的几何意义和高阶偏导数的定义.

【知识要点】

1. 偏导数的定义

$$f'_x(x_0,y_0)=\lim_{\Delta x\to 0}\frac{f(x_0+\Delta x,y_0)-f(x_0,y_0)}{\Delta x}$$

$$f'_y(x_0,y_0)=\lim_{\Delta y\to 0}\frac{f(x_0,y_0+\Delta y)-f(x_0,y_0)}{\Delta y}$$

注 1:$f'_x(x_0,y_0)$、$f'_y(x_0,y_0)$有时也简单记为 $f_x(x_0,y_0)$、$f_y(x_0,y_0)$.

注 2:对于二元函数 $z=f(x,y)$,如果先将 y 固定在 y_0 处,即令 $y=y_0$,则 $z=f(x,y_0)$可视为以 x 为自变量的一元函数,此时若一元函数的 $z=f(x,y_0)$在 $x=x_0$ 处的导数存在,则这个导数正是函数 $z=f(x,y)$在点 $P_0(x_0,y_0)$处对 x 的偏导数,即

$$\left.\frac{\partial z}{\partial x}\right|_{(x_0,y_0)}=\left.\frac{\partial f(x,y)}{\partial x}\right|_{(x_0,y_0)}=\left.\frac{\mathrm{d}}{\mathrm{d}x}f(x,y_0)\right|_{x=x_0}$$

同理

$$\left.\frac{\partial z}{\partial y}\right|_{(x_0,y_0)}=\left.\frac{\partial f(x,y)}{\partial y}\right|_{(x_0,y_0)}=\left.\frac{\mathrm{d}}{\mathrm{d}y}f(x_0,y)\right|_{y=y_0}$$

注 3:若二元函数 f 在开区域 D 内任一点(x,y)处对 x 的偏导数都存在,则 $f'_x(x,y)$定义了 D 上一个新的函数,称为函数 f 的偏导函数,简称 f 在 D 内的偏导数. 偏导数 $f'_x(x_0,y_0)$就是偏导函数 $f'_x(x,y)$在点(x_0,y_0)的函数值.

2. 高阶偏导数

四个二阶偏导数为:

$$\frac{\partial^2 z}{\partial x^2}=\frac{\partial}{\partial x}\left(\frac{\partial z}{\partial x}\right)=f''_{xx}(x,y)\qquad \frac{\partial^2 z}{\partial x\partial y}=\frac{\partial}{\partial y}\left(\frac{\partial z}{\partial x}\right)=f''_{xy}(x,y)$$

$$\frac{\partial^2 z}{\partial y\partial x}=\frac{\partial}{\partial x}\left(\frac{\partial z}{\partial y}\right)=f''_{yx}(x,y)\qquad \frac{\partial^2 z}{\partial y^2}=\frac{\partial}{\partial y}\left(\frac{\partial z}{\partial y}\right)=f''_{yy}(x,y)$$

类似地,可以定义三阶,四阶,… ,以及 n 阶偏导数. 二阶及二阶以上的偏导数统称为高阶偏导数. 其中,既有关于 x 又有关于 y 的高阶偏导数,称为混合偏导数.

注 4:$f''_{xx},f''_{xy},f''_{yx},f''_{yy}$有时也简单地记为 $f_{xx},f_{xy},f_{yx},f_{yy}$.

3. *n* 元函数的偏导数

偏导数的概念可推广到二元以上的函数. 例如,三元函数 $u=f(x,y,z)$在点(x_0,y_0,z_0)处对 x 的偏导数定义为

$$f'_x(x_0,y_0,z_0)=\lim_{\Delta x\to 0}\frac{f(x_0+\Delta x,y_0,z_0)-(x_0,y_0,z_0)}{\Delta x}$$

即

$$\left.\frac{\partial u}{\partial x}\right|_{(x_0,y_0,z_0)}=\left.\frac{d}{dx}f(x,y_0,z_0)\right|_{x=x_0}$$

4. 关于混合偏导数的求导次序

值得注意的是,混合偏导数 f''_{xy}与 f''_{yx}不一定相等. 例如

$$f(x,y)=\begin{cases}xy\dfrac{x^2-y^2}{x^2+y^2}, & x^2+y^2\neq 0\\ 0, & x^2+y^2=0\end{cases}$$

计算可得

$$f''_{xy}(0,0)=-1\neq 1=f''_{yx}(0,0)$$

但有如下结论成立:

若 f''_{xy} 和 f''_{yx} 都在点 (x_0,y_0) 连续,则 $f''_{xy}(x_0,y_0)=f''_{yx}(x_0,y_0)$.

类似的结论可以推广到更高阶的混合偏导数.

可见,若混合偏导数与求导次序无关,则可大大简化各阶偏导数的计算. 今后除特别指出外,都假设相应的混合偏导数连续,从而混合偏导数与求导次序无关.

【典型例题选讲——基础篇】

例 1 求下列函数在指定点的偏导数.

(1) 设 $f(x,y)=x^2y+\cos y$,求 $f'_x(1,0)$,$f'_y(1,0)$;

(2) 设 $f(x,y)=x^y$,求 $f'_x(2,1)$,$f'_y(2,1)$.

解 1 (1) 把 y 看做常量,对 x 求偏导,得 $f'_x(x,y)=2xy$,所以 $f'_x(1,0)=0$. 同理,$f'_y(x,y)=x^2-\sin y$,所以 $f'_y(1,0)=1-\sin 0=1$.

解 2 代入 $y=0$,得到 $f(x,0)=x^2\cdot 0+\cos 0=1$,所以

$$f'_x(1,0)=\frac{d}{dx}f(x,0)\bigg|_{x=1}=0$$

代入 $x=1$,得到 $f(1,y)=y+\cos y$,所以

$$f'_y(1,0)=\frac{d}{dy}(y+\cos y)\bigg|_{y=0}=(1-\sin y)\bigg|_{y=0}=1-\sin 0=1$$

(2) 因为 $f'_x(x,y)=yx^{y-1}$, $f'_y(x,y)=x^y\ln x$,所以

$$f'_x(2,1)=1\cdot 2^{1-1}=1,\quad f'_y(2,1)=2\ln 2$$

注意:求函数在一点处的偏导数有以下两种方法:

(1) 根据多元函数求导法则,先直接求偏导数,然后代入这个点;

(2) 计算偏导数 $f'_x(x_0,y_0)$ 时,可先将 $y=y_0$ 代入 $z=f(x,y)$,得 $z=f(x,y_0)$,再对 x 在 $x=x_0$ 处求导,有时比先求 $f'_x(x,y)$,后代入 $x=x_0$,$y=y_0$ 的值要简便的多,比如例 1(1).

例 2 求下列函数的一阶偏导数.

(1) $z=\dfrac{x}{y}+\dfrac{y}{x}$　　　　(2) $z=(1+xy)^y$

解 (1) $\dfrac{\partial z}{\partial x}=\dfrac{1}{y}-\dfrac{y}{x^2}$, $\dfrac{\partial z}{\partial y}=-\dfrac{x}{y^2}+\dfrac{1}{x}$

(2) 因为 $z=(1+xy)^y=e^{y\ln(1+xy)}$,所以

$$\frac{\partial z}{\partial x} = e^{y\ln(1+xy)} \cdot y \cdot \frac{y}{1+xy} = y^2(1+xy)^{y-1}$$

$$\frac{\partial z}{\partial y} = e^{y\ln(1+xy)}\left[\ln(1+xy) + y \cdot \frac{x}{1+xy}\right]$$

$$= (1+xy)^y\left[\ln(1+xy) + \frac{xy}{1+xy}\right]$$

例 3　证明：若 $z=\ln(\sqrt{x}+\sqrt{y})$，则 $x\frac{\partial z}{\partial x}+y\frac{\partial z}{\partial y}=\frac{1}{2}$.

证明　(1) 因为　$\frac{\partial z}{\partial x}=\frac{1}{\sqrt{x}+\sqrt{y}}\cdot\frac{1}{2\sqrt{x}}=\frac{1}{2(x+\sqrt{xy})}$

$$\frac{\partial z}{\partial y}=\frac{1}{\sqrt{x}+\sqrt{y}}\cdot\frac{1}{2\sqrt{y}}=\frac{1}{2(\sqrt{xy}+y)}$$

所以

$$x\frac{\partial z}{\partial x}+y\frac{\partial z}{\partial y}=\frac{x}{2(x+\sqrt{xy})}+\frac{y}{2(\sqrt{xy}+y)}$$

$$=\frac{1}{2}\left[\frac{x(\sqrt{xy}+y)+y(x+\sqrt{xy})}{(x+\sqrt{xy})(\sqrt{xy}+y)}\right]=\frac{1}{2}\left[\frac{2xy+\sqrt{xy}(x+y)}{2xy+\sqrt{xy}(x+y)}\right]=\frac{1}{2}$$

例 4　设 $z=x\ln(xy)$，求 $\frac{\partial^2 z}{\partial x\partial y}$ 与 $\frac{\partial^3 z}{\partial x\partial y^2}$.

解　因为 $\frac{\partial z}{\partial x}=\ln(xy)+x\cdot\frac{1}{xy}\cdot y=\ln(xy)+1$. 所以

$$\frac{\partial^2 z}{\partial x\partial y}=\frac{1}{xy}\cdot x=\frac{1}{y},\qquad \frac{\partial^3 z}{\partial x\partial y^2}=-\frac{1}{y^2}$$

【基础作业题】

1. 求下列函数关于各自变量的一阶偏导数.

(1) $f(x,y)=3x^2+2y-1$　　(2) $f(x,y)=x^y+y^x+3$

2. 设 $z=e^{-\left(\frac{1}{x}+\frac{1}{y}\right)}$，求证 $x^2\frac{\partial z}{\partial x}+y^2\frac{\partial z}{\partial y}=2z$.

3. 求下列函数的所有二阶偏导数.

(1) $z=2x^2y^2-x^4-y^4$ (2) $z=\ln(x^2y)$

【典型例题选讲——提高篇】

例 1 设 $u=e^{-x}\sin\dfrac{x}{y}$，则 $\dfrac{\partial^2 u}{\partial x\partial y}$ 在点 $\left(2,\dfrac{1}{\pi}\right)$ 处的值为__________.

解 $\dfrac{\partial u}{\partial y}=-\dfrac{x}{y^2}e^{-x}\cos\dfrac{x}{y}$，故

$$\left.\frac{\partial^2 u}{\partial x\partial y}\right|_{(2,\frac{1}{\pi})}=\left.\frac{\partial^2 u}{\partial y\partial x}\right|_{(2,\frac{1}{\pi})}=\left.\frac{\partial}{\partial x}\left(\left.\frac{\partial u}{\partial y}\right|_{y=1/\pi}\right)\right|_{x=2}$$

$$=\frac{\partial}{\partial x}(-\pi^2xe^{-x}\cos\pi x)\mid_{x=2}=[-\pi^2e^{-x}(1-x)\cos\pi x]\mid_{x=2}+0$$

$$=\frac{\pi^2}{e^2}$$

注：若先求 $\dfrac{\partial u}{\partial x}$，再求 $\dfrac{\partial^2 u}{\partial x\partial y}$，则计算比较繁琐.

例 2 已知 $f(x,y)=x^2\arctan\dfrac{y}{x}-y^2\arctan\dfrac{x}{y}$，求 $\dfrac{\partial^2 f}{\partial x\partial y}$.

解 由题设可得

$$\frac{\partial f}{\partial x}=2x\arctan\frac{y}{x}+\frac{x^2}{1+\left(\frac{y}{x}\right)^2}\cdot\left(-\frac{y}{x^2}\right)-\frac{y^2}{1+\left(\frac{x}{y}\right)^2}\cdot\frac{1}{y}$$

$$=2x\arctan\frac{y}{x}-\frac{x^2y}{x^2+y^2}-\frac{y^3}{x^2+y^2}=2x\arctan\frac{y}{x}-y$$

再对 y 求偏导数即得

$$\frac{\partial^2 f}{\partial x\partial y}=\frac{2x}{1+\left(\frac{y}{x}\right)^2}\cdot\frac{1}{x}-1=\frac{2x^2}{x^2+y^2}-1=\frac{x^2-y^2}{x^2+y^2}$$

【提高练习题】

1. 设 $z=x\ln(xy)$，求 $\dfrac{\partial^2 z}{\partial x^2}$ 与 $\dfrac{\partial^3 z}{\partial x^2\partial y}$.

2. 设 $f(x,y,z)=xy^2+yz^2+zx^2$，求 $f''_{xx}(0,0,1)$，$f''_{yz}(0,-1,0)$，$f'''_{zzx}(2,0,1)$.

提高练习题参考答案：

1. $\dfrac{\partial^2 z}{\partial x^2}=\dfrac{1}{x}$，$\dfrac{\partial^3 z}{\partial x^2 \partial y}=0$　　2. 2,0,0.

7.4　多元复合函数的偏导数

【学习目标】

理解多元复合函数的求导法则，熟练掌握二元函数偏导数的计算.

【知识要点】

1. 二元函数的复合

设

$$u=\varphi(x,y),\ v=\psi(x,y),\ x,y\in D$$
$$z=f(u,v),\ u,v\in D_1$$

其中，D,D_1 为二维平面区域，且 $\{(u,v)\mid u=\varphi(x,y),v=\psi(x,y),(x,y)\in D\}\subset D_1$，则称 $z=f(u,v)=f[\varphi(x,y),\psi(x,y)]$ 为复合函数，u,v 称为函数 f 的中间变量.

注：类似地，二元函数也可与一元函数作如下形式的复合：

$z=f(u)$ 与 $u=\varphi(x,y)$ 复合得二元函数 $z=f[\varphi(x,y)]$；

$z=f(u,v)$ 与 $u=\varphi(x)$，$v=\psi(x)$ 复合得一元函数 $z=f[\varphi(x),\psi(x)]$.

2. 求二元复合函数的偏导数

多元复合函数的构成情况比较复杂，在求偏导数时，要注意以下几点：

(1) 弄清复合关系，哪些是自变量，哪些是中间变量. 为此可先画出变量间的依赖关系图，再求偏导.

(2) 对某个自变量求偏导数时，要经过一切与其有关的中间变量，最后归结到该自变量本身.

例如，$z=f(u,v)$，$u=\varphi(x,y)$，$v=\psi(x,y)$ 的变量关系如图 7.6 所示.

$z=f(u,v)$，$u=\varphi(x)$，$v=\psi(x)$ 的变量关系如图 7.7 所示.

图 7.6　　图 7.7

(3) 对类似于 $f\left(\dfrac{y}{x}\right)$ 这样的函数，应注意 $f(u)$（其中 $u=\dfrac{y}{x}$）是变量 u 的一元

函数,故 $f'\left(\frac{y}{x}\right)$应是函数 $f(u)$对中间变量 u 求导数,而不是偏导数.

(4) 有时为表述清楚,可引进中间变量,再利用复合函数的求导法则求解.例如:对于 $z=f[\varphi(x,y),\psi(x,y)]$,设 $u=\varphi(x,y)$,$v=\psi(x,y)$为中间变量,记 f'_1,f'_2 为外层函数 $z=f(u,v)$对 u,v 的两个偏导数$\frac{\partial f}{\partial u}$,$\frac{\partial f}{\partial v}$,即

$$f'_1=\frac{\partial f(u,v)}{\partial u},\quad f'_2=\frac{\partial f(u,v)}{\partial v}$$

【典型例题选讲——基础篇】

例 1 求下列复合函数的偏导数或导数.

(1) $z=u^2v+uv^2$,其中 $u=x\cos y$,$v=x\sin y$,求$\frac{\partial z}{\partial x}$,$\frac{\partial z}{\partial y}$;

(2) $u=e^{2x}(y+z)$,$y=\sin x$,$z=2\cos x$;

(3) $z=x\arctan(xy)$,$x=t^2$,$y=se^t$.

解 (1) 由题设,变量关系如图 7.8 所示.故

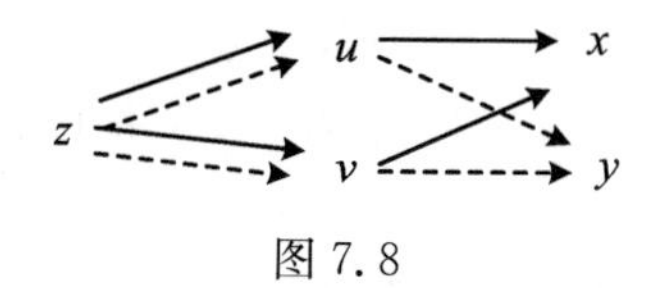

图 7.8

$$\begin{aligned}\frac{\partial z}{\partial x}&=\frac{\partial z}{\partial u}\cdot\frac{\partial u}{\partial x}+\frac{\partial z}{\partial v}\cdot\frac{\partial v}{\partial x}\\&=(2uv+v^2)\cos y+(u^2+2uv)\sin y\\&=(2x^2\sin y\cos y+x^2\sin^2 y)\cos y+(x^2\cos^2 y+2x^2\sin y\cos y)\sin y\\&=3x^2\sin y\cos y(\sin y+\cos y)\end{aligned}$$

$$\begin{aligned}\frac{\partial z}{\partial y}&=\frac{\partial z}{\partial u}\cdot\frac{\partial u}{\partial y}+\frac{\partial z}{\partial v}\cdot\frac{\partial v}{\partial y}=-(2uv+v^2)x\sin y+(u^2+2uv)x\cos y\\&=-(2x^2\sin y\cos y+x^2\sin^2 y)x\sin y+(x^2\cos^2 y+2x^2\sin y\cos y)x\cos y\\&=-x^3(\sin y\cos y+1)(\sin y+\cos y)\end{aligned}$$

(2) 由题设,变量关系如图 7.9 所示.故

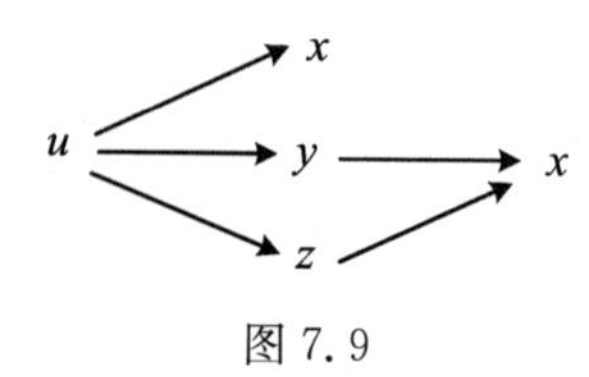

图 7.9

$$
\begin{aligned}
\frac{\mathrm{d}u}{\mathrm{d}x} &= \frac{\partial u}{\partial x}+\frac{\partial u}{\partial y}\cdot\frac{\mathrm{d}y}{\mathrm{d}x}+\frac{\partial u}{\partial z}\cdot\frac{\mathrm{d}z}{\mathrm{d}x} \\
&= 2\mathrm{e}^{2x}(y+z)+\mathrm{e}^{2x}\cos x+\mathrm{e}^{2x}(-2\sin x) \\
&= \mathrm{e}^{2x}(2\sin x+4\cos x+\cos x-2\sin x)=5\mathrm{e}^{2x}\cos x
\end{aligned}
$$

(3) 由题设,变量关系如图 7.10 所示. 故

$$\frac{\partial z}{\partial s}=\frac{\partial z}{\partial y}\cdot\frac{\partial y}{\partial s}=x\cdot\frac{x}{1+(xy)^2}\cdot\mathrm{e}^t=\frac{x^2\mathrm{e}^t}{1+(xy)^2}=\frac{t^4\mathrm{e}^t}{1+s^2t^4\mathrm{e}^{2t}}$$

$$\frac{\partial z}{\partial t}=\frac{\partial z}{\partial x}\cdot\frac{dx}{dt}+\frac{\partial z}{\partial y}\cdot\frac{\partial y}{\partial t}=\left[\arctan(xy)+\frac{xy}{1+(xy)^2}\right](2t)+\frac{x^2}{1+(xy)^2}(s\mathrm{e}^t)$$

$$=2t\left[\arctan(xy)+\frac{xy}{1+(xy)^2}\right]+\frac{x^2s\mathrm{e}^t}{1+(xy)^2}$$

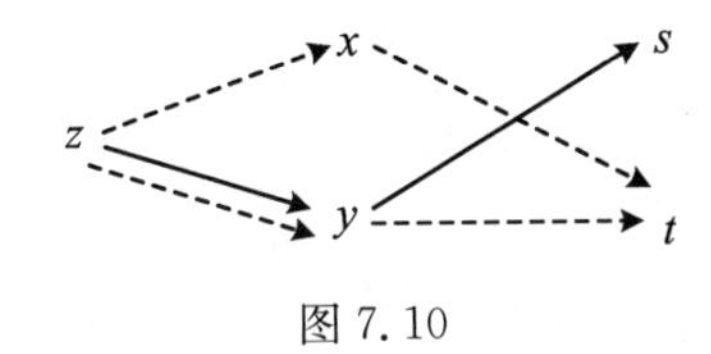

图 7.10

例 2　求复合函数 $u=f\left(\frac{x}{y},\frac{y}{z}\right)$ 的一阶偏导数.

解　$\frac{\partial u}{\partial x}=\frac{1}{y}f_1'$　$\frac{\partial u}{\partial y}=-\frac{x}{y^2}f_1'+\frac{1}{z}f_2'$　$\frac{\partial u}{\partial z}=-\frac{y}{z^2}f_2'$

【基础作业题】

1. 求下列复合函数的偏导数或全导数.

(1) 设 $z=u^2+v^2$, $u=x+y$, $v=x-y$, 求 $\frac{\partial z}{\partial x}$, $\frac{\partial z}{\partial y}$.

(2) 设 $z=\arctan(xy)$, $y=\mathrm{e}^x$, 求 $\frac{\mathrm{d}z}{\mathrm{d}x}$.

(3) 设 $z=\ln(1+x^2+y^2)$，$x=e^{2t}$，$y=\sin t$，求 $\dfrac{dz}{dt}$.

2. 求函数 $z=f(x^2-y^2, e^{xy})$ 的一阶偏导数.

【典型例题选讲——提高篇】

例 1　求复合函数 $z=e^{uv}$，$u=\ln\sqrt{x^2+y^2}$，$v=\arctan\dfrac{y}{x}$ 的偏导数或导数.

解　由题设，变量关系如图 7.11 所示. 故

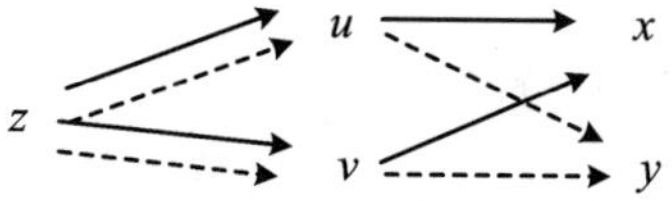

图 7.11

$$\frac{\partial z}{\partial x}=\frac{\partial z}{\partial u}\cdot\frac{\partial u}{\partial x}+\frac{\partial z}{\partial v}\cdot\frac{\partial v}{\partial x}=ve^{uv}\frac{x}{x^2+y^2}+ue^{uv}\left[\frac{1}{1+\left(\frac{y}{x}\right)^2}\right]\left(-\frac{y}{x^2}\right)$$

$$=ve^{uv}\frac{x}{x^2+y^2}-ue^{uv}\frac{y}{x^2+y^2}=\frac{e^{uv}(vx-uy)}{x^2+y^2}$$

$$\frac{\partial z}{\partial y}=\frac{\partial z}{\partial u}\cdot\frac{\partial u}{\partial y}+\frac{\partial z}{\partial v}\cdot\frac{\partial v}{\partial y}=ve^{uv}\frac{y}{x^2+y^2}+ue^{uv}\left[\frac{1}{1+\left(\frac{y}{x}\right)^2}\right]\left(\frac{1}{x}\right)$$

$$=ve^{uv}\frac{y}{x^2+y^2}+ue^{uv}\frac{x}{x^2+y^2}=\frac{e^{uv}(vy+ux)}{x^2+y^2}$$

例 2　求复合函数 $u=f(x,xy,xyz)$ 的一阶偏导数.

解　$\dfrac{\partial u}{\partial x}=f_1'+yf_2'+yzf_3'$，　$\dfrac{\partial u}{\partial y}=xf_2'+xzf_2'$，　$\dfrac{\partial u}{\partial z}=xyf_3'$.

例 3　设 $z=\sin(xy)+\varphi\left(x,\dfrac{x}{y}\right)$，求 $\dfrac{\partial^2 z}{\partial x\partial y}$，其中 $\varphi(u,v)$ 有二阶偏导数.

解　因为 $\dfrac{\partial z}{\partial x}=y\cos(xy)+\varphi_1'+\dfrac{1}{y}\varphi_2'$，所以

$$\frac{\partial^2 z}{\partial x\partial y}=\cos(xy)-xy\sin(xy)+\frac{\partial\varphi_1'}{\partial y}+\frac{1}{y}\frac{\partial\varphi_2'}{\partial y}-\frac{1}{y^2}\varphi_2'$$

$$=\cos(xy)-xy\sin(xy)-\frac{x}{y^2}\varphi''_{12}-\frac{x}{y^3}\varphi''_{22}-\frac{1}{y^2}\varphi_2'$$

【提高练习题】

1. 设 $z=xy+xF(u)$，其中 $F(u)$ 可导，$u=\dfrac{y}{x}$，试证明 $x\dfrac{\partial z}{\partial x}+y\dfrac{\partial z}{\partial y}=z+xy$.

2. 设 $f''(x)$ 连续，$z=\dfrac{1}{x}f(xy)+yf(x+y)$，求 $\dfrac{\partial^2 z}{\partial x\partial y}$.

提高练习题参考答案：

1. 证明略　2. $\dfrac{\partial^2 z}{\partial x\partial y}=f'(x+y)+y[f''(xy)+f''(x+y)]$

7.5　二元函数的极值与最值问题

【学习目标】

理解极值和条件极值的概念，掌握二元函数的无条件极值和条件极值的计算.

【知识要点】

1. 多元函数的极值

函数 $f(x,y)$ 在点 (x_0,y_0) 的某个邻域内有定义，若对该邻域内任一点 (x,y)，都有 $f(x,y)\leqslant f(x_0,y_0)$（或 $f(x,y)\geqslant f(x_0,y_0)$），则称 $f(x,y)$ 在 (x_0,y_0) 处取得极大值（或极小值），点 (x_0,y_0) 称为极大值点（或极小值点）.

极大值、极小值统称为极值；极大值点与极小值点统称为极值点.

注 1：类似于一元函数，极值点必须是定义域内部的点. 对于定义域为闭区域的函数而言，边界点不可能成为极值点.

注 2：极值点反映的是函数的局部性质. 因此，极值点与极值都可能不唯一.

注 3：若二元函数 $f(x,y)$ 在点 $P_0(x_0,y_0)$ 处取得极值，则一元函数 $\varphi(x)=f(x,y_0)$ 及 $\psi(y)=f(x_0,y)$ 分别在 $x=x_0$ 和 $y=y_0$ 处也取得极值，但反之不成立.

定理（极值存在的必要条件）　设函数 $z=f(x,y)$ 在点 (x_0,y_0) 的某个邻域内有定义，且有一阶偏导数. 若 (x_0,y_0) 是极值点，则必有

$$f'_x(x_0,y_0)=0,\quad f'_y(x_0,y_0)=0$$

定理(极值存在的充分条件) 设函数 $z=f(x,y)$ 在点 (x_0,y_0) 的某个邻域内有二阶连续偏导数,且 $f'_x(x_0,y_0)=0$,$f'_y(x_0,y_0)=0$,即 (x_0,y_0) 是驻点. 令

$$A=f''_{xx}(x_0,y_0),\quad B=f''_{xy}(x_0,y_0),\quad C=f''_{yy}(x_0,y_0)$$

则 $z=f(x,y)$ 在 (x_0,y_0) 处是否取得极值的条件如下:

(1) 当 $AC-B^2>0$ 时,函数在点 (x_0,y_0) 具有极值. 且当 $A<0$ 时,$f(x_0,y_0)$ 是极大值;若 $A>0$ 时,$f(x_0,y_0)$ 是极小值;

(2) 当 $AC-B^2<0$ 时,函数在点 (x_0,y_0) 无极值;

(3) 当 $AC-B^2=0$ 时,可能有极值也可能没有极值,还需另作讨论.

2. 条件极值

方法 1 一般情况下,函数 $z=f(x,y)$ 在条件 $\varphi(x,y)=0$ 下的极值可以通过 $\varphi(x,y)=0$ 解出 $y=g(x)$,再代入到 $f(x,y)$ 中,从而转化为一元函数 $f[x,g(x)]$ 的无条件极值.

方法 2 拉格朗日乘数法. 具体步骤如下:

(1) 构造拉格朗日函数 $F(x,y,\lambda)=f(x,y)+\lambda\varphi(x,y)$;

(2) 求三元函数 $F(x,y,\lambda)$ 的驻点,即列方程组

$$\begin{cases}F'_x=f'_x(x,y)+\lambda\varphi'_x(x,y)=0\\F'_y=f'_y(x,y)+\lambda\varphi'_y(x,y)=0\\F'_\lambda=\varphi(x,y)=0\end{cases}$$

(3) 求出上述方程组的解 x,y,λ,那么驻点 (x,y) 有可能是极值点;至于判别求出的点 (x,y) 是否是极值点,在实际问题中往往可根据问题本身的性质或者实际意义来确定答案.

3. 极值、最值的计算及其应用

对于可导函数而言,两个偏导数等于零仅仅是极值点存在的必要条件,而非充分条件. 一般地,驻点和偏导数不存在的点只是取极值的可疑点. 所以应找出这些可疑点,然后视具体情况确定其是否为极值点.

求函数最值的一般方法,先求出函数 $f(x,y)$ 的所有驻点、偏导数不存在的点以及区域的边界点上的函数值,比较这些值的大小,其中最大者(或最小者)即为函数 $f(x,y)$ 在这个区域上的最大值(或最小值).

而实际问题中,往往可以结合问题的性质,判断函数的最大值(或最小值)一定在有界闭区域 D 的内部取得,而函数在 D 内又只有一个驻点,则可断定该驻点处的函数值就是函数在 D 上的最大值(或最小值).

【典型例题选讲——基础篇】

例 1 求函数 $f(x,y)=(6x-x^2)(4y-y^2)$ 的极值.

解　因为 $f'_x(x,y)=(6-2x)(4y-y^2)$，$f'_y(x,y)=(6x-x^2)(4-2y)$.
令 $f'_x(x,y)=0$，$f'_y(x,y)=0$，可得五个驻点$(3,2)$，$(0,4)$，$(0,0)$，$(6,4)$，$(6,0)$.

$A=f''_{xx}(x,y)=-2(4y-y^2)\qquad B=f''_{xy}(x,y)=(6-2x)(4-2y)$

$C=f''_{yy}(x,y)=-2(6x-x^2)$

因为 $AC-B^2|_{(3,2)}=(-8)(-18)-0^2>0$，且 $A(3,2)=-8<0$，故 $f(x,y)$在点$(3,2)$处取极大值，且 $f(3,2)=36$. 而

$$AC-B^2\ |_{(0,4)}=AC-B^2\ |_{(6,0)}=-(-24)^2<0$$

$$AC-B^2\ |_{(0,0)}=AC-B^2\ |_{(6,4)}=-24^2<0$$

则 $f(x,y)$在$(0,4)$，$(0,0)$，$(6,4)$，$(6,0)$处取不到极值.

例 2　求椭圆$\dfrac{x^2}{a^2}+\dfrac{y^2}{b^2}=1$内接矩形的最大面积.

解　设 $P(x,y)$为椭圆$\dfrac{x^2}{a^2}+\dfrac{y^2}{b^2}=1$内接矩形的一个顶点，由于对称性，不妨设 $0\leqslant x\leqslant a$，$0\leqslant y\leqslant b$，则所得矩形的面积为 $S(x)=4xy$.

问题转化为求函数 $S(x)=4xy$，$0\leqslant x\leqslant a$，$0\leqslant y\leqslant b$，在条件$\dfrac{x^2}{a^2}+\dfrac{y^2}{b^2}=1$下的最大值. 构造 Lagrange 函数

$$L(x,y,\lambda)=4xy+\lambda\left(\frac{x^2}{a^2}+\frac{y^2}{b^2}-1\right)$$

令　$L_x=4y+\dfrac{2\lambda x}{a^2}=0$，$L_y=4x+\dfrac{2\lambda y}{b^2}=0$，$L_\lambda=\dfrac{x^2}{a^2}+\dfrac{y^2}{b^2}-1=0$，解得

$$x=\frac{\sqrt{2}}{2}a,\quad y=\frac{\sqrt{2}}{2}b;\quad S\left(\frac{\sqrt{2}}{2}a,\frac{\sqrt{2}}{2}b\right)=2ab$$

由实际意义可知其一定存在最大值，又因为 $S(x)$在边界上取值都为零，故所求最大值为 $S\left(\dfrac{\sqrt{2}}{2}a,\dfrac{\sqrt{2}}{2}b\right)=2ab$. 即椭圆$\dfrac{x^2}{a^2}+\dfrac{y^2}{b^2}=1$内接矩形的最大面积为 $2ab$.

例 3　某厂家生产的一种产品同时在两个市场销售，售价分别为 p_1 和 p_2，销售量分别为 q_1 和 q_2，需求函数分别为 $q_1=24-0.2p_1$ 和 $q_2=10-0.05p_2$，总成本函数为 $C=35+40(q_1+q_2)$. 试问：厂家如何确定两个市场的售价，能使其获得的总利润最大？最大总利润为多少？

解 1　总收入函数为　　$R=p_1q_1+p_2q_2=24p_1-0.2p_1^2+10p_2-0.05p_2^2$
总利润函数为

$$\begin{aligned}L=R-C&=(p_1q_1+p_2q_2)-[35+40(q_1+q_2)]\\&=32p_1-0.2p_1^2+12p_2-0.05p_2^2-1395\end{aligned}$$

由极值存在的必要条件，得方程组

$$\begin{cases}\dfrac{\partial L}{\partial p_1}=32-0.4p_1=0\\[2mm]\dfrac{\partial L}{\partial p_2}=12-0.1p_2=0\end{cases}\Rightarrow\begin{cases}p_1=80\\p_2=120\end{cases}$$

因驻点唯一,且由问题的实际意义可知必有最大利润. 故当 $p_1=80, p_2=120$ 时,厂家所获得的总利润最大,其最大总利润为

$$L\big|_{p_1=80,p_2=120}=605$$

解 2　两个市场的价格函数分别为 $p_1=120-5q_1$ 和 $p_2=200-20q_2$,总收入函数为

$$R=p_1q_1+p_2q_2=(120-5q_1)q_1+(200-20q_2)q_2$$

总利润函数为

$$\begin{aligned}L&=R-C=(120-5q_1)q_1+(200-20q_2)q_2-[35+40(q_1+q_2)]\\&=80q_1-5q_1^2+160q_2-20q_2^2-35\end{aligned}$$

由极值存在的必要条件,得方程组

$$\begin{cases}\dfrac{\partial L}{\partial q_1}=80-10q_1=0\\[2mm]\dfrac{\partial L}{\partial q_2}=160-40q_2=0\end{cases}\Rightarrow\begin{cases}q_1=8\\q_2=4\end{cases}$$

因驻点唯一,且由问题的实际意义知必有最大利润. 故当 $q_1=8, q_2=4$,即 $p_1=80$, $p_2=120$ 时,厂家获得的总利润最大,其最大利润为

$$L\big|_{q_1=8,q_2=4}=605$$

【基础作业题】

1. 求函数 $f(x,y)=x^2+y^2-4(x-y)$ 的极值.

2. 求函数 $f(x,y)=e^x(x+y^2+2y)$ 的极值.

3. 某厂为促销产品需作两种手段的产品宣传，当广告费用分别为 x, y 时，销售量 $Q=\frac{200x}{x+5}+\frac{100y}{y+10}$，若销售产品所得的利润 $L=\frac{1}{5}Q-(x+y)$，两种手段的广告费共 25 万元，问如何分配两种手段的广告费才能使利润最大?

【典型例题选讲——提高篇】

例 1　求函数 $f(x,y)=x^2-y^2$ 在条件 $x^2+y^2\leqslant 4$ 下的最值.

解　由题设可知，在 $x^2+y^2<4$ 内，$f'_x(x,y)=2x$，$f'_y(x,y)=-2y$；令 $f'_x(x,y)=0$，$f'_y(x,y)=0$，得驻点 $(0,0)$，$f(0,0)=0$.

再考虑 $f(x,y)$ 在边界 $x^2+y^2=4$ 上的取值，在圆周 $x^2+y^2=4$ 上，$f(x,y)=2x^2-4$，$-2\leqslant x\leqslant 2$，由此可知，在圆周 $x^2+y^2=4$ 上，$f(x,y)$ 于点 $(\pm 2,0)$ 处取最大值 $f(\pm 2,0)=4$，于点 $(0,\pm 2)$ 处取最小值 $f(0,\pm 2)=-4$.

综上所述，$f(x,y)$ 在 $x^2+y^2\leqslant 4$ 内，于点 $(\pm 2,0)$ 处取最大值 $f(\pm 2,0)=4$，于点 $(0,\pm 2)$ 处取最小值 $f(0,\pm 2)=-4$.

例 2　假设某企业在两个相互分割的市场上出售同一种产品，两个市场的需求函数分别为 $p_1=18-2Q_1$，$p_2=12-Q_2$，其中 p_1 和 p_2 分别表示该产品在两个市场的价格(单位:万元 / 吨)，Q_1 和 Q_2 分别表示该产品在两个市场的销售量(即需求量，单位:吨)，并且该企业生产这种产品的总成本函数是 $C=2Q+5$，其中 Q 表示该产品在两个市场的销售总量，即 $Q=Q_1+Q_2$.

(1) 如果该企业实行价格差别策略，试确定两个市场上该产品的销售量和价格，使该企业获得最大利润；

(2) 如果该企业实行价格无差别策略，试确定两个市场上该产品的销售量及其统一价格，使该企业的总利润最大化，并比较两种价格策略的总利润大小.

解　(1) 由题意知，总利润函数为

$$L=R-C=p_1Q_1+p_2Q_2-(2Q+5)=-2Q_1^2-Q_2^2+16Q_1+10Q_2-5$$

令

$$\begin{cases} \dfrac{\partial L}{\partial Q_1} = -4Q_1 + 16 = 0 \\ \dfrac{\partial L}{\partial Q_2} = -2Q_2 + 10 = 0 \end{cases}$$

得唯一驻点 $Q_1=4,Q_2=5$. 对应的价格分别为 $p_1=10$(万元/吨),$p_2=7$(万元/吨).因驻点唯一,且实际问题一定存在最大值,故最大值必在驻点处达到. 最大利润为

$$L = -2\times 4^2 - 5^2 + 16\times 4 + 10\times 5 - 5 = 52 \text{ (万元)}$$

(2) 若实行价格无差别策略,即 $p_1=p_2$,于是有约束条件 $2Q_1-Q_2=6$. 构造拉格朗日函数

$$L(Q_1,Q_2,\lambda) = -2Q_1^2 - Q_2^2 + 16Q_1 + 10Q_2 - 5 + \lambda(2Q_1 - Q_2 - 6)$$

令

$$\begin{cases} \dfrac{\partial L}{\partial Q_1} = -4Q_1 + 16 + 2\lambda = 0 \\ \dfrac{\partial L}{\partial Q_2} = -2Q_2 + 10 - \lambda = 0 \\ \dfrac{\partial L}{\partial \lambda} = 2Q_1 - Q_2 - 6 = 0 \end{cases}$$

得唯一驻点 $Q_1=5,Q_2=4,\lambda=2$. 对应的统一价格为 $p_1=p_2=8$(万元/吨). 因驻点唯一,且实际问题一定存在最大利润,故最大利润必在驻点处达到. 最大利润为

$$L = -2\times 5^2 - 4^2 + 16\times 5 + 10\times 4 - 5 = 49 \text{ (万元)}$$

由以上结果可知,企业实行差别定价所得最大总利润要大于统一定价时的最大总利润.

【提高练习题】

设生产某种产品必须投入两种要素,x_1 和 x_2 分别为两要素的投入量,Q 为产出量. 若生产函数为 $Q=2x_1^{\alpha}x_2^{\beta}$,其中 α,β 为正常数,且 $\alpha+\beta=1$. 假设两要素的价格分别为 p_1 和 p_2. 试问当产出量为 12 时,两要素各投入多少可以使得投入总费用最小?

提高练习题参考答案:

$x_1=6\left(\dfrac{p_2\alpha}{p_1\beta}\right)^{\beta}$, $x_2=6\left(\dfrac{p_1\beta}{p_2\alpha}\right)^{\alpha}$

提示:由题意,需求在产出量 $2x_1^{\alpha}x_2^{\beta}=12$ 的条件下,总费用 $p_1x_1+p_2x_2$ 的最小值. 构造拉格朗日函数 $L(x_1,x_2,\lambda)=p_1x_1+p_2x_2+\lambda(12-2x_1^{\alpha}x_2^{\beta})$.

7.6 二重积分

【学习目标】

理解二重积分的概念和性质，了解二重积分的几何意义. 熟练掌握二重积分的计算和二重积分在几何学上的应用(计算一些简单的几何图形的面积或体积).

【知识要点】

1. 二重积分定义

经过“分割→近似→求和→取极限”四个步骤，得到二重积分定义：

$$\iint_D f(x,y)\mathrm{d}\sigma = \lim_{\lambda\to 0}\sum_{i=1}^{n} f(\xi_i,\eta_i)\Delta\sigma_i$$

定义中右端的和式极限值与区域的分割，(ξ_i,η_i)的选取无关，即对于有界闭区域 D 的任意分割和任意取点(ξ_i,η_i)，和式极限都存在且相等. 因此，当已知 $f(x,y)$在闭区域 D 上可积时，在直角坐标系下，为方便计算重积分的值，常用平行于 x 轴和 y 轴的两组平行线来分割区域D，此时 $\Delta\sigma_k = \Delta x_i\Delta y_j$，即 $\mathrm{d}\sigma = \mathrm{d}x\mathrm{d}y$，于是二重积分在直角坐标系下可记为$\iint_D f(x,y)\mathrm{d}x\mathrm{d}y$，即$\iint_D f(x,y)\mathrm{d}\sigma = \iint_D f(x,y)\mathrm{d}x\mathrm{d}y$.

2. 二重积分的几何意义

当 $f(x,y)\geqslant 0$ 时，$\iint_D f(x,y)\mathrm{d}\sigma$ 表示以曲面 $z=f(x,y)$ 为顶，以 D 为底的曲顶柱体的体积(如图 7.13).

当 $f(x,y)\leqslant 0$ 时，$\iint_D f(x,y)\mathrm{d}\sigma$ 表示相应曲顶柱体体积的相反数.

特别地，当 $f(x,y)\equiv 1$ 时，二重积分$\iint_D \mathrm{d}\sigma$数值上就是区域 D 的面积.

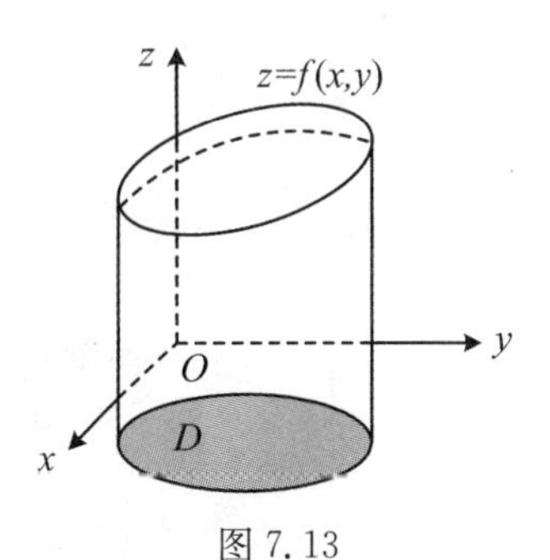

图 7.13

3. 二重积分的性质

(1) 线性性：

$$\iint_D [\alpha f(x,y)+\beta g(x,y)]\mathrm{d}x\mathrm{d}y = \alpha\iint_D f(x,y)\mathrm{d}x\mathrm{d}y + \beta\iint_D g(x,y)\mathrm{d}x\mathrm{d}y$$

(2) 区域可加性：若 D 分为两个没有公共内点的闭区域 D_1 和 D_2，则

$$\iint_D f(x,y)\mathrm{d}x\mathrm{d}y = \iint_{D_1} f(x,y)\mathrm{d}x\mathrm{d}y + \iint_{D_2} f(x,y)\mathrm{d}x\mathrm{d}y$$

(3) 若 $f(x,y)\leqslant g(x,y)$，则 $\iint_D f(x,y)\mathrm{d}x\mathrm{d}y\leqslant\iint_D g(x,y)\mathrm{d}x\mathrm{d}y$.

推论 1　若 $f(x,y)\geqslant 0$,则 $\iint_D f(x,y)\mathrm{d}x\mathrm{d}y\geqslant 0$.

推论 2　$\left|\iint_D f(x,y)\mathrm{d}x\mathrm{d}y\right|\leqslant\iint_D |f(x,y)|\mathrm{d}x\mathrm{d}y$.

推论 3(二重积分估值定理)　若 M,m 分别为 $f(x,y)$ 在区域 D 上的最大值和最小值,则有　$m\sigma\leqslant\iint_D f(x,y)\mathrm{d}x\mathrm{d}y\leqslant M\sigma$,其中 σ 为 D 的面积.

(4) 二重积分的中值定理:若函数 $f(x,y)$ 在有界闭区域 D 上连续,则至少存在一点 $(\xi,\eta)\in D$,使得 $\iint_D f(x,y)\mathrm{d}x\mathrm{d}y=f(\xi,\eta)\cdot\sigma$, 其中 σ 为 D 的面积.

4. 直角坐标系下二重积分的计算

计算二重积分的基本方法是化为累次积分,其关键是确定积分次序和积分限.

确定积分限时,应注意:

(1) 每层积分的下限都应小于上限;

(2) 外层积分限必须是常数.

确定积分次序时应遵循的原则有:

(1) 内层积分能够求出的原则.

例如:$f(x,y)=g(x)\mathrm{e}^{y^2}$,因为 e^{y^2} 的原函数无法用初等函数表示,所以一定是先对 x 积分,后对 y 积分.

(2) 区域原则.

若积分区域为 X—型区域(即用平行于 y 轴的直线穿过区域 D,它与 D 的边界曲线相交最多为两个点),如图 7.14 所示,应先对 y 积分,后对 x 积分.

若积分区域为 Y—型区域(即用平行于 x 轴的直线穿过区域 D,它与 D 的边界曲线相交最多为两个点),如图 7.15 所示,应先对 x 积分,后对 y 积分.

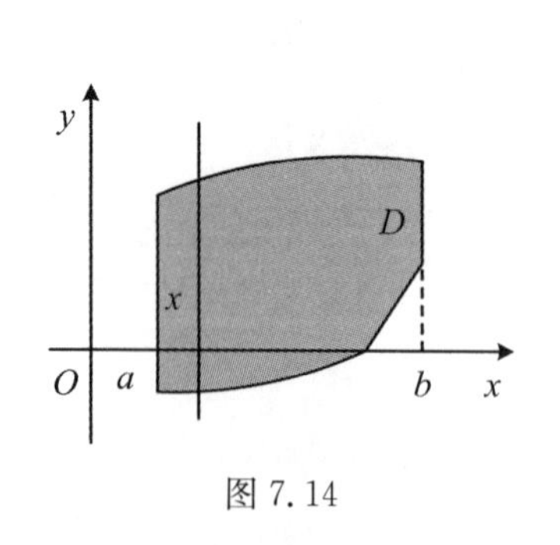

图 7.14

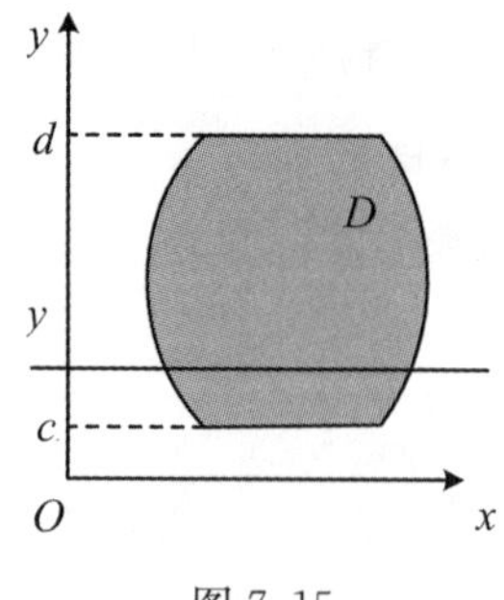

图 7.15

若积分区域既为 X—型区域,又为 Y—型区域,先对 x 积分或先对 y 积分均可以,在这种情况下,先对哪个变量积分简单,就应采用该积分顺序.

(3) 少分块原则.

在满足函数原则的前提下,要使分块最少. 从而计算最简单.

5. 二重积分的几何应用

由二重积分的几何意义,利用$\iint_D f(x,y)\mathrm{d}\sigma$可求出以$z=f(x,y)$为顶,以$D$为底的曲顶柱体的体积,我们将此结论推广到两头都是曲面的柱体体积,具体如下:

画出草图,将立体向xOy平面投影得积分区域D,设想区域D内垂直于xOy平面的直线从下往上穿过立体,若从曲面$z=f_1(x,y)$穿入立体,从曲面$z=f_2(x,y)$穿出,则所求立体体积为$\iint_D[f_2(x,y)-f_1(x,y)]\mathrm{d}x\mathrm{d}y$,注意若曲面$z=f_1(x,y)$与$z=f_2(x,y)$的解析式不一致时,需要对积分区域$D$进行划分再确定被积函数.

【典型例题选讲——基础篇】

例 1　根据二重积分的性质,比较二重积分$\iint_D(x+y)\mathrm{d}\sigma$ 与$\iint_D(x+y)^2\mathrm{d}\sigma$的大小,其中$D$是顶点为$(1,0)$,$(0,1)$,$(0,2)$的三角形区域.

解　如图 7.16 所示,对于任意的点$(x,y)\in D$,都有$x+y\geqslant 1$,故$(x+y)^2\geqslant x+y$,且等号仅在线段AB上才成立,由二重积分性质知

$$\iint_D(x+y)^2 d\sigma\geqslant\iint_D(x+y)\mathrm{d}\sigma$$

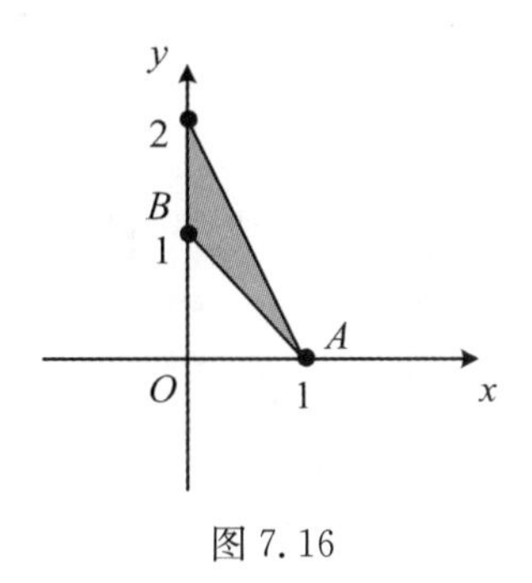

图 7.16

例 2　设
$$I_1=\iint_D\cos\sqrt{x^2+y^2}\mathrm{d}\sigma$$
$$I_2=\iint_D\cos(x^2+y^2)\mathrm{d}\sigma$$
$$I_3=\iint_D\cos(x^2+y^2)^2 d\sigma$$

其中,$D=\{(x,y)\mid x^2+y^2\leqslant 1\}$,则(　　).

A. $I_3>I_2>I_1$　B. $I_1>I_2>I_3$　C. $I_2>I_1>I_3$　D. $I_3>I_1>I_2$

解　在积分区域$D=\{(x,y)\mid x^2+y^2\leqslant 1\}$上有

$$0\leqslant(x^2+y^2)^2\leqslant x^2+y^2\leqslant\sqrt{x^2+y^2}\leqslant 1$$

则
$$\cos(x^2+y^2)^2\geqslant\cos(x^2+y^2)\geqslant\cos\sqrt{x^2+y^2}$$

且等号仅在区域D的边界上$\{(x,y)\mid x^2+y^2=1\}$上才成立. 由被积函数都连续及二重积分保不等式性知 ,$I_3>I_2>I_1$,故应选 A.

直角坐标系下化二重积分为累次积分(二次积分).

化二重积分为二次积分的关键在于确定二次积分的上、下限. 确定积分限通常用穿线法,若先对y后对x积分,则将积分区域投影在x轴上,可得x的变化范围.

再过固定的 x 点作一平行于 y 轴的直线从下向上穿过区域 D，则可得到 y 的变化范围. 从而可将积分区域 D 用不等式组表示出来，这种确定上、下限的方法比较直观.

二重积分化为累次积分，一般来说，内层积分的上、下限是外层积分变量的函数或者常数，而外层积分的上、下限一定是常数.

例 3　化二重积分 $\iint_D f(x,y)\mathrm{d}x\mathrm{d}y$ 为累次积分，其中 D 为：

(1) 由直线 $2x+3y=6$，x 轴和 y 轴所围成的闭区域；

(2) 由 $y=0$ 及 $y=\sin x(0\leqslant x\leqslant \pi)$ 所围成的闭区域.

解　(1) 如图 7.17 所示，若先对 y 积分，再对 x 积分，则将区域 D 向 x 轴投影，得 x 轴上的区间 $[0,3]$，于是变量 x 满足 $0\leqslant x\leqslant 3$，过区间 $[0,3]$ 上任一点 x 作平行于 y 轴的直线从下向上穿过区域 D，穿入 D 时碰到的边界曲线为 $y=0$，穿出 D 时离开的边界曲线是 $y=-\frac{2}{3}x+2$. 从而变量 y 满足 $0\leqslant y\leqslant -\frac{2}{3}x+2$，于是积分区域 D 可表示为

$$D: 0\leqslant x\leqslant 3,\quad 0\leqslant y\leqslant -\frac{2}{3}x+2$$

于是

$$\iint_D f(x,y)\mathrm{d}x\mathrm{d}y=\int_0^3\mathrm{d}x\int_0^{2-\frac{2}{3}x}f(x,y)\mathrm{d}y$$

同理可得

$$\iint_D f(x,y)\mathrm{d}x\mathrm{d}y=\int_0^2\mathrm{d}y\int_0^{3-\frac{3}{2}y}f(x,y)\mathrm{d}x$$

(2) 如图 7.18 所示，易知

$$\iint_D f(x,y)\mathrm{d}x\mathrm{d}y=\int_0^{\pi}\mathrm{d}x\int_0^{\sin x}f(x,y)\mathrm{d}y$$

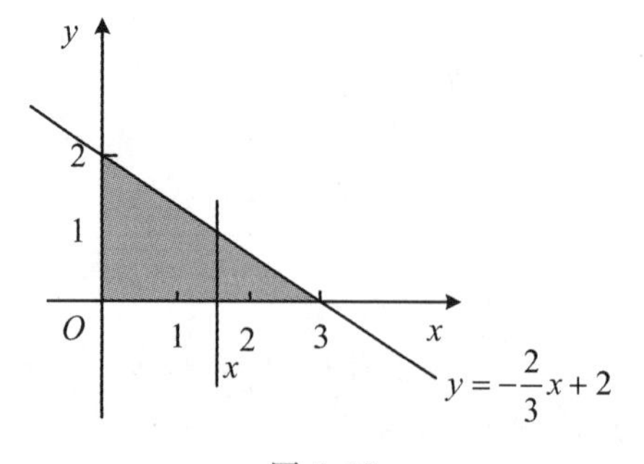

图 7.17

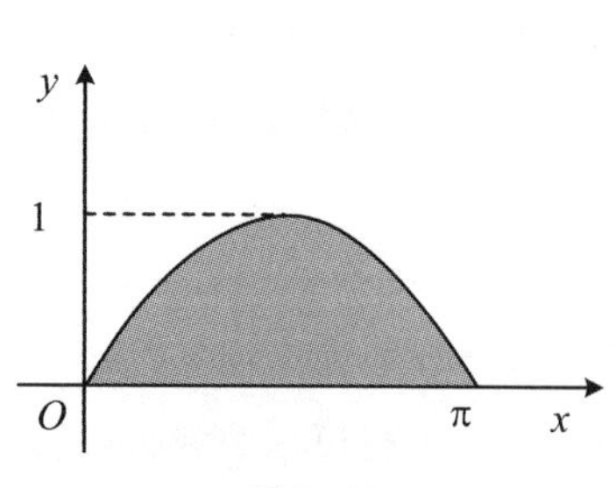

图 7.18

交换累次积分的次序步骤：

(1) 由所给的累次积分的上、下限写出表示积分区域 D 的不等式组；

(2) 依据不等式组画出积分区域 D 的草图;

(3) 用穿线法确定新次序的上、下限.

例 4　交换下列累次积分的次序.

(1) $\int_0^1 \mathrm{d}x \int_{2x}^2 f(x,y)\mathrm{d}y$　(2) $\int_0^{1/2} \mathrm{d}y \int_0^y f(x,y)\mathrm{d}x + \int_{1/2}^1 \mathrm{d}y \int_0^{1-y} f(x,y)\mathrm{d}x$

解　(1) 如图 7.19(a) 所示,积分区域为 $D:\begin{cases}0\leqslant x\leqslant 1\\ 2x\leqslant y\leqslant 2\end{cases}$,可改写为 $D:\begin{cases}0\leqslant y\leqslant 2\\ 0\leqslant x\leqslant y/2\end{cases}$,于是交换积分次序得

$$\int_0^1 \mathrm{d}x \int_{2x}^2 f(x,y)\mathrm{d}y = \int_0^2 \mathrm{d}y \int_0^{y/2} f(x,y)\mathrm{d}x$$

(2) 如图 7.19(b) 所示,积分区域为 $D_1:\begin{cases}0\leqslant y\leqslant 1/2\\ 0\leqslant x\leqslant y\end{cases}$ 与 $D_2:\begin{cases}1/2\leqslant y\leqslant 1\\ 0\leqslant x\leqslant 1-y\end{cases}$ 的并,可改写为 $D:\begin{cases}0\leqslant x\leqslant 1/2\\ x\leqslant y\leqslant 1-x\end{cases}$,于是交换积分次序得

$$\int_0^{1/2} \mathrm{d}y \int_0^y f(x,y)\mathrm{d}x + \int_{1/2}^1 \mathrm{d}y \int_0^{1-y} f(x,y)\mathrm{d}x = \int_0^{1/2} \mathrm{d}x \int_x^{1-x} f(x,y)\mathrm{d}y$$

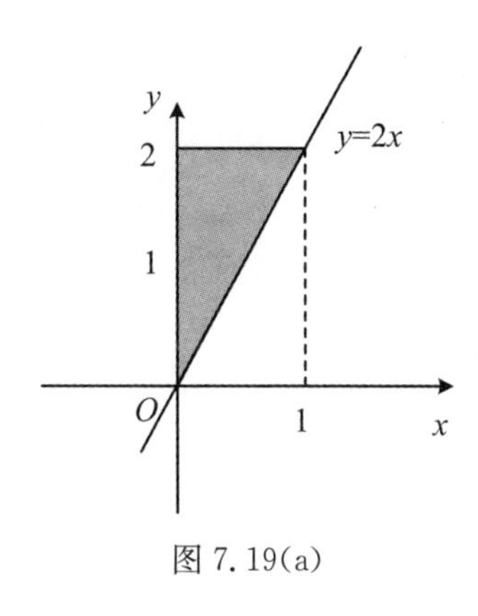

图 7.19(a)

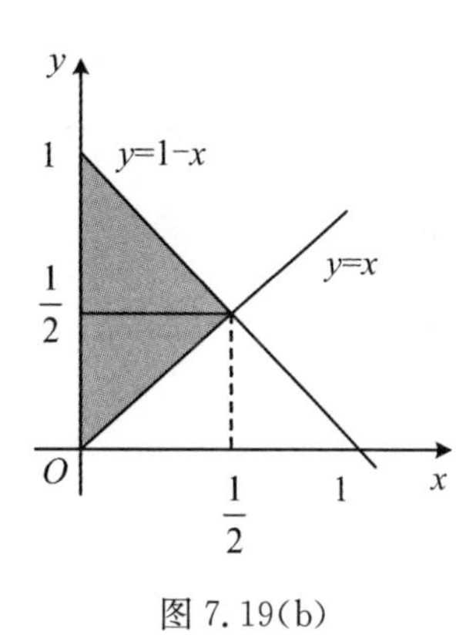

图 7.19(b)

例 5　计算二重积分:

$\iint_D y\mathrm{e}^x \mathrm{d}x\mathrm{d}y$,$D$ 是顶点分别为(0,0),(2,4),(6,0) 的三角形区域.

解　如图 7.20 所示,D 可写成 $D_1:\begin{cases}0\leqslant x\leqslant 2\\ 0\leqslant y\leqslant 2x\end{cases}$ 与 $D_2:\begin{cases}2\leqslant x\leqslant 6\\ 0\leqslant y\leqslant 6-x\end{cases}$,于是

$$\begin{aligned}\iint_D y\mathrm{e}^x \mathrm{d}x\mathrm{d}y &= \int_0^2 \mathrm{d}x \int_0^{2x} y\mathrm{e}^x \mathrm{d}y + \int_2^6 \mathrm{d}x \int_0^{6-x} y\mathrm{e}^x \mathrm{d}y \\ &= \int_0^2 \mathrm{e}^x \left(\frac{1}{2}y^2 \Big|_{y=0}^{y=2x}\right)\mathrm{d}x + \int_2^6 \mathrm{e}^x \left(\frac{1}{2}y^2 \Big|_{y=0}^{y=6-x}\right)\mathrm{d}x\end{aligned}$$

$$= 2\int_0^2 x^2 e^x dx + \frac{1}{2}\int_2^6 (6-x)^2 e^x dx$$
$$= e^6 - 9e^2 - 4$$

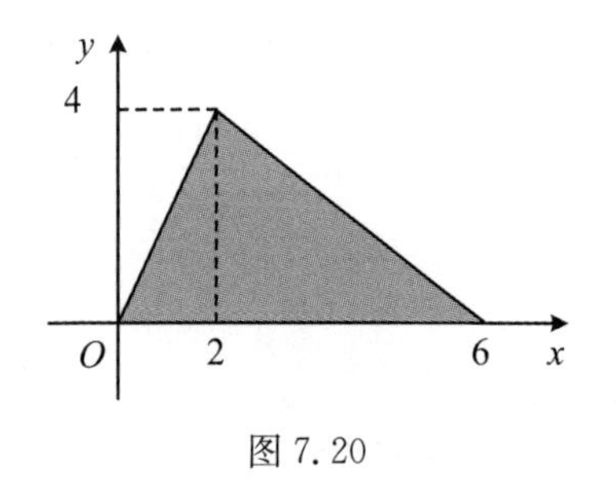

图 7.20

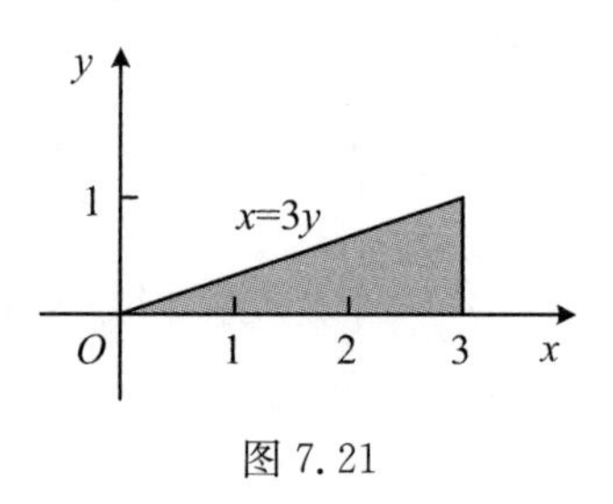

图 7.21

例 6　交换积分次序并计算二重积分$\int_0^1 dy\int_{3y}^3 e^{x^2} dx$.

解　如图 7.21 所示,积分区域 D:$\begin{cases}0\leqslant y\leqslant 1\\3y\leqslant x\leqslant 3\end{cases}$ 可以改写成 D:$\begin{cases}0\leqslant x\leqslant 3\\0\leqslant y\leqslant x/3\end{cases}$,故

$$\int_0^1 dy\int_{3y}^3 e^{x^2} dx = \int_0^3 dx\int_0^{x/3} e^{-x^2} dy = \int_0^3 [(ye^{x^2})\ |_{y=0}^{y=x/3}] dx$$
$$= \frac{1}{3}\int_0^3 xe^{x^2} dx = \frac{1}{6}e^{x^2}\ |_0^3 = \frac{1}{6}(e^9 - 1)$$

【基础作业题】

1. 根据二重积分的性质,比较下列积分的大小.

(1) $\iint_D (x+y)^2 d\sigma$ 与 $\iint_D (x+y)^3 d\sigma$,其中,区域 D 是由 x 轴、y 轴及直线 $x+y=1$ 围成.

(2) $\iint_D \ln(x+y)\mathrm{d}\sigma$ 与 $\iint_D [\ln(x+y)]^2\mathrm{d}\sigma$，其中积分区域 D 是三角形区域，三顶点分别为 $(1,0)$，$(1,1)$，$(2,0)$.

2. 设区域 $D=\{(x,y)\mid 0\leqslant x\leqslant 1,0\leqslant y\leqslant 2\}$，利用二重积分的性质，估计积分 $I=\iint_D (x+y+1)\mathrm{d}\sigma$ 的值.

3. 画出积分区域，并计算下列二重积分.

(1) $\iint_D xy\mathrm{d}\sigma$，其中积分区域 D 是由 $y=x^2$ 和 $y^2=x$ 所围成的闭区域.

(2) $\iint_D (2x+3y)\mathrm{d}\sigma$,其中积分区域$D$是由两坐标轴及直线$x+y=2$所围成的闭区域.

4. 改变下列二次积分的顺序.

(1) $\int_0^2 \mathrm{d}y \int_{y^2}^{2y} f(x,y)\mathrm{d}x$　　　　(2) $\int_1^e \mathrm{d}x \int_0^{\ln x} f(x,y)\mathrm{d}y$

【典型例题选讲——提高篇】

例1　按两种不同的次序化二重积分$\iint_D f(x,y)\mathrm{d}x\mathrm{d}y$为累次积分,其中积分区域$D$是由曲线$y=x^3$与直线$y=1,x=-1$所围成的闭区域(见图7.22).

解　若先对x积分,再对y积分,则区域D:

$$-1\leqslant y\leqslant 1,\quad -1\leqslant x\leqslant \sqrt[3]{y}$$

于是

$$\iint_D f(x,y)\mathrm{d}x\mathrm{d}y=\int_{-1}^{1}\mathrm{d}y\int_{-1}^{\sqrt[3]{y}} f(x,y)\mathrm{d}x$$

若先对y积分,再对x积分,则区域D:

$$-1\leqslant x\leqslant 1,\quad x^3\leqslant y\leqslant 1$$

于是

$$\iint_D f(x,y)\mathrm{d}x\mathrm{d}y=\int_{-1}^{1}\mathrm{d}x\int_{x^3}^{1}f(x,y)\mathrm{d}y$$

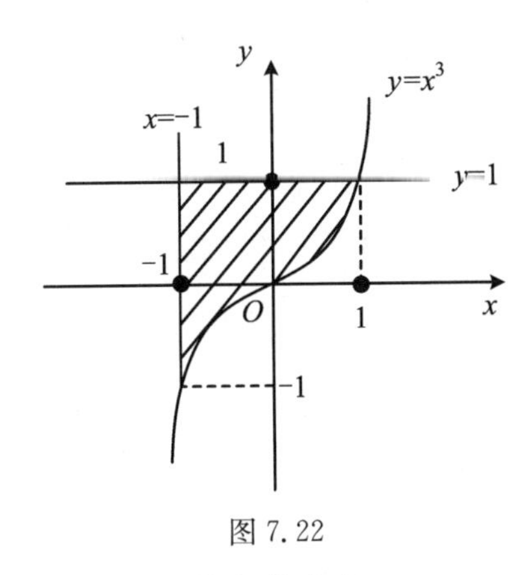

图 7.22

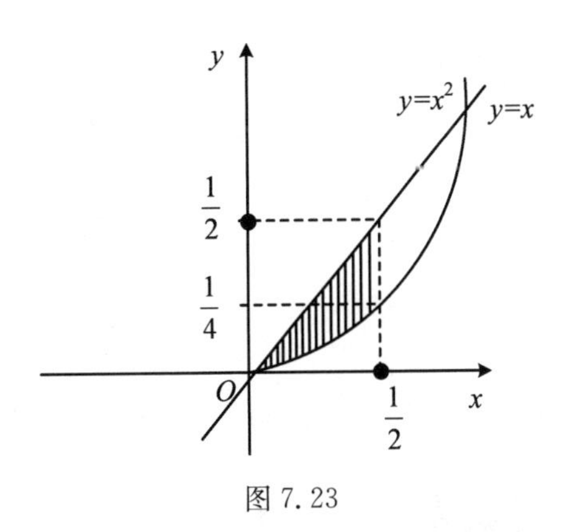

图 7.23

例 2　交换积分次序：

$$\int_0^{1/4}\mathrm{d}y\int_y^{\sqrt{y}}f(x,y)\mathrm{d}x+\int_{1/4}^{1/2}\mathrm{d}y\int_y^{1/2}f(x,y)\mathrm{d}x$$

解　积分区域为：

$\begin{cases}0\leqslant y\leqslant 1/4\\ y\leqslant x\leqslant\sqrt{y}\end{cases}$ 与 $\begin{cases}1/4\leqslant y\leqslant 1/2\\ y\leqslant x\leqslant 1/2\end{cases}$ 的并(见图 7.23)，可以改写为

$$D:0\leqslant x\leqslant\frac{1}{2},\quad x^2\leqslant y\leqslant x$$

于是

$$\int_0^{1/2}\mathrm{d}y\int_0^{y}f(x,y)\mathrm{d}x+\int_{1/2}^{1}\mathrm{d}y\int_0^{1-y}f(x,y)\mathrm{d}x=\int_0^{1/2}\mathrm{d}x\int_{x^2}^{x}f(x,y)\mathrm{d}y$$

例 3　利用二重积分计算曲面 $x+2y+3z=1, x=0, y=0, z=0$ 所围成的立体体积(图 7.24).

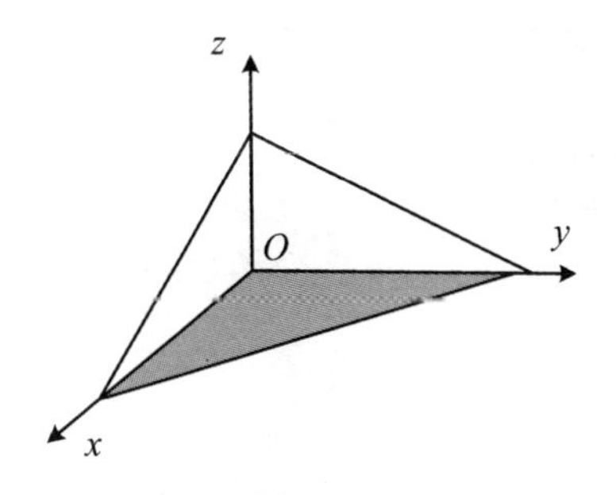

图 7.24

解　所求立体在 xOy 上的投影为三角形区域 $D:0\leqslant x\leqslant 1, 0\leqslant y\leqslant\frac{1}{2}(1-x)$.

又因为

$$z=\frac{1}{3}(1-x-2y)$$

所求体积为：

$$\begin{aligned}V&=\iint_D \frac{1}{3}(1-x-2y)\mathrm{d}x\mathrm{d}y\\&=\frac{1}{3}\int_0^1\mathrm{d}x\int_0^{\frac{1}{2}(1-x)}(1-x-2y)\mathrm{d}y\\&=\frac{1}{3}\int_0^1(y-xy-y^2)\Big|_0^{y=\frac{1}{2}(1-x)}\mathrm{d}x\\&=\frac{1}{12}\int_0^1(x-1)^2\mathrm{d}x=\frac{1}{36}\end{aligned}$$

【提高练习题】

1. 交换积分次序：$\int_0^1\mathrm{d}y\int_{\sqrt{y}}^{\sqrt{2-y^2}}f(x,y)\mathrm{d}x$.

2. 通过交换积分次序计算二重积分$\int_\pi^{2\pi}\mathrm{d}y\int_{y-\pi}^{\pi}\frac{\sin x}{x}\mathrm{d}x$.

提高练习题参考答案：

1. $\int_0^1\mathrm{d}y\int_{\sqrt{y}}^{\sqrt{2-y^2}}f(x,y)\mathrm{d}x=\int_0^1\mathrm{d}x\int_0^{x^2}f(x,y)\mathrm{d}y+\int_1^{\sqrt{2}}\mathrm{d}x\int_0^{\sqrt{2-x^2}}f(x,y)\mathrm{d}y$

2. 提示：积分区域 D：$\begin{cases}\pi\leqslant y\leqslant 2\pi\\ y-\pi\leqslant x\leqslant\pi\end{cases}$ 可以改写成 D：$\begin{cases}0\leqslant x\leqslant\pi\\ \pi\leqslant y\leqslant x+\pi\end{cases}$.

选 读 内 容

D7.1 隐函数的偏导数

【学习目标】

理解隐函数的偏导数计算公式，掌握隐函数的微分法.

【知识要点】

以下假设隐函数都存在.

(1) 设二元方程 $F(x,y)=0$ 能确定一元隐函数 $y=y(x)$，则其导数求法有以下两种：

(ⅰ) 公式法. 首先将原方程整理成 $F(x,y)=0$ 的形式，然后求 $F(x,y)$对 x,y

的偏导数 F'_x, F'_y，注意此时 x, y 都视为自变量，即 x, y 在此时是相互独立的，最后代入公式：

$$\frac{\mathrm{d}y}{\mathrm{d}x}=-\frac{F'_x}{F'_y}$$

（ⅱ）两边直接对 x 求导，与公式法不同的是，方程 $F(x,y)=0$ 两边对 x 求导，y 不再是自变量，而是关于 x 的(隐藏在里面的)函数 $y=y(x)$.

(2) 设三元方程 $F(x,y,z)=0$ 能确定一个二元隐函数 $z=z(x,y)$. 则其偏导数求法有以下两种：

（ⅰ）公式法. 首先将原方程整理成 $F(x,y,z)=0$ 的形式，然后求 $F(x,y,z)$ 对 x,y,z 的偏导数 F'_x, F'_y, F'_z，注意此时 x,y,z 都视为自变量，即 x,y,z 三者在此时是相互独立的，最后代入公式：

$$\frac{\partial z}{\partial x}=-\frac{F'_x}{F'_z},\quad \frac{\partial z}{\partial y}=-\frac{F'_y}{F'_z}$$

（ⅱ）复合函数求导法. 与公式法不同的是，方程 $F(x,y,z)=0$ 两边对 x 求偏导数，z 不再是自变量，而是视为中间变量，即 $z=z(x,y)$ 是由方程 $F(x,y,z)=0$ 所确定的 x,y 的二元函数.

【典型例题选讲——基础篇】

例 1　设有方程 $\mathrm{e}^z-xyz=0$ 能确定隐函数 $z=z(x,y)$，求 $\frac{\partial z}{\partial x}, \frac{\partial^2 z}{\partial x^2}$.

解 1　$F(x,y,z)=\mathrm{e}^z-xyz$，则 $F'_x=-yz, F'_z=\mathrm{e}^z-xy$.

利用公式得：　$\frac{\partial z}{\partial x}=-\frac{F'_x}{F'_z}=\frac{yz}{\mathrm{e}^z-xy}$

$$\frac{\partial^2 z}{\partial x^2}=\frac{y\frac{\partial z}{\partial x}(\mathrm{e}^z-xy)-yz\left(\mathrm{e}^z\frac{\partial z}{\partial x}-y\right)}{(\mathrm{e}^z-xy)^2}=\frac{2y^2z(\mathrm{e}^z-xy)-\mathrm{e}^zy^2z^2}{(\mathrm{e}^z-xy)^3}$$

$$=\frac{2y^2z(xyz-xy)-(xyz)y^2z^2}{x^3y^3(1-z)^3}=\frac{z(z^2-2z+2)}{x^2(z-1)^3}$$

解 2　方程 $\mathrm{e}^z-xyz=0$ 两端对 x 求偏导数得

$$\mathrm{e}^z\frac{\partial z}{\partial x}-\left(yz+xy\frac{\partial z}{\partial x}\right)=0 \tag{1}$$

解得　$$\frac{\partial z}{\partial x}=\frac{yz}{\mathrm{e}^z-xy}$$

(1) 式两端再对 x 求导数得

$$\mathrm{e}^z\left(\frac{\partial z}{\partial x}\right)^2+\mathrm{e}^z\frac{\partial^2 z}{\partial x^2}-\left(y\frac{\partial z}{\partial x}+y\frac{\partial z}{\partial x}+xy\frac{\partial^2 z}{\partial x^2}\right)=0$$

将 $\frac{\partial z}{\partial x}=\frac{yz}{\mathrm{e}^z-xy}$，$\mathrm{e}^z=xyz$ 代入并整理得

$$\frac{\partial^2 z}{\partial x^2}=\frac{2y\dfrac{\partial z}{\partial x}-\mathrm{e}^z\left(\dfrac{\partial z}{\partial x}\right)^2}{\mathrm{e}^z-xy}=\frac{2y^2z(\mathrm{e}^z-xy)-\mathrm{e}^zy^2z^2}{(\mathrm{e}^z-xy)^3}$$

$$=\frac{2y^2z(xyz-xy)-(xyz)y^2z^2}{x^3y^3\ (1-z)^3}=\frac{z(z^2-2z+2)}{x^2\ (z-1)^3}$$

例 2 设 $z+\ln z-\int_y^x \mathrm{e}^{-t^2}\,\mathrm{d}t=0$，求 $\frac{\partial z}{\partial x},\frac{\partial z}{\partial y}$.

解 设函数 $F(x,y,z)=z+\ln z-\int_y^x \mathrm{e}^{-t^2}\,\mathrm{d}t$，则 $F'_x=-\mathrm{e}^{-x^2}$，$F'_y=\mathrm{e}^{-y^2}$，$F'_z=1+\frac{1}{z}$，利用公式得：

$$\frac{\partial z}{\partial x}=-\frac{F'_x}{F'_z}=\frac{z\mathrm{e}^{-x^2}}{1+z},\quad \frac{\partial z}{\partial y}=-\frac{F'_y}{F'_z}=\frac{-z\mathrm{e}^{-y^2}}{1+z}$$

【基础作业题】

1. 求下列隐函数的导数或偏导数.

(1) 设 $\sin y+\mathrm{e}^x-xy^2=0$，求 $\frac{\mathrm{d}y}{\mathrm{d}x}$.　　(2) 设 $\mathrm{e}^z-xyz=0$，求 $\frac{\partial z}{\partial y}$.

2. 设方程 $z=\mathrm{e}^{2x-3z}+2y$ 能确定 z 是关于 x,y 的二元隐函数 $z=z(x,y)$，试证明 $3\frac{\partial z}{\partial x}+\frac{\partial z}{\partial y}=2$.

【典型例题选讲——提高篇】

例 1　设三元函数 $u=f(x,y,z)$ 有连续偏导数，$y=y(x)$ 和 $z=z(x)$ 分别由方程 $e^{xy}-y=0$ 和 $e^{x}-xz=0$ 所确定，求 $\frac{du}{dx}$.

解　由题设可知
$$\frac{du}{dx}=\frac{\partial f}{\partial x}+\frac{\partial f}{\partial y}\frac{dy}{dx}+\frac{\partial f}{\partial z}\frac{dz}{dx} \tag{1}$$

由 $e^{xy}-y=0$ 得 $e^{xy}\left(y+x\frac{dy}{dx}\right)-\frac{dy}{dx}=0$，整理得
$$\frac{dy}{dx}=\frac{ye^{xy}}{1-xe^{xy}}=\frac{y^2}{1-xy} \tag{2}$$

由 $e^{x}-xz=0$ 得 $e^{z}\frac{dz}{dx}-z-x\frac{dz}{dx}=0$，整理得
$$\frac{dz}{dx}=\frac{z}{e^{z}-x}=\frac{z}{xz-x} \tag{3}$$

将(2)、(3)两式代入(1)式得
$$\frac{du}{dx}=\frac{\partial f}{\partial x}+\frac{y^2}{1-xy}\frac{\partial f}{\partial y}+\frac{z}{xz-x}\frac{\partial f}{\partial z}$$

例 2　设函数 $u=f(x,y,z)$ 有连续偏导数，且 $z=z(x,y)$ 由方程 $xe^{x}-ye^{y}=ze^{z}$ 所确定，求 $\frac{\partial u}{\partial x}$ 和 $\frac{\partial u}{\partial y}$.

解　设 $F(x,y,z)=xe^{x}-ye^{y}-ze^{z}$，则
$$F'_x=(x+1)e^{x},\quad F'_y=-(y+1)e^{y},\quad F'_z=-(z+1)e^{z}$$

故
$$\frac{\partial z}{\partial x}=-\frac{F'_x}{F'_z}=\frac{x+1}{z+1}e^{x-z},\quad \frac{\partial z}{\partial y}=-\frac{F'_y}{F'_z}=-\frac{y+1}{z+1}e^{y-z}$$

于是
$$\frac{\partial u}{\partial x}=f'_x+f'_z\frac{\partial z}{\partial x}=f'_x+f'_z\frac{x+1}{z+1}e^{x-z}$$
$$\frac{\partial u}{\partial y}=f'_y+f'_z\frac{\partial z}{\partial y}=f'_y-f'_z\frac{y+1}{z+1}e^{y-z}$$

【提高练习题】

设 $f(x,y,z)=e^{x}yz^{2}$，其中 $z=z(x,y)$ 是由 $x+y+z+xyz=0$ 确定的隐函数，求偏导数 $f'_x(0,1,-1)$.

提高练习题参考答案：

因为 $f'_x(x,y,z)=e^{x}yz^{2}+e^{x}y\cdot 2zz'_x$，所以 $f'_x(0,1,-1)=1$.

D7.2　全微分

【学习目标】

理解全微分的概念，掌握全微分的计算法则. 了解全微分、偏导数与连续性三者之间的关系.

【知识要点】

1. 全微分的定义

若全增量 Δz 能够表示成

$$\Delta z = f(x+\Delta x, y+\Delta y) - f(x,y) = A\Delta x + B\Delta y + o(\rho) \tag{1}$$

则称 $A\Delta x+B\Delta y$ 为函数 $z=f(x,y)$ 在点 (x,y) 处的**全微分**，记作 $\mathrm{d}z=A\Delta x+B\Delta y$. 其中 $\rho=\sqrt{(\Delta x)^2+(\Delta y)^2}$，$o(\rho)$ 表示当 $(\Delta x,\Delta y)\to(0,0)$ 时，关于 ρ 的高阶无穷小量.

注：二元函数 $z=f(x,y)$ 可微是指：存在仅与 x,y 和 $f(x,y)$ 有关，而与自变量的改变量 $\Delta x,\Delta y$ 无关的常数 A,B，使得全增量 Δz 满足(1)式. 换句话说，函数 $f(x,y)$ 在点 (x_0,y_0) 附近变化的线性主要部分是 $A\Delta x+B\Delta y$（这个部分就称为二元函数 $f(x,y)$ 的全微分），全微分与全增量相差的只不过是一个关于 ρ 的高阶无穷小量.

通过推导可得全微分公式：

$$\mathrm{d}z = A\Delta x + B\Delta y = f'_x\cdot\Delta x + f'_y\cdot\Delta y$$

在点 (x_0,y_0) 处的全微分为：

$$\mathrm{d}z\,\big|_{(x_0,y_0)} = A\Delta x + B\Delta y = f'_x(x_0,y_0)\cdot\Delta x + f'_y(x_0,y_0)\cdot\Delta y$$

显然有

$$\mathrm{d}x=\Delta x,\ \mathrm{d}y=\Delta y$$

则

$$\mathrm{d}z=\frac{\partial z}{\partial x}\mathrm{d}x+\frac{\partial z}{\partial y}\mathrm{d}y$$

注：若三元函数 $u=f(x,y,z)$ 可微分，则它的全微分为

$$\mathrm{d}u = \frac{\partial u}{\partial x}\mathrm{d}x + \frac{\partial u}{\partial y}\mathrm{d}y + \frac{\partial u}{\partial z}\mathrm{d}z.$$

2. 二元函数可微性、连续性以及偏导数之间的关系

在一元函数中，可导性与可微性是等价的. 但对于多元函数，它在某点处的可导（即两个偏导数都存在）并不能保证它的可微性. 偏导数存在仅仅是可微的一个必要条件，这是多元函数与一元函数的不同之处.

对于一元函数而言，连续是可导的必要条件，而对于多元函数，可导性与连续性互不蕴涵. 即两个偏导数都存在不一定要求连续（这是多元函数与一元函数的又一个不同点），而连续也不一定确保两个偏导数存在. 以上文字说明可用图 D7.1 来直观地表示.

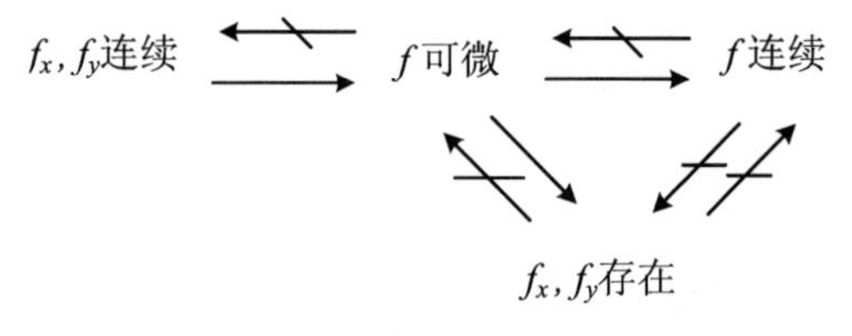

图 D7.1

【典型例题选讲——基础篇】

例1　设 $z=x^2y+\frac{x}{y}$,求全微分 $\mathrm{d}z$.

解　因为 $\frac{\partial z}{\partial x}=2xy+\frac{1}{y}$, $\frac{\partial z}{\partial y}=x^2-\frac{x}{y^2}$,所以

$$\mathrm{d}z=\left(2xy+\frac{1}{y}\right)\mathrm{d}x+\left(x^2-\frac{x}{y^2}\right)\mathrm{d}y$$

例2　设 $z=\mathrm{e}^{\sin xy}$,求 $\mathrm{d}z$.

解　因为 $\frac{\partial z}{\partial x}=y\cdot\cos(xy)\cdot\mathrm{e}^{\sin xy}$, $\frac{\partial z}{\partial y}=x\cdot\cos(xy)\cdot\mathrm{e}^{\sin xy}$,所以

$$\mathrm{d}z=\mathrm{e}^{\sin xy}\cos(xy)(y\mathrm{d}x+x\mathrm{d}y)$$

例3　求方程 $xyz=\mathrm{e}^z$ 所确定的隐函数的全微分 $\mathrm{d}z$.

解　设 $F(x,y,z)=xyz-\mathrm{e}^z$,则 $F(x,y,z)=xyz-\mathrm{e}^z$,所以

$$F'_x=yz,\quad F'_y=xz,\quad F'_z=xy-\mathrm{e}^z$$

利用隐含数求偏导公式,得

$$\frac{\partial z}{\partial x}=-\frac{F'_x}{F'_z}=\frac{yz}{\mathrm{e}^z-xy},\quad \frac{\partial z}{\partial y}=-\frac{F'_y}{F'_z}=\frac{xz}{\mathrm{e}^z-xy}$$

所以全微分

$$\mathrm{d}z=\frac{yz}{\mathrm{e}^z-xy}\mathrm{d}x+\frac{xz}{\mathrm{e}^z-xy}\mathrm{d}y$$

【基础作业题】

1. 求下列函数的全微分.

(1) $z=xy-\frac{x}{y}$　　　　(2) $z=\mathrm{e}^{\frac{x}{y}}$

2. 设 $f(x,y)=x^y+\ln 2$,求 $\mathrm{d}f|_{(1,1)}$.

3. 设 $z=\dfrac{x}{y}$，求当 $x=1, y=2, \Delta x=-0.2, \Delta y=0.1$ 时的全增量和全微分.

【典型例题选讲——提高篇】

例 1 设二元函数 $z=xe^{x+y}+(x+1)\ln(1+xy)$，求 $dz|_{(1,0)}$.

解 因为
$$\frac{\partial z}{\partial x}=e^{x+y}+xe^{x+y}+\ln(1+xy)+(x+1)\frac{1}{1+xy}y$$
$$\frac{\partial z}{\partial y}=xe^{x+y}+(x+1)\frac{1}{1+xy}x$$

所以全微分
$$dz=\left[e^{x+y}+xe^{x+y}+\ln(1+xy)+(x+1)\frac{1}{1+xy}y\right]dx+\left[xe^{x+y}+(x+1)\frac{1}{1+xy}x\right]dy$$

于是
$$dz|_{(1,0)}=2edx+(e+2)dy$$

例 2 设 $z=f(x,y)$ 是由方程 $z-y-x+xe^{z-y-x}=0$ 所确定的二元函数，求 dz.

解 设 $F(x,y,z)=z-y-x+xe^{z-y-x}$，则
$$F'_x=-1+e^{z-y-x}-xe^{z-y-x},\quad F'_y=-1-xe^{z-y-x},\quad F'_z=1+xe^{z-y-x}$$

所以
$$\frac{\partial z}{\partial x}=-\frac{F'_x}{F'_z}=-\frac{-1+e^{z-y-x}-xe^{z-y-x}}{1+xe^{z-y-x}}=\frac{1+(x-1)e^{z-y-x}}{1+xe^{z-y-x}}$$
$$\frac{\partial z}{\partial y}=-\frac{F'_y}{F'_z}=-\frac{-1-xe^{z-y-x}}{1+xe^{z-y-x}}=1$$

从而
$$dz=\frac{\partial z}{\partial x}dx+\frac{\partial z}{\partial y}dy=\frac{1+(x-1)e^{z-x-y}}{1+xe^{z-x-y}}dx+dy$$

【提高练习题】

1. 求函数 $z=\arctan\dfrac{x+y}{x-y}$ 的全微分.

2. 设 $z=(x^2+y^2)e^{-\arctan\frac{y}{x}}$，求 dz.

3. 求下列方程所确定的隐函数的全微分 dz.

(1) $yz=\arctan(xz)$；　(2) $x+y+z=\mathrm{e}^{-(x+y+z)}$.

提高练习题参考答案：

1. $\mathrm{d}z=\dfrac{x\mathrm{d}y-y\mathrm{d}x}{x^2+y^2}$　2. $\mathrm{d}z=\mathrm{e}^{-\arctan\frac{y}{x}}[(2x+y)\mathrm{d}x+(2y-x)\mathrm{d}y]$

3. (1) $\mathrm{d}z=\dfrac{z}{y(1+x^2z^2)-x}\mathrm{d}x-\dfrac{z(1+x^2z^2)}{y(1+x^2z^2)-x}\mathrm{d}y$, (2) $\mathrm{d}z=-\mathrm{d}x-\mathrm{d}y$

D7.3　在极坐标系下二重积分的计算

【学习目标】

了解极坐标的概念，弄清极坐标系的结构，理解极坐标系下点的极坐标(r,θ)与直角坐标系下点(x,y)之间的对应关系，会用极坐标计算简单的二重积分.

【知识要点】

当二重积分的积分区域 D 为圆形，扇形或圆环时，或被积函数具有 x^2+y^2 的函数形式时，可考虑用极坐标计算该二重积分. 注意极坐标系下的面积元素为 $\mathrm{d}\sigma=r\mathrm{d}r\mathrm{d}\theta$，因此二重积分从直角坐标系转化为极坐标系的变换公式为：

$$\iint_D f(x,y)\mathrm{d}\sigma=\iint_D f(r\cos\theta,r\sin\theta)\cdot r\mathrm{d}r\mathrm{d}\theta$$

写出用 r,θ 表示的积分区域，把上式转化为二次积分即可(用极坐标计算二重积分一般均采用先 r 后 θ 的积分次序).

【典型例题选讲——基础篇】

例 1　选择适当的坐标系计算$\iint_D\sqrt{x^2+y^2}\mathrm{d}\sigma$，其中积分区域 D 是上半圆环闭区域

$$\{(x,y)\mid a^2\leqslant x^2+y^2\leqslant b^2,y\geqslant 0\}.$$

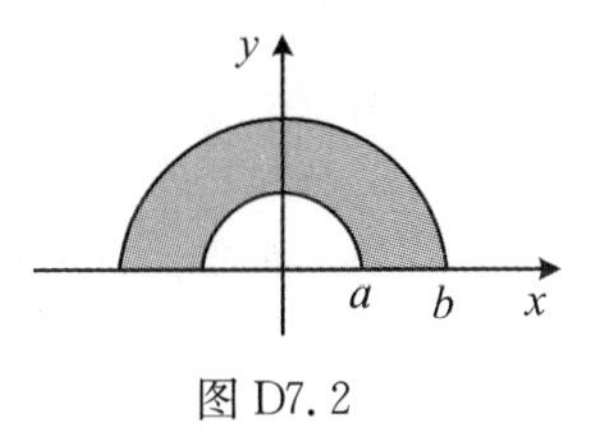

图 D7.2

解　本题显然用极坐标系计算比较简单. 由题意知，该积分区域如图 D7.2 所示，在极坐标系下积分区域 D：$0\leqslant\theta\leqslant\pi$，$a\leqslant r\leqslant b$，所以

$$\iint_D\sqrt{x^2+y^2}\mathrm{d}\sigma=\iint_D r\cdot r\mathrm{d}r\mathrm{d}\theta$$

$$=\int_0^\pi\mathrm{d}\theta\int_a^b r^2\mathrm{d}\rho=\pi\frac{1}{3}r^3\Big|_a^b=\frac{1}{3}\pi(b^3-a^3)$$

【基础作业题】

1. 利用极坐标计算$\iint_D e^{x^2+y^2}\mathrm{d}\sigma$,其中积分区域$D$是由圆周$x^2+y^2=4$所围成的第一象限部分.

第 7 章 自 测 题

一、选择题

1. 极限$\lim\limits_{\substack{x\to 0\\ y\to 0}}\dfrac{x^2y}{x^4+y^2}=$(　　).

A. 等于 0　　B. 不存在　　C. 等于$\dfrac{1}{2}$　　D. 存在且不等于 0 或$\dfrac{1}{2}$

2. 设函数 $f(x,y)=\begin{cases} x\sin\dfrac{1}{y}+y\sin\dfrac{1}{x} & xy\neq 0 \\ 0 & xy=0 \end{cases}$,则极限$\lim\limits_{\substack{x\to 0\\ y\to 0}}f(x,y)=$(　　).

A. 不存在　　B. 等于 1　　C. 等于 0　　D. 等于 2

*3. 函数 $z=f(x,y)$在点(x_0,y_0)处具有偏导数是它在该点存在全微分的(　　).

A. 必要而非充分条件　　B. 充分而非必要条件

C. 充分必要条件　　D. 既非充分又非必要条件

4. 设 $u=\arctan\dfrac{y}{x}$,则$\dfrac{\partial u}{\partial x}=$(　　).

A. $\dfrac{x}{x^2+y^2}$　　B. $-\dfrac{y}{x^2+y^2}$　　C. $\dfrac{y}{x^2+y^2}$　　D. $\dfrac{-x}{x^2+y^2}$

5. 设 $f(x,y)=\arcsin\sqrt{\dfrac{y}{x}}$,则 $f'_x(2,1)=$(　　).

A. $-\dfrac{1}{4}$　　B. $\dfrac{1}{4}$　　C. $-\dfrac{1}{2}$　　D. $\dfrac{1}{2}$

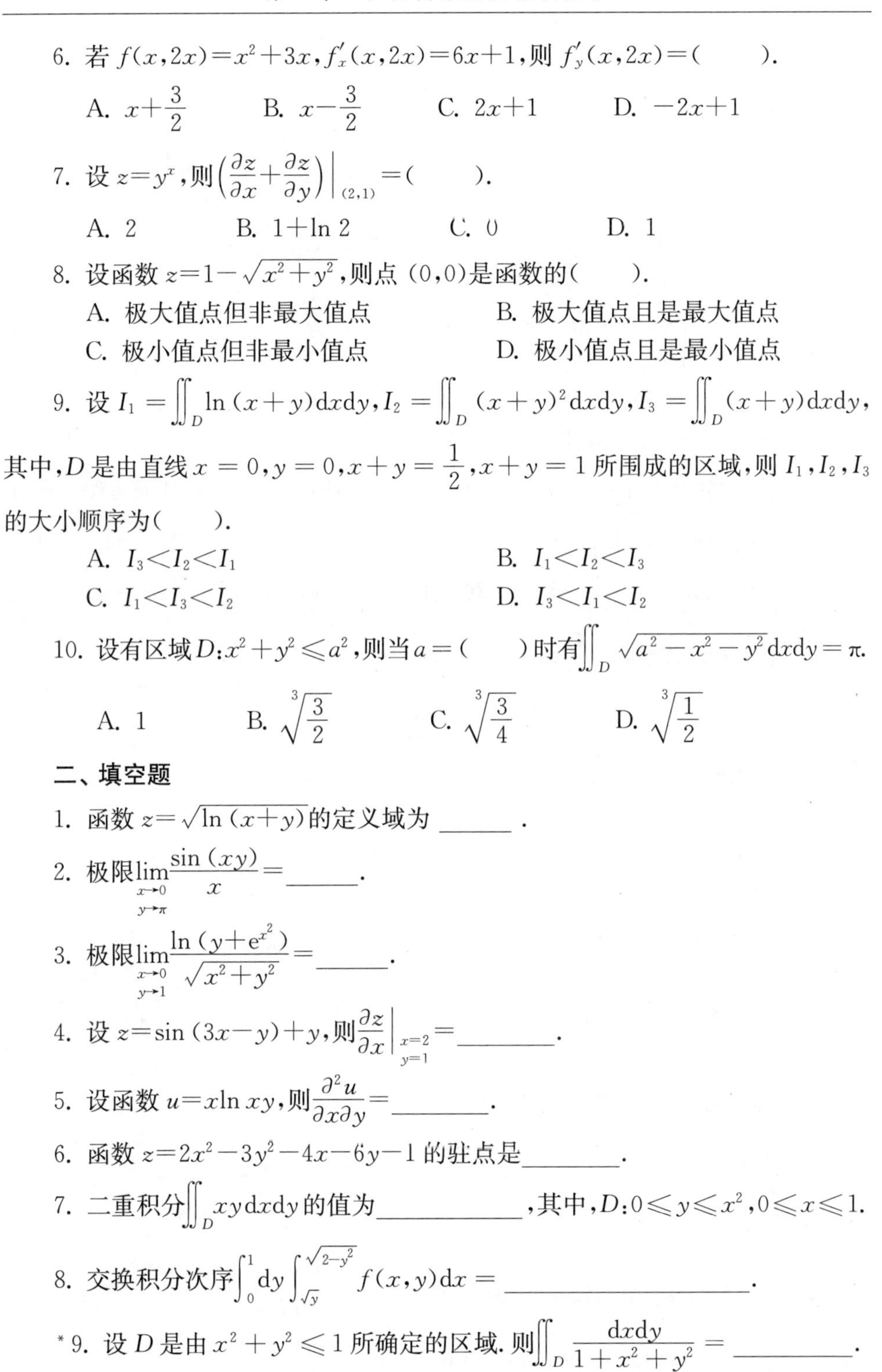

6. 若 $f(x,2x)=x^2+3x$，$f'_x(x,2x)=6x+1$，则 $f'_y(x,2x)=$(　　).

A. $x+\frac{3}{2}$　　B. $x-\frac{3}{2}$　　C. $2x+1$　　D. $-2x+1$

7. 设 $z=y^x$，则 $\left(\frac{\partial z}{\partial x}+\frac{\partial z}{\partial y}\right)\bigg|_{(2,1)}=$(　　).

A. 2　　B. $1+\ln 2$　　C. 0　　D. 1

8. 设函数 $z=1-\sqrt{x^2+y^2}$，则点 (0,0) 是函数的(　　).

A. 极大值点但非最大值点　　B. 极大值点且是最大值点

C. 极小值点但非最小值点　　D. 极小值点且是最小值点

9. 设 $I_1=\iint_D \ln(x+y)\mathrm{d}x\mathrm{d}y$，$I_2=\iint_D (x+y)^2\mathrm{d}x\mathrm{d}y$，$I_3=\iint_D (x+y)\mathrm{d}x\mathrm{d}y$，其中，$D$ 是由直线 $x=0$，$y=0$，$x+y=\frac{1}{2}$，$x+y=1$ 所围成的区域，则 I_1，I_2，I_3 的大小顺序为(　　).

A. $I_3<I_2<I_1$　　B. $I_1<I_2<I_3$

C. $I_1<I_3<I_2$　　D. $I_3<I_1<I_2$

10. 设有区域 D：$x^2+y^2\leqslant a^2$，则当 $a=$(　　)时有 $\iint_D \sqrt{a^2-x^2-y^2}\mathrm{d}x\mathrm{d}y=\pi$.

A. 1　　B. $\sqrt[3]{\frac{3}{2}}$　　C. $\sqrt[3]{\frac{3}{4}}$　　D. $\sqrt[3]{\frac{1}{2}}$

二、填空题

1. 函数 $z=\sqrt{\ln(x+y)}$ 的定义域为______.

2. 极限 $\lim\limits_{\substack{x\to 0\\ y\to\pi}}\frac{\sin(xy)}{x}=$______.

3. 极限 $\lim\limits_{\substack{x\to 0\\ y\to 1}}\frac{\ln(y+\mathrm{e}^{x^2})}{\sqrt{x^2+y^2}}=$______.

4. 设 $z=\sin(3x-y)+y$，则 $\frac{\partial z}{\partial x}\bigg|_{\substack{x=2\\ y=1}}=$________.

5. 设函数 $u=x\ln xy$，则 $\frac{\partial^2 u}{\partial x\partial y}=$________.

6. 函数 $z=2x^2-3y^2-4x-6y-1$ 的驻点是________.

7. 二重积分 $\iint_D xy\mathrm{d}x\mathrm{d}y$ 的值为____________，其中，D：$0\leqslant y\leqslant x^2$，$0\leqslant x\leqslant 1$.

8. 交换积分次序 $\int_0^1\mathrm{d}y\int_{\sqrt{y}}^{\sqrt{2-y^2}}f(x,y)\mathrm{d}x=$____________________.

*9. 设 D 是由 $x^2+y^2\leqslant 1$ 所确定的区域. 则 $\iint_D \frac{\mathrm{d}x\mathrm{d}y}{1+x^2+y^2}=$__________.

三、计算题

1. 设 $z=y^x\ln(xy)$,计算偏导数$\frac{\partial z}{\partial x},\frac{\partial z}{\partial y}$.

*2. 设函数 $z=z(x,y)$ 由方程 $xy+yz=e^z$ 所确定,求偏导数$\frac{\partial z}{\partial y}$.

3. 设函数 $z=u^2v-uv^2$, $u=x\cos y$, $v=x\sin y$,求$\frac{\partial z}{\partial x},\frac{\partial z}{\partial y}$.

4. 求抛物线 $y=x^2$ 和直线 $x-y-2=0$ 之间的最短距离.

5. 某工厂生产两种产品甲和乙,出售单价分别为 10 元与 9 元,生产 x 单位的产品甲与生产 y 单位的产品乙的总费用是

$$400+2x+3y+0.01(3x^2+xy+3y^2)\text{元}$$

求取得最大利润时,两种产品的产量各为多少?

6. 计算二重积分$\iint_D x^2y\mathrm{d}x\mathrm{d}y$,其中,$D$ 是由双曲线 $x^2-y^2=1$ 及直线 $y=0$, $y=1$ 所围成的平面区域.

*7. 计算积分$\iint_D \sqrt{x^2+y^2}\mathrm{d}x\mathrm{d}y$,其中,$D=\{(x,y)\mid 0\leqslant y\leqslant x, x^2+y^2\leqslant 2x\}$.

8. 计算累次积分 $I=\int_0^1\mathrm{d}y\int_y^1\sin x^2\mathrm{d}x$.

参考答案

一、选择题

1. B　2. C　3. A　4. B　5. A

6. D　7. A　8. B　9. B　10. B

二、填空题

1. $\{(x,y)\mid x+y\geqslant 1\}$　2. π　3. $\ln 2$　4. $3\cos 5$　5. $\frac{1}{y}$

6. $(1,-1)$　7. $\frac{1}{12}$　8. $\int_0^1\mathrm{d}x\int_0^{x^2}f(x,y)\mathrm{d}y+\int_1^{\sqrt{2}}\mathrm{d}x\int_0^{\sqrt{2-x^2}}f(x,y)\mathrm{d}y$

9. $\pi\ln 2$

三、计算题

1. $\frac{\partial z}{\partial x}=y^x\ln y\cdot\ln xy+\frac{1}{x}y^x$, $\frac{\partial z}{\partial y}=xy^{x-1}\ln(xy)+\frac{1}{y}y^x$

2. $\frac{\partial z}{\partial y}=\frac{x+z}{e^z-y}$

3. $\frac{\partial z}{\partial x}=3x^2\cos y\sin y(\cos y-\sin y)$

$\frac{\partial z}{\partial y}=-2x^3\cos y\sin y(\cos y+\sin y)+x^3(\sin^3y+\cos^3y)$

4. 提示:设 $P(x,y)$ 为抛物线 $y=x^2$ 上任意一点,它到直线 $x-y-2=0$ 的距离为 $d=\dfrac{|x-y-2|}{\sqrt{2}}$,$d$ 最小当且仅当 d^2 最小.

此问题即是求 $d^2=\dfrac{1}{2}(x-y-2)^2$ 在条件 $y^2=x$ 下的最小值.

设 $L=\dfrac{1}{2}(x-y-2)^2+\lambda(y-x^2)$,经计算可得唯一驻点 $\left(\dfrac{1}{2},\dfrac{1}{4}\right)$.

所以,由实际问题知道抛物线 $y=x^2$ 和直线 $x-y-2=0$ 之间的最短距离为 $d_{\min}=d\big|_{\left(\frac{1}{2},\frac{1}{4}\right)}=\dfrac{7\sqrt{2}}{8}$.

5. 提示:利润目标函数

$$\begin{aligned}L(x,y)&=(10x+9y)-[400+2x+3y+0.01(3x^2+xy+3y^2)]\\&=8x+6y-0.01(3x^2+xy+3y^2)-400,(x>0,y>0)\end{aligned}$$

利用二元函数极值求解得:生产 120 单位产品甲与 80 单位产品乙时所得利润最大 320 元.

6. 提示:选择 Y—型区域计算方便.

$$\begin{aligned}\iint_D x^2y\,dx\,dy&=\int_0^1 dy\int_{-\sqrt{1+y^2}}^{\sqrt{1+y^2}}x^2y\,dx=\frac{2}{3}\int_0^1 y\,(1+y^2)^{\frac{3}{2}}dy\\&=\frac{2}{15}\,(1+y^2)^{5/2}\Big|_0^1=\frac{2}{15}(4\sqrt{2}-1)\end{aligned}$$

7. 提示:积分区域 D 是圆域的一部分,被积函数中有 x^2+y^2,用极坐标变换.

$$\begin{aligned}\text{原式}&=\int_0^{\frac{\pi}{4}}d\theta\int_0^{2\cos\theta}\rho\cdot\rho\,d\rho=\frac{8}{3}\int_0^{\frac{\pi}{4}}\cos^3\theta\,d\theta\\&=\frac{8}{3}\int_0^{\frac{\pi}{4}}(1-\sin^2\theta)\,d\sin\theta=\frac{8}{3}\left[\sin\theta-\frac{1}{3}\sin^3\theta\right]=\frac{10}{9}\sqrt{2}\end{aligned}$$

8. $\dfrac{1}{2}(1-\cos 1)$. 提示:先交换积分顺序.

第 8 章 无 穷 级 数

8.1 无穷级数的概念与性质

【学习目标】

理解级数收敛和发散的概念,掌握级数基本性质.

【知识要点】

1. 常数项无穷级数

由无穷数列$\{u_n\}$($n=1,2,\cdots$)给出的形如$u_1+u_2+\cdots+u_n+\cdots$的式子称为(常数项)无穷级数,简称级数,记作$\sum\limits_{n=1}^{\infty}u_n$,称$u_n$为级数的一般项(或通项).

2. 无穷级数的收敛与发散

记前n项部分和为$s_n=u_1+u_2+\cdots+u_n$,若$\lim\limits_{n\to\infty}s_n=s$存在,则称无穷级数$\sum\limits_{n=1}^{\infty}u_n$收敛,并称$s$为级数$\sum\limits_{n=1}^{\infty}u_n$的和,记为$\sum\limits_{n=1}^{\infty}u_n=s$. 若$\lim\limits_{n\to\infty}s_n$不存在,则称无穷级数$\sum\limits_{n=1}^{\infty}u_n$发散.

注:无穷级数$\sum\limits_{n=1}^{\infty}u_n$的收敛性问题实际上就是数列$\{u_n\}$的部分和数列$\{s_n\}$的收敛性问题.

3. 几何级数

称$\sum\limits_{n=1}^{\infty}aq^{n-1}=a+aq+aq^2+\cdots+aq^{n-1}+\cdots$为几何级数或等比级数,其中$a\neq 0$,$q$称为级数的公比. 当$|q|<1$时,$\sum\limits_{n=1}^{\infty}aq^{n-1}$收敛,它的和为$\dfrac{a}{1-q}$,当$|q|\geqslant 1$时,$\sum\limits_{n=1}^{\infty}aq^{n-1}$发散.

4. 级数的基本性质

(1) 若$k\neq 0$,则$\sum\limits_{n=1}^{\infty}u_n$与$\sum\limits_{n=1}^{\infty}ku_n$同敛散. 且在收敛时,有$\sum\limits_{n=1}^{\infty}ku_n=k\sum\limits_{n=1}^{\infty}u_n$.

(2) 若$\sum_{n=1}^{\infty} u_n$和$\sum_{n=1}^{\infty} v_n$收敛,则$\sum_{n=1}^{\infty}(u_n+v_n)$收敛,且$\sum_{n=1}^{\infty}(u_n \pm v_n)=\sum_{n=1}^{\infty} u_n \pm \sum_{n=1}^{\infty} v_n$.

注: 若$\sum_{n=1}^{\infty} u_n$ 收敛,$\sum_{n=1}^{\infty} v_n$ 发散,则$\sum_{n=1}^{\infty}(u_n \pm v_n)$必发散.

但若$\sum_{n=1}^{\infty} u_n$,$\sum_{n=1}^{\infty} v_n$ 都发散,则$\sum_{n=1}^{\infty}(u_n \pm v_n)$的敛散性不能确定.

(3) 在级数中去掉、加上或者改变有限项,不会改变级数的敛散性.

注: 敛散性虽然不改变,但在收敛时级数的和可能会发生改变.

5. 级数收敛的必要条件

$$\sum_{n=1}^{\infty} u_n \text{ 收敛} \underset{\not\Leftarrow}{\Rightarrow} \lim_{n\to\infty} u_n = 0$$

(反例) 调和级数$\sum_{n=1}^{\infty} \frac{1}{n}$ 发散,但$\lim_{n\to\infty}\frac{1}{n}=0$.

【典型例题选讲——基础篇】

例 1　利用级数收敛定义判断下列级数的收敛性. 若收敛,求其和.

(1) $\sum_{n=1}^{\infty} \frac{1}{4n^2-1}$　　(2) $\sum_{n=1}^{\infty} \ln\frac{n+1}{n+2}$　　(3) $\sum_{n=1}^{\infty} \frac{3^n}{2^n}$

解　(1) 因为前 n 项部分和

$$S_n=\sum_{k=1}^{n} \frac{1}{4k^2-1}=\frac{1}{2}\sum_{k=1}^{n}\left(\frac{1}{2k-1}-\frac{1}{2k+1}\right)$$
$$=\frac{1}{2}\left[\left(1-\frac{1}{3}\right)+\left(\frac{1}{3}-\frac{1}{5}\right)+\cdots+\left(\frac{1}{2n-1}-\frac{1}{2n+1}\right)\right]=\frac{1}{2}\left(1-\frac{1}{2n+1}\right)$$

所以 $\lim_{n\to\infty} S_n=\frac{1}{2}$,故原级数收敛, 且$\sum_{n=1}^{\infty} \frac{1}{4n^2-1}=\frac{1}{2}$.

(2) 因为前 n 项部分和

$$S_n=\sum_{k=1}^{n} \ln\frac{k+1}{k+2}=\sum_{n=1}^{n}[\ln(k+1)-\ln(k+2)]$$
$$=[(\ln 2-\ln 3)+(\ln 3-\ln 4)+\cdots+(\ln(n+1)-\ln(n+2))]$$
$$=\ln 2-\ln(n+2)$$

所以$\lim_{n\to\infty} S_n=\infty$,故原级数发散.

(3) 因为前 n 项部分和

$$S_n=\sum_{k=1}^{n}\left(\frac{3}{2}\right)^k=\frac{\frac{3}{2}\left[1-\left(\frac{3}{2}\right)^n\right]}{1-\frac{3}{2}}=3\left[\left(\frac{3}{2}\right)^n-1\right]$$

所以$\lim_{n\to\infty} S_n=\infty$,故原级数发散.

例 2 判定下列级数的敛散性.

(1) $\sin 1+\sin^2 1+\sin^3 1+\cdots$

(2) $\cos\dfrac{\pi}{3}+\cos\dfrac{\pi}{9}+\cos\dfrac{\pi}{27}+\cdots$

(3) $\sqrt{a}+\sqrt[3]{a}+\sqrt[4]{a}+\cdots(a>0)$

(4) $\sum\limits_{n=1}^{\infty}\left(\dfrac{\sin a}{n^2}+\dfrac{1}{n}\right)$

解 (1) 因为公比绝对值 $|\sin 1|<1$,故级数 $\sum\limits_{n=1}^{\infty}(\sin 1)^n$ 收敛.

(2) 因为 $\lim\limits_{n\to\infty}\cos\dfrac{\pi}{3^n}=1\neq 0$,由级数收敛的必要条件知,级数 $\sum\limits_{n=1}^{\infty}\cos\dfrac{\pi}{3^n}$ 发散.

(3) 因为 $\lim\limits_{n\to\infty}a^{\frac{1}{n}}=1\neq 0$,由级数收敛的必要条件知,故级数 $\sum\limits_{n=1}^{\infty}a^{\frac{1}{n}}$ 发散.

(4) 因为 $\sum\limits_{n=1}^{\infty}\dfrac{1}{n^2}$ 收敛,故 $\sum\limits_{n=1}^{\infty}\dfrac{\sin a}{n^2}=\sin a\sum\limits_{n=1}^{\infty}\dfrac{1}{n^2}$ 收敛,而 $\sum\limits_{n=1}^{\infty}\dfrac{1}{n}$ 发散,于是 $\sum\limits_{n=1}^{\infty}\left(\dfrac{\sin a}{n^2}+\dfrac{1}{n}\right)$ 发散.

总结:判别常数项级数敛散性的一般方法:

(1) 利用级数敛散性的定义,级数收敛的必要条件及级数的性质来判别级数的敛散性.

(2) 首先应该检验级数收敛的必要条件,若不满足则可判定其发散.

(3) 将级数拆成两个级数的和再分别判别其敛散性,两者都收敛,则原级数收敛;一个收敛,另一个发散,则原级数发散;两个都发散,则不能确定原级数的敛散性,需考虑其他方法.

(4) 利用敛散性的定义判别的关键在于求出数列的前 n 项部分和 s_n,其中的技巧主要是逐项相消(逐项相加或逐项相减)法和公式法,注意结合几何级数和调和级数的公式.

【基础作业题】

1. 写出下列级数的一般项,并判断该级数是否收敛,若收敛,求出其和.

(1) $\dfrac{2}{1}-\dfrac{3}{2}+\dfrac{4}{3}-\dfrac{5}{4}+\dfrac{6}{5}-\cdots$

(2) $1-\dfrac{1}{2}+\dfrac{1}{4}-\dfrac{1}{8}+\cdots$

2. 判别下列级数的敛散性，若收敛，求出其和.

(1) $\sum_{m=1}^{\infty}(\sqrt{m+1}-\sqrt{m})$　　(2) $\sum_{n=1}^{\infty}\frac{2^n+3^n}{5^n}$

(3) $\sum_{n=1}^{\infty}\frac{n}{\sqrt{1+n^2}}$

【典型例题选讲——提高篇】

例 1 判断下列级数的收敛性. 若收敛，求出其和.

(1) $\sum_{n=1}^{\infty}\frac{1}{n(n+1)(n+2)}$　　(2) $\left(\frac{1}{2}+\frac{1}{3}\right)+\left(\frac{1}{4}+\frac{1}{9}\right)+\left(\frac{1}{8}+\frac{1}{27}\right)+\cdots$

解 (1) 因为级数的前 n 项部分和

$$S_n=\sum_{k=1}^{n}\frac{1}{k(k+1)(k+2)}=\frac{1}{2}\sum_{k=1}^{n}\frac{(k+2)-k}{k(k+1)(k+2)}$$

$$=\frac{1}{2}\sum_{k=1}^{n}\left[\frac{1}{k(k+1)}-\frac{1}{(k+1)(k+2)}\right]$$

$$=\frac{1}{2}\left[\frac{1}{1\cdot 2}-\frac{1}{2\cdot 3}+\frac{1}{2\cdot 3}-\frac{1}{3\cdot 4}+\cdots+\frac{1}{n(n+1)}-\frac{1}{(n+1)(n+2)}\right]$$

$$=\frac{1}{2}\left[\frac{1}{1\cdot 2}-\frac{1}{(n+1)(n+2)}\right]$$

所以 $\lim\limits_{n\to\infty}s_n=\frac{1}{4}$，故原级数收敛，且该级数的和为$\frac{1}{4}$，即 $\sum_{n=1}^{\infty}\frac{1}{n(n+1)(n+2)}=\frac{1}{4}$.

(2) 原级数可写成$\sum_{n=1}^{\infty}\left(\frac{1}{2^n}+\frac{1}{3^n}\right)$，又因为$\sum_{n=1}^{\infty}\frac{1}{2^n}$，$\sum_{n=1}^{\infty}\frac{1}{3^n}$ 均收敛，故原级数收敛.

且其和为
$$\sum_{n=1}^{\infty}\left(\frac{1}{2^n}+\frac{1}{3^n}\right)=\sum_{n=1}^{\infty}\frac{1}{2^n}+\sum_{n=1}^{\infty}\frac{1}{3^n}=1+\frac{1}{2}=\frac{3}{2}$$

【提高练习题】

1. 判别下列级数的敛散性.

(1) $\frac{1}{3}+\frac{1}{\sqrt{3}}+\frac{1}{\sqrt[3]{3}}+\cdots+\frac{1}{\sqrt[n]{3}}+\cdots$　　(2) $\frac{1}{1}+\frac{1}{\sqrt{2^2}}+\frac{1}{\sqrt[3]{3^2}}+\cdots+\frac{1}{\sqrt[n]{n^2}}+\cdots$

提高练习题参考答案：

1. 发散　2. 发散，提示：$\lim\limits_{n\to\infty}\frac{1}{n^{\frac{2}{n}}}=\lim\limits_{n\to\infty}\frac{1}{(n^{\frac{1}{n}})^2}=1\neq0$

8.2　正项级数的审敛法

【学习目标】

熟练掌握正项级数的收敛判别法.

【知识要点】

1. 正项级数收敛原理

正项级数 $\sum\limits_{n=1}^{\infty}u_n$ 收敛 $\Leftrightarrow$ 部分和数列 $\{s_n\}$ 有(上)界.

注 1　不难看出，正项级数 $\sum\limits_{n=1}^{\infty}u_n$ 发散 $\Leftrightarrow \sum\limits_{n=1}^{\infty}u_n=+\infty$.

注 2　对于上述结论，只有当 $\sum\limits_{n=1}^{\infty}u_n$ 是正项级数时，$\{s_n\}$ 有界才能作为收敛的充要条件. 对于一般级数而言，有 $\sum\limits_{n=1}^{\infty}u_n$ 收敛 $\underset{\not\Longleftarrow}{\Longrightarrow}$ 部分和数列 $\{s_n\}$ 有(上)界.

(反例) 如 $u_n=(-1)^{n-1}$，$\sum\limits_{n=1}^{\infty}u_n$ 发散，但 $s_n=\begin{cases}1, & \text{当 } n \text{ 为奇数时}\\ 0, & \text{当 } n \text{ 为偶数时}\end{cases}$ 有界.

2. 正项级数的敛散性判别法

(1) 正项级数收敛原理：$\sum\limits_{n=1}^{\infty}u_n$ 收敛 $\Leftrightarrow$ 部分和数列 $\{s_n\}$ 有(上)界.

(2) 比较判别法：设 $\sum\limits_{n=1}^{\infty}u_n$，$\sum\limits_{n=1}^{\infty}v_n$ 是正项级数，且存在常数 $k>0$ 和自然数 N，使得当 $n\geqslant N$ 时，有 $u_n\leqslant kv_n$，则

(i) 若 $\sum\limits_{n=1}^{\infty}v_n$ 收敛，则 $\sum\limits_{n=1}^{\infty}u_n$ 收敛；(ii) 若 $\sum\limits_{n=1}^{\infty}u_n$ 发散，则 $\sum\limits_{n=1}^{\infty}v_n$ 发散.

(3) 比较判别法的极限形式：设 $\sum\limits_{n=1}^{\infty}u_n$，$\sum\limits_{n=1}^{\infty}v_n$ 是正项级数，若 $\lim\limits_{n\to\infty}\frac{u_n}{v_n}=l$，则

(i) 若 $0<l<+\infty$，则 $\sum\limits_{n=1}^{\infty}u_n$ 与 $\sum\limits_{n=1}^{\infty}v_n$ 同敛散；

（ⅱ）若 $l=0$，则 $\sum_{n=1}^{\infty} v_n$ 收敛 $\Rightarrow \sum_{n=1}^{\infty} u_n$ 也收敛；

（ⅲ）若 $l=+\infty$，则 $\sum_{n=1}^{\infty} v_n$ 发散 $\Rightarrow \sum_{n=1}^{\infty} u_n$ 也发散.

(4) 比值判别法（D'Alembert 判别法）：设 $\sum_{n=1}^{\infty} u_n$ 是正项级数，且 $u_n>0$，若 $\lim_{n\to\infty}\frac{u_{n+1}}{u_n}=\rho$，则

（ⅰ）当 $\rho<1$ 时，$\sum_{n=1}^{\infty} u_n$ 收敛；

（ⅱ）当 $\rho>1$（或 $\rho=+\infty$）时，$\sum_{n=1}^{\infty} u_n$ 发散；

（ⅲ）当 $\rho=1$ 时，$\sum_{n=1}^{\infty} u_n$ 的敛散性无法判断，需进一步判定.

3. *p*—级数

称 $\sum_{n=1}^{\infty}\frac{1}{n^p}=1+\frac{1}{2^p}+\cdots+\frac{1}{n^p}+\cdots$ 为 p－级数，当 $p=1$ 时，称为调和级数.

对于 p－级数 $\sum_{n=1}^{\infty}\frac{1}{n^p}$，当 $p>1$ 时，$\sum_{n=1}^{\infty}\frac{1}{n^p}$ 收敛；当 $p\leqslant 1$ 时，$\sum_{n=1}^{\infty}\frac{1}{n^p}$ 发散.

【典型例题选讲——基础篇】

例 1　判定下列级数的收敛性.

(1) $\sum_{n=1}^{\infty}\frac{(n+1)^2}{n^3}$

(2) $\frac{1}{2\cdot 5}+\frac{1}{3\cdot 6}+\cdots+\frac{1}{(n+1)(n+4)}+\cdots$

(3) $1+\frac{1}{3}+\cdots+\frac{1}{2n+1}+\cdots$

(4) $\sin\frac{\pi}{2}+\sin\frac{\pi}{2^2}+\sin\frac{\pi}{2^3}+\cdots+\sin\frac{\pi}{2^n}+\cdots$

解　(1) 由题意，显然有 $\sum_{n=1}^{\infty}\frac{(n+1)^2}{n^3}=\sum_{n=1}^{\infty}\frac{n^2+2n+1}{n^3}=\sum_{n=1}^{\infty}\left(\frac{1}{n}+\frac{2}{n^2}+\frac{1}{n^3}\right)$，又因为 $2\sum_{n=1}^{\infty}\frac{1}{n^2}$，$\sum_{n=1}^{\infty}\frac{1}{n^3}$ 收敛，$\sum_{n=1}^{\infty}\frac{1}{n}$ 发散，于是原级数发散.

注：此题也可用比较判别法，$\frac{(n+1)^2}{n^3}\geqslant\frac{n^2}{n^3}\geqslant\frac{1}{n}$.

(2) 因为 $\lim_{n\to\infty}\frac{1}{(n+1)(n+4)}\Big/\frac{1}{n^2}=\lim_{n\to\infty}\frac{n^2}{(n+1)(n+4)}=1$，而 $p=2$，级数

$\sum_{n=1}^{\infty}\frac{1}{n^2}$ 收敛,故由比较判别法的极限形式可知,$\sum_{n=1}^{\infty}\frac{1}{(n+1)(n+4)}$ 收敛.

注:此题用比较判别法也可以,$\frac{1}{(n+1)(n+4)}<\frac{1}{n^2}$.

(3) 因为 $\lim\limits_{n\to\infty}\frac{1}{2n+1}\Big/\frac{1}{n}=\lim\limits_{n\to\infty}\frac{n}{2n+1}=\frac{1}{2}$,而调和级数$\sum_{n=1}^{\infty}\frac{1}{n}$ 发散,故由比较判别法的极限形式可知,$\sum_{n=1}^{\infty}\frac{1}{2n+1}$ 发散.

(4) 因为 $\lim\limits_{n\to\infty}\sin\frac{\pi}{2^n}\Big/\frac{1}{2^n}=\lim\limits_{n\to\infty}2^n\sin\frac{\pi}{2^n}=\pi$,而等比级数$\sum_{n=1}^{\infty}\frac{1}{2^n}$ 收敛,故由比较判别法的极限形式可知,$\sum_{n=1}^{\infty}\sin\frac{\pi}{2^n}$ 收敛.

例 2 判定下列级数的收敛性.

(1) $\frac{3}{1\cdot 2}+\frac{3^2}{2\cdot 2^2}+\frac{3^3}{3\cdot 2^3}+\cdots+\frac{3^n}{n\cdot 2^n}+\cdots$

(2) $\sum_{n=1}^{\infty}\frac{2^n\cdot n!}{n^n}$　　　(3) $\sum_{n=1}^{\infty}n\cdot\tan\frac{\pi}{2^{n+1}}$

解 (1) 因为$\lim\limits_{n\to\infty}\frac{u_{n+1}}{u_n}=\lim\limits_{n\to\infty}\frac{3^{n+1}}{(n+1)2^{n+1}}\cdot\frac{n2^n}{3^n}=\frac{3}{2}>1$,由比值判别法知,原级数发散.

(2) 因为

$$\lim_{n\to\infty}\frac{u_{n+1}}{u_n}=\lim_{n\to\infty}\frac{2^{n+1}[(n+1)!]}{(n+1)^{n+1}}\cdot\frac{n^n}{2^n(n!)}=2\lim_{n\to\infty}\left(\frac{n}{n+1}\right)^n=2\lim_{n\to\infty}\left(1-\frac{1}{n+1}\right)^n=\frac{2}{\mathrm{e}}<1,$$

由比值判别法知,原级数收敛.

(3) 因为

$$\lim_{n\to\infty}\frac{u_{n+1}}{u_n}=\lim_{n\to\infty}\frac{(n+1)\tan\frac{\pi}{2^{n+2}}}{n\tan\frac{\pi}{2^{n+1}}}=\lim_{n\to\infty}\frac{(n+1)2^{n+1}}{n\cdot 2^{n+2}}=\frac{1}{2}<1$$

由比值判别法知,原级数收敛.

正项级数的敛散性判别总结:

(1) $\lim\limits_{n\to\infty}u_n$ 是否等于零?若$\lim\limits_{n\to\infty}u_n\neq 0$,则$\sum_{n=1}^{\infty}u_n$ 发散;若$\lim\limits_{n\to\infty}u_n=0$,则转(2).

(2) 一般来说,对正项级数,当一般项 u_n 中出现连乘、阶乘、指数函数 a^n 形式时,可优先采用比值判别法;当 u_n 中出现幂函数 n^a 与有理分式时,可考虑用比较判别法或比较法的极限形式.

(3) 运用比较判别法时,首先需要对级数的一般项 u_n 的表达式进行分析,对级数的敛散性作一个估计,然后根据此估计或将 u_n 放大为另一个收敛级数的一般项,或将 u_n 缩小为另一发散级数的一般项,从而使问题得以解决.一般常以几何级数、p—级数作为参照的级数.

(4) 当运用比值判别法($\rho=1$)和比较判别法都无法判别级数敛散性时,应利用级数敛散性的定义,即看是否能求部分和 s_n,再考察部分和数列 $\{s_n\}$ 的敛散性.

【基础作业题】

1. 用比较审敛法或比较审敛法的极限形式判别下列级数的敛散性.

(1) $1+\frac{1}{3}+\frac{1}{5}+\cdots+\frac{1}{2n-1}+\cdots$

(2) $\sum_{n=1}^{\infty}\frac{1}{\sqrt{n}+1}$

2. 用比值审敛法判别下列级数的敛散性.

(1) $\sum_{n=1}^{\infty}\frac{n^2}{2^n}$

(2) $\sum_{n=1}^{\infty}\frac{3^n}{n!}$

3. 判别下列级数的敛散性.

(1) $\sum_{n=1}^{\infty}\frac{\arctan n}{1+n^2}$

(2) $\sum_{n=1}^{\infty}2^n\sin\frac{\pi}{3^n}$

4. 设正项级数 $\sum_{n=1}^{\infty}a_n$ 收敛,试证 $\sum_{n=1}^{\infty}\ln(1+a_n)$ 也收敛.

【典型例题选讲——提高篇】

例 1 判定级数$\frac{1}{a+b}+\frac{1}{2a+b}+\cdots+\frac{1}{na+b}+\cdots$，$a>0,b>0$ 的敛散性.

解 因为$\lim\limits_{n\to\infty}\frac{1}{na+b}\Big/\frac{1}{n}=\lim\limits_{n\to\infty}\frac{n}{na+b}=\frac{1}{a}$,而调和级数$\sum\limits_{n=1}^{\infty}\frac{1}{n}$发散.
由比较判别法的极限形式知,原级数发散.

例 2 讨论级数$\sum\limits_{n=1}^{\infty}\frac{1}{1+a^n}$，$a>0$ 的收敛性.

解 当$0<a<1$时,$\lim\limits_{n\to\infty}\frac{1}{1+a^n}=1\neq 0$,故原级数发散;

当$a=1$时,通项$\frac{1}{1+a^n}=\frac{1}{2}$,显然级数$\sum\limits_{n=1}^{\infty}\frac{1}{1+a^n}=\sum\limits_{n=1}^{\infty}\frac{1}{2}$发散;

当$a>1$时,因为$\frac{1}{1+a^n}<\frac{1}{a^n}$,而$\sum\limits_{n=1}^{\infty}\frac{1}{a^n}$收敛,由比较判别法可知,$\sum\limits_{n=1}^{\infty}\frac{1}{1+a^n}$收敛.

例 3 设正项级数$\sum\limits_{n=1}^{\infty}a_n$与$\sum\limits_{n=1}^{\infty}b_n$都收敛,$\sum\limits_{n=1}^{\infty}a_n\cdot b_n$也是收敛级数吗?

解 因为正项级数$\sum\limits_{n=1}^{\infty}a_n$与$\sum\limits_{n=1}^{\infty}b_n$都收敛,所以$\lim\limits_{n\to\infty}\frac{a_n\cdot b_n}{a_n}=\lim\limits_{n\to\infty}b_n=0$,由比较判别法的极限形式知,$\sum\limits_{n=1}^{\infty}a_n\cdot b_n$收敛.

【提高练习题】

设正项级数$\sum\limits_{n=1}^{\infty}a_n$与$\sum\limits_{n=1}^{\infty}b_n$都发散,试举例说明$\sum\limits_{n=1}^{\infty}a_n\cdot b_n$既可收敛也可发散.

提高练习题参考答案:

取$a_n=b_n=\frac{1}{n}$和$a_n=b_n=\frac{1}{\sqrt{n}}$

8.3 任意项级数

【学习目标】

理解任意项级数绝对收敛、条件收敛概念;掌握交错级数的莱布尼茨(Leibniz)判别法和任意项级数的敛散性判别法.

【知识要点】

1. 交错级数的 Leibniz 判别法

若交错级数$\sum\limits_{n=1}^{\infty}(-1)^{n-1}u_n$满足:(1) $u_n \geqslant u_{n+1}(n=1,2,\cdots)$;(2) $\lim\limits_{n\to\infty}u_n=0$,则$\sum\limits_{n=1}^{\infty}(-1)^{n-1}u_n$收敛.

2. 绝对收敛与条件收敛

对于一般任意项级数$\sum\limits_{n=1}^{\infty}u_n$,若$\sum\limits_{n=1}^{\infty}|u_n|$收敛,则称$\sum\limits_{n=1}^{\infty}u_n$绝对收敛;若$\sum\limits_{n=1}^{\infty}u_n$收敛,而$\sum\limits_{n=1}^{\infty}|u_n|$发散,则称$\sum\limits_{n=1}^{\infty}u_n$条件收敛.

3. 任意项级数的敛散性判别法

对任意项级数$\sum\limits_{n=1}^{\infty}u_n$,一般按以下几个步骤来判别其敛散性:

(1) $\lim\limits_{n\to\infty}u_n$是否等于零?若$\lim\limits_{n\to\infty}u_n\neq 0$,则$\sum\limits_{n=1}^{\infty}u_n$发散;若$\lim\limits_{n\to\infty}u_n=0$,则转(2);

(2) 考察$\sum\limits_{n=1}^{\infty}u_n$的绝对收敛性,即看$\sum\limits_{n=1}^{\infty}|u_n|$是否收敛,此时可用正项级数的各种判别法进行判别,若非绝对收敛,则转(3);

(3) 判别u_n是否为交错级数,是则可用 Leibniz 判别法;若不是交错级数或不能用 Leibniz 判别法判别,则转(4);

(4) 利用级数敛散性的定义,即看是否能求部分和s_n,再考察部分和数列$\{s_n\}$的敛散性,或利用级数的性质拆项,拆项后,各部分再分别判断敛散性.

【典型例题选讲——基础篇】

例 1　利用 Leibniz 判别法判定级数$\sum\limits_{n=1}^{\infty}\dfrac{(-1)^{n-1}}{\ln(2+n)}$的敛散性.

解　显然$\sum\limits_{n-1}^{\infty}\dfrac{(-1)^{n-1}}{\ln(2+n)}$是交错级数,又因为

$$\ln\frac{1}{2+n}>\ln\frac{1}{2+(n+1)},\ 且\ \lim_{n\to\infty}\frac{1}{\ln(2+n)}=0$$

故由 Leibniz 判别法可知,$\sum\limits_{n=1}^{\infty}\dfrac{(-1)^{n-1}}{\ln(2+n)}$收敛.

例 2　判定下列级数是否收敛. 如果收敛,是绝对收敛? 还是条件收敛?

(1) $\sum\limits_{n=1}^{\infty}\dfrac{(-1)^{n-1}}{\ln(2+n)}$　　(2) $\sum\limits_{n=1}^{\infty}(-1)^{n-1}\dfrac{2^{n^2}}{n!}$　　(3) $\sum\limits_{n=1}^{\infty}\dfrac{(-1)^n n^3}{2^n}$

解 (1) 由例 1 可知,该级数收敛,但是由于

$$\lim_{n\to\infty}\frac{\frac{1}{\ln(2+n)}}{\frac{1}{n}}=\lim_{n\to\infty}\frac{n}{\ln(n+2)}=+\infty$$

故由比较法的极限形式知$\sum\limits_{n=1}^{\infty}\frac{1}{\ln(2+n)}$发散.

综上可知,级数$\sum\limits_{n=1}^{\infty}\frac{(-1)^{n-1}}{\ln(2+n)}$条件收敛.

(2) 因为 $\lim\limits_{n\to\infty}\frac{|u_{n+1}|}{|u_n|}=\lim\limits_{n\to\infty}\frac{2^{(n+1)^2}}{(n+1)!}\cdot\frac{n!}{2^{n^2}}=\lim\limits_{n\to\infty}\frac{2^{2n+1}}{n+1}=+\infty$,故 $u_n\not\to 0(n\to\infty)$,所以级数$\sum\limits_{n=1}^{\infty}(-1)^{n-1}\frac{2^{n^2}}{n!}$发散.

(3) 因为$\lim\limits_{n\to\infty}\frac{|u_{n+1}|}{|u_n|}=\lim\limits_{n\to\infty}\frac{(n+1)^3}{2^{n+1}}\cdot\frac{2^n}{n^3}=\frac{1}{2}<1$,故级数$\sum\limits_{n=1}^{\infty}\left|\frac{(-1)^n n^3}{2^n}\right|=\sum\limits_{n=1}^{\infty}\frac{n^3}{2^n}$收敛,即原级数$\sum\limits_{n=1}^{\infty}\frac{(-1)^n n^3}{2^n}$绝对收敛.

例 3 设 $0\leqslant a_n<\frac{1}{n}(n=1,2,\cdots)$,则下列级数中肯定收敛的是(　　).

A. $\sum\limits_{n=1}^{\infty}a_n$　　B. $\sum\limits_{n=1}^{\infty}(-1)^n a_n$　　C. $\sum\limits_{n=1}^{\infty}\sqrt{a_n}$　　D. $\sum\limits_{n=1}^{\infty}(-1)^n a_n^2$

解 因为 $|(-1)^n a_n^2|=a_n^2<\frac{1}{n^2}$,由比较判别法可知,$\sum\limits_{n=1}^{\infty}a_n^2$ 收敛,即$\sum\limits_{n=1}^{\infty}(-1)^n a_n^2$ 绝对收敛. 故应选 D. 至于其他选项,反例如下:

取 $a_n=\frac{1}{2n}$可知 A、C 不正确.

取 $a_{2n-1}=0,a_{2n}=\frac{1}{4n}$,则$\sum\limits_{n=1}^{\infty}(-1)^n a_n=0+\frac{1}{4}+0+\frac{1}{8}+0+\frac{1}{12}+\cdots+0+\frac{1}{4n}+\cdots=\frac{1}{4}\sum\limits_{n=1}^{\infty}\frac{1}{n}$ 发散,故 B 不正确.

注:对于交错级数和任意项级数$\sum\limits_{n=1}^{\infty}u_n$,应当先考察正项级数$\sum\limits_{n=1}^{\infty}|u_n|$的敛散性,若级数$\sum\limits_{n=1}^{\infty}|u_n|$收敛,则原级数绝对收敛;若级数$\sum\limits_{n=1}^{\infty}|u_n|$发散,原级数未必发散,此时须使用其他方法作进一步判别.

【基础作业题】

1. 判别下列级数是否收敛,若收敛,指出是绝对收敛还是条件收敛.

(1) $\sum\limits_{n=1}^{\infty}(-1)^n\dfrac{1}{\sqrt{n}}$　　(2) $\sum\limits_{n=1}^{\infty}(-1)^{n-1}\dfrac{n}{3^n}$

(3) $\sum\limits_{n=1}^{\infty}(-1)^{n-1}\dfrac{\arctan n}{n^2}$

2. 试证:$\sum\limits_{n=1}^{\infty}\dfrac{x^n}{n!}$ 对所有的 $x\in\mathrm{R}$ 均收敛,并以此推得极限 $\lim\limits_{n\to\infty}\dfrac{x^n}{n!}=0$ 对所有的 x 均成立.

【典型例题选讲——提高篇】

例 1　设常数 $\lambda>0$,而级数 $\sum\limits_{n=1}^{\infty}a_n^2$ 收敛,则级数 $\sum\limits_{n=1}^{\infty}(-1)^n\dfrac{|a_n|}{\sqrt{n^2+\lambda}}$(　　).

A. 发散　　B. 条件收敛　　C. 绝对收敛　　D. 收敛性与 λ 有关

解　因为 $\left|(-1)^n\dfrac{|a_n|}{\sqrt{n^2+\lambda}}\right|\leqslant\dfrac{1}{2}(a_n^2+\dfrac{1}{n^2+\lambda})\leqslant\dfrac{1}{2}(a_n^2+\dfrac{1}{n^2})$. 由题设 $\sum\limits_{n=1}^{\infty}a_n^2$ 收敛及比较判别法可知,级数 $\sum\limits_{n=1}^{\infty}(-1)^n\dfrac{|a_n|}{\sqrt{n^2+\lambda}}$ 绝对收敛. 故应选 C.

例 2　设 $p_n=\dfrac{a_n+|a_n|}{2}$,$q_n=\dfrac{a_n-|a_n|}{2}$,$n=1,2,\cdots$,则下列命题中正确的

是(　　).

A. 若$\sum_{n=1}^{\infty}a_n$条件收敛,则$\sum_{n=1}^{\infty}p_n$与$\sum_{n=1}^{\infty}q_n$都收敛

B. 若$\sum_{n=1}^{\infty}a_n$绝对收敛,则$\sum_{n=1}^{\infty}p_n$与$\sum_{n=1}^{\infty}q_n$都收敛

C. 若$\sum_{n=1}^{\infty}a_n$条件收敛,则$\sum_{n=1}^{\infty}p_n$与$\sum_{n=1}^{\infty}q_n$的敛散性不定

D. 若$\sum_{n=1}^{\infty}a_n$绝对收敛,则$\sum_{n=1}^{\infty}p_n$与$\sum_{n=1}^{\infty}q_n$的敛散性都不定

解　若$\sum_{n=1}^{\infty}a_n$条件收敛,即$\sum_{n=1}^{\infty}a_n$收敛,$\sum_{n=1}^{\infty}|a_n|$发散,则

$$\sum_{n=1}^{\infty}\frac{a_n\pm|a_n|}{2}=\frac{1}{2}\left(\sum_{n=1}^{\infty}a_n\pm\sum_{n=1}^{\infty}|a_n|\right)$$

发散,即$\sum_{n=1}^{\infty}p_n$,$\sum_{n=1}^{\infty}q_n$都发散,即A、C不正确.

若$\sum_{n=1}^{\infty}a_n$绝对收敛,即$\sum_{n=1}^{\infty}|a_n|$收敛$\Rightarrow\sum_{n=1}^{\infty}a_n$收敛,则

$$\sum_{n=1}^{\infty}\frac{a_n\pm|a_n|}{2}=\frac{1}{2}\left(\sum_{n=1}^{\infty}a_n\pm\sum_{n=1}^{\infty}|a_n|\right)$$

收敛,即$\sum_{n=1}^{\infty}p_n$,$\sum_{n=1}^{\infty}q_n$都收敛,故应选B.

例3　下述各选项正确的是(　　).

A. 若$\sum_{n=1}^{\infty}u_n^2$和$\sum_{n=1}^{\infty}v_n^2$都收敛,则$\sum_{n=1}^{\infty}(u_n+v_n)^2$收敛

B. 若$\sum_{n=1}^{\infty}|u_nv_n|$收敛,则$\sum_{n=1}^{\infty}u_n^2$与$\sum_{n=1}^{\infty}v_n^2$都收敛

C. 若正项级数$\sum_{n=1}^{\infty}u_n$发散,则$u_n\geqslant\frac{1}{n}$

D. 若级数$\sum_{n=1}^{\infty}u_n$收敛,且$u_n\geqslant v_n(n=1,2,\cdots)$,则级数$\sum_{n=1}^{\infty}v_n$也收敛

解　因为$0\leqslant(u_n+v_n)^2=u_n^2+2u_nv_n+v_n^2\leqslant2(u_n^2+v_n^2)$,由$\sum_{n=1}^{\infty}(u_n^2+v_n^2)$收敛,及比较判别法可知,$\sum_{n=1}^{\infty}(u_n+v_n)^2$收敛.故应选A.至于其他选项,反例如下:

取$u_n=1,v=\frac{1}{n^2}$,可知B不正确;

取$u_n=\frac{1}{n}-\frac{1}{n^2}$,可知C不正确;

取 $u_n=\frac{1}{n^2}, v_n=-\frac{1}{n}$,可知 D 不正确.

【提高练习题】

判断下列结论正确与否,并说明理由.

(1) 若$\frac{u_{n+1}}{u_n}<1$,则正项级数$\sum\limits_{n=1}^{\infty}u_n$ 收敛.

(2) 若级数$\sum\limits_{n=1}^{\infty}u_n$ 收敛,则$\sum\limits_{n=1}^{\infty}(-1)^n u_n$ 条件收敛.

(3) 若级数$\sum\limits_{n=1}^{\infty}u_n$ 收敛,则$\sum\limits_{n=1}^{\infty}u_n^2$ 收敛.

(4) 若正项级数$\sum\limits_{n=1}^{\infty}u_n$ 收敛,则$\sum\limits_{n=1}^{\infty}u_n^2$ 收敛.

提高练习题参考答案:

(1) 错误. 例如:可取 $u_n=\frac{1}{n}$;(2) 错误. 例如:可取 $u_n=\frac{1}{n^2}$;(3) 错误. 例如:取 $u_n=(-1)^n\frac{1}{\sqrt{n}}, u_n^2=\frac{1}{n}$,则$\sum\limits_{n=1}^{\infty}(-1)^n\frac{1}{\sqrt{n}}$收敛,但$\sum\limits_{n=1}^{\infty}\frac{1}{n}$ 发散;(4) 正确. 提示:由级数$\sum\limits_{n=1}^{\infty}u_n$ 收敛知,$\lim\limits_{n\to\infty}u_n=0$,于是$\lim\limits_{n\to\infty}\frac{u_n^2}{u_n}=0$,由比较判别法的极限形式知,$\sum\limits_{n=1}^{\infty}u_n^2$ 收敛.

8.4 幂　级　数

【学习目标】

理解幂级数的概念,会求幂级数的收敛半径、收敛区间和收敛域,了解幂级数的运算性质与和函数的计算方法.

【知识要点】

1. 函数项无穷级数

设 $u_n(x)$　$(n=1,2,\cdots)$为定义在区间 I 上的函数列,则称表达式

$$u_1(x)+u_2(x)+\cdots+u_n(x)+\cdots$$

为 I 上的函数项无穷级数,简称为函数项级数,记为$\sum\limits_{n=1}^{\infty}u_n(x)$.

若在点 $x_0\in I$ 处,常数项级数$\sum\limits_{n=1}^{\infty}u_n(x_0)$ 收敛,称 x_0 为级数$\sum\limits_{n=1}^{\infty}u_n(x)$ 的收敛

点. 全体收敛点的集合称为级数$\sum\limits_{n=1}^{\infty}u_n(x)$ 的**收敛域**,则在收敛域 I 上,自然定义了一个函数 $s(x)$,对于任意的点 $x_0\in I$,$s(x_0)=\sum\limits_{n=1}^{\infty}u_n(x_0)$,称 $s(x)$ 为函数项级数$\sum\limits_{n=1}^{\infty}u_n(x)$ 的和函数.

2. 幂级数及其收敛域

形如$\sum\limits_{n=0}^{\infty}a_n(x-x_0)^n=a_0+a_1(x-x_0)+a_2(x-x_0)^2+\cdots+a_n(x-x_0)^n+\cdots$ 的函数项级数称为$(x-x_0)$的幂级数,其中a_n, $n=0,1,2,\cdots$ 为常数,称为幂级数的系数.

若取 $x_0=0$,则称$\sum\limits_{n=0}^{\infty}a_nx^n=a_0+a_1x+a_2x^2+\cdots+a_nx^n+\cdots$ 为 x 的幂级数.

注:对于幂级数$\sum\limits_{n=0}^{\infty}a_n(x-x_0)^n$,只要令 $x-x_0=t$,就可以转化为幂级数$\sum\limits_{n=0}^{\infty}a_nt^n$,故我们一般只讨论$\sum\limits_{n=0}^{\infty}a_nx^n$.

3. 收敛半径和收敛域的求法

在幂级数$\sum\limits_{n=0}^{\infty}a_nx^n$, $a_n\neq 0$ 中,若$\lim\limits_{n\to\infty}\left|\dfrac{a_{n+1}}{a_n}\right|=\rho$,则有

(1) 当 $0<\rho<+\infty$时,收敛半径 $R=\dfrac{1}{\rho}$;

(2) 当 $\rho=0$ 时,收敛半径 $R=+\infty$;

(3) 当 $\rho=+\infty$时,收敛半径 $R=0$.

求出收敛半径R后,一般称开区间$(-R, R)$为收敛区间,然后再对 $x=\pm R$时所得的常数项级数$\sum\limits_{n=0}^{\infty}a_nR^n$ 和$\sum\limits_{n=0}^{\infty}a_n(-R)^n$ 判定其收敛性,则最终可确定收敛域.

注:对于缺项的幂级数$\sum\limits_{n=0}^{\infty}u_n(x)$(如$\sum\limits_{n=0}^{\infty}a_nx^{2n}$, $\sum\limits_{n=0}^{\infty}a_nx^{2n-1}$ 等),不可用上述公式,而应直接使用比值法求极限$\lim\limits_{n\to\infty}\left|\dfrac{u_{n+1}(x)}{u_n(x)}\right|=\rho(x)$. 当$\rho(x)<1$时,幂级数收敛;当 $\rho(x)>1$ 时,幂级数发散,从而求得 R.

4. 幂级数的基本性质

(1) 幂级数在其收敛域 I 内的和函数 $s(x)$为连续函数.

(2) 幂级数$\sum\limits_{n=0}^{\infty}a_nx^n$ 在收敛区间$(-R,R)$ 内的和函数 $s(x)$ 为可导函数,且$s'(x)=\left(\sum\limits_{n=0}^{\infty}a_nx^n\right)'=\sum\limits_{n=0}^{\infty}(a_nx^n)'=\sum\limits_{n=1}^{\infty}(a_nn)x^{n-1}$,逐项求导后收敛半径不变.

(3) 幂级数 $\sum\limits_{n=0}^{\infty} a_n x^n$ 在收敛区间 $(-R,R)$ 内的和函数 $s(x)$ 为可积函数，且

$$\int_0^x s(t)\mathrm{d}t = \int_0^x \sum_{n=0}^{\infty} a_n t^n \mathrm{d}t = \sum_{n=0}^{\infty} \int_0^x a_n t^n \mathrm{d}t = \sum_{n=0}^{\infty} \frac{a_n}{n+1} x^{n+1}$$

此处积分下限取 $x_0=0$,只是因为取 $x_0=0$ 时计算最简便，其实 x_0 可取幂级数收敛域内任何一点.

注:(2)(3)中的收敛半径虽然没有变化,但在点 $x=\pm R$ 处,幂级数的敛散性可能发生变化,必须重新讨论.

【典型例题选讲——基础篇】

例 1　求下列幂级数的收敛半径和收敛域.

(1) $\sum\limits_{n=1}^{\infty} nx^n$　　(2) $\sum\limits_{n=1}^{\infty} (-1)^n \dfrac{x^n}{n^2}$　　(3) $\sum\limits_{n=1}^{\infty} \dfrac{x^n}{2\cdot 4\cdot \cdots \cdot (2n)}$

解　(1) 题中 $a_n = n$,因为 $\rho = \lim\limits_{n\to\infty}\left|\dfrac{a_{n+1}}{a_n}\right| = \lim\limits_{n\to\infty}\dfrac{n+1}{n} = 1$,所以幂级数 $\sum\limits_{n=1}^{\infty} nx^n$ 的收敛半径 $R = \dfrac{1}{\rho} = 1$.

又因为当 $x=\pm 1$ 时,$\sum\limits_{n=1}^{\infty} n$ 和 $\sum\limits_{n=1}^{\infty} (-1)^n n$ 均发散,故级数 $\sum\limits_{n=1}^{\infty} nx^n$ 的收敛域为 $(-1,1)$.

(2) 题中 $a_n = (-1)^n \dfrac{1}{n^2}$,因为 $\rho = \lim\limits_{n\to\infty}\left|\dfrac{a_{n+1}}{a_n}\right| = \lim\limits_{n\to\infty}\dfrac{n^2}{(n+1)^2} = 1$,所以原幂级数的收敛半径为 $R = \dfrac{1}{\rho} = 1$.

当 $x=1$ 时,$\sum\limits_{n=1}^{\infty} (-1)^n \dfrac{1}{n^2}$ 收敛;当 $x=-1$ 时,$\sum\limits_{n=1}^{\infty} \dfrac{1}{n^2}$ 收敛,故原幂级数的收敛域为 $[-1,1]$.

(3) 题中 $a_n = \dfrac{1}{2\cdot 4\cdot \cdots \cdot (2n)}$,因为 $\rho = \lim\limits_{n\to\infty}\left|\dfrac{a_{n+1}}{a_n}\right| = \lim\limits_{n\to\infty}\dfrac{1}{2(n+1)} = 0$,故原级数的收敛半径 $R=+\infty$,即收敛域为 $(-\infty,+\infty)$.

例 2　求幂级数 $\sum\limits_{n=1}^{\infty} \dfrac{(x-5)^n}{\sqrt{n}}$ 的收敛半径和收敛域.

解　令 $t = x-5$,则原级数化为 $\sum\limits_{n=1}^{\infty} \dfrac{1}{\sqrt{n}} t^n$.

因为 $\rho = \lim\limits_{n\to\infty}\left|\dfrac{a_{n+1}}{a_n}\right| = \lim\limits_{n\to\infty}\dfrac{\sqrt{n}}{\sqrt{n+1}} = 1$,故幂级数收敛半径 $R = \dfrac{1}{\rho} = 1$.

又因为当 $t=-1$ 时，$\sum\limits_{n=1}^{\infty}\frac{(-1)^n}{\sqrt{n}}$ 收敛；当 $t=1$ 时，$\sum\limits_{n=1}^{\infty}\frac{1}{\sqrt{n}}$ 发散，故级数 $\sum\limits_{n=1}^{\infty}\frac{1}{\sqrt{n}}t^n$ 的收敛域为 $-1\leqslant t<1$，即 $-1\leqslant x-5<1\Rightarrow 4\leqslant x<6$.

从而原级数 $\sum\limits_{n=1}^{\infty}\frac{(x-5)^n}{\sqrt{n}}$ 的收敛域为 $[4,6)$.

例 3 求下列幂级数的和函数.

(1) $\sum\limits_{n=0}^{\infty}\frac{1}{2^{n-1}}x^n$　　(2) $\sum\limits_{n=1}^{\infty}nx^{n-1}$　　(3) $\sum\limits_{n=0}^{\infty}\frac{x^n}{n+1}$

解 (1) $\sum\limits_{n=0}^{\infty}\frac{1}{2^{n-1}}x^n=2\sum\limits_{n=0}^{\infty}\left(\frac{x}{2}\right)^n=\frac{2}{1-\frac{x}{2}}=\frac{4}{2-x},\ -2<x<2$

(2) 显然其收敛域为 $(-1,1)$，设和函数为 $s(x)$，即

$$s(x)=\sum_{n=1}^{\infty}nx^{n-1},\quad x\in(-1,1)$$

两边积分得　$\int_0^x s(t)\mathrm{d}t=\sum\limits_{n=1}^{\infty}\int_0^x nt^{n-1}\mathrm{d}t=\sum\limits_{n=1}^{\infty}x^n=\frac{x}{1-x},\quad x\in(-1,1)$

两边对 x 求导得　$s(x)=\sum\limits_{n=1}^{\infty}nx^{n-1}=\left(\frac{x}{1-x}\right)'=\frac{1}{(1-x)^2},\quad x\in(-1,1)$

(3) 不难求得，收敛域为 $[-1,1)$，设和函数 $s(x)$，即

$$s(x)=\sum_{n=0}^{\infty}\frac{x^n}{n+1},\quad x\in[-1,1)$$

于是 $x\cdot s(x)=\sum\limits_{n=0}^{\infty}\frac{x^{n+1}}{n+1}$，利用性质逐项求导得到

$$[x\cdot s(x)]'=\sum_{n=0}^{\infty}\left(\frac{x^{n+1}}{n+1}\right)'=\sum_{n=0}^{\infty}x^n=\frac{1}{1-x},\quad x\in(-1,1)$$

对上式两边从 0 到 x 积分，得

$$x\cdot s(x)=\int_0^x\frac{1}{1-x}\mathrm{d}x=-\ln(1-x),\quad x\in[-1,1)$$

于是当 $x\neq0$ 时，有 $s(x)=-\frac{1}{x}\ln(1-x)$. 而 $x=0$ 时，显然有 $s(0)=a_0=1$，故

$$s(x)=\begin{cases}-\dfrac{1}{x}\ln(1-x), & x\in[-1,0)\cup(0,1)\\ 1, & x=0\end{cases}$$

注：在求幂级数的和函数时，应注意以下几点：

(1) 熟记等比级数的和函数公式.

(2) 善于用适当的变换、幂级数在其收敛域内进行的微分、积分运算，把所讨论的级数转化为等比级数，并求其和.

(3) 对(2)中的运算作相应的逆运算,即可求得和函数.

应该注意的是,上述运算均应在幂级数的收敛区间内进行,故和函数的后面,应注明收敛区间,有时根据要求,还需讨论收敛区间端点处的收敛性.

【基础作业题】

1. 求下列幂级数的收敛半径与收敛区间.

(1) $\frac{x}{1\cdot 3}+\frac{x^2}{2\cdot 3^2}+\frac{x^3}{3\cdot 3^3}+\cdots+\frac{x^n}{n\cdot 3^n}+\cdots$

(2) $\sum\limits_{n=1}^{\infty}\frac{n}{3^n}(x-2)^n$　　(3) $\sum\limits_{n=1}^{\infty}\frac{2n-1}{2^n}x^{2n-2}$

2. 利用幂级数的逐项求导或逐项积分性质,求下列级数的和函数.

(1) $\sum\limits_{n=1}^{\infty}(-1)^n\frac{1}{n}x^n$　　(2) $\sum\limits_{n=1}^{\infty}nx^{n+1}$

【典型例题选讲——提高篇】

例 1　求幂级数 $\sum\limits_{n=0}^{\infty}(-1)^n\frac{x^{2n+1}}{2n+1}$ 的收敛半径和收敛域.

解　原级数为缺项幂级数,考虑正项级数 $\sum\limits_{n=0}^{\infty}\frac{|x|^{2n+1}}{2n+1}$,应用比值判别法求收敛半径.

$$\lim_{n\to\infty}\frac{|x|^{2n+3}}{2n+3}\Big/\frac{|x|^{2n+1}}{2n+1}=|x|^2<1,\quad 解得\quad |x|<1$$

又因为当 $x=1$ 时，交错级数 $\sum\limits_{n=1}^{\infty}(-1)^n\dfrac{1}{2n+1}$ 收敛；当 $x=-1$ 时，交错级数 $\sum\limits_{n=1}^{\infty}(-1)^{n+1}\dfrac{1}{2n+1}$ 收敛，故原幂级数的收敛半径为 $R=1$，收敛域为$[-1,1]$.

例 2　设幂级数 $\sum\limits_{n=1}^{\infty}a_nx^n$ 和 $\sum\limits_{n=1}^{\infty}b_nx^n$ 的收敛半径分别为$\dfrac{\sqrt{5}}{3}$ 和$\dfrac{1}{3}$，则幂级数 $\sum\limits_{n=1}^{\infty}\dfrac{a_n^2}{b_n^2}x^n$ 的收敛半径为(　　).

A. 5　　B. $\dfrac{\sqrt{5}}{3}$　　C. $\dfrac{1}{3}$　　D. $\dfrac{1}{5}$

解　由题设可知，$\lim\limits_{n\to\infty}\left|\dfrac{a_{n+1}}{a_n}\right|=\dfrac{3}{\sqrt{5}}$，$\lim\limits_{n\to\infty}\left|\dfrac{b_{n+1}}{b_n}\right|=3$，故

$$\lim_{n\to\infty}\left|\frac{a_{n+1}^2/b_{n+1}^2}{a_n^2/b_n^2}\right|=\lim_{n\to\infty}\frac{a_{n+1}^2}{a_n^2}\cdot\frac{b_n^2}{b_{n+1}^2}=\frac{9}{5}\cdot\frac{1}{9}=\frac{1}{5}$$

从而级数 $\sum\limits_{n=1}^{\infty}\dfrac{a_n^2}{b_n^2}x^n$ 的收敛半径为 5，故应选 A.

例 3　求幂级数 $\sum\limits_{n=1}^{\infty}\dfrac{1}{n(n+1)}x^{n+1}$ 的和函数.

解　设 $s(x)=\sum\limits_{n=1}^{\infty}\dfrac{1}{n(n+1)}x^{n+1}\quad(-1\leqslant x\leqslant 1)$，则有

$$s'(x)=\sum_{n=1}^{\infty}\frac{1}{n}x^n,\quad(-1\leqslant x<1),\quad s''(x)=\sum_{n=1}^{\infty}x^{n-1}=\frac{1}{1-x}$$

于是 $$s'(x)=s'(0)+\int_0^x s''(t)\mathrm{d}t=\int_0^x\frac{1}{1-t}\mathrm{d}t=-\ln(1-x)$$

$$\begin{aligned}s(x)&=s(0)+\int_0^x s'(t)\mathrm{d}t=\int_0^x[-\ln(1-t)]\mathrm{d}t\\&=x+\ln(1-x)-x\ln(1-x)\quad(-1\leqslant x<1)\end{aligned}$$

当 $x=1$ 时，$s(1)=1$.

例 4　设 $I_n=\int_0^{\pi/4}\sin^n x\cos x\mathrm{d}x\quad(n=0,1,2,\cdots)$，求 $\sum\limits_{n=0}^{\infty}I_n$.

解　由 $I_n=\int_0^{\pi/4}\sin^n x\mathrm{d}(\sin x)=\dfrac{1}{n+1}\sin^{n+1}x\Big|_0^{\pi/4}=\dfrac{1}{n+1}(\dfrac{\sqrt{2}}{2})^{n+1}$，有

$$\sum_{n=0}^{\infty}I_n=\sum_{n=0}^{\infty}\frac{1}{n+1}\left(\frac{\sqrt{2}}{2}\right)^{n+1}$$

令 $s(x)=\sum\limits_{n=0}^{\infty}\dfrac{1}{n+1}x^{n+1}$，因为其收敛半径为 1，且 $s(0)=0$，故在$(-1,1)$内有

$$s'(x)=\sum_{n=0}^{\infty}x^n=\frac{1}{1-x}$$

于是

$$s(x)=s(0)+\int_0^x \frac{1}{1-t}\mathrm{d}t=-\ln|1-x|$$

令 $x=\frac{\sqrt{2}}{2}\in(-1,1)$，即得

$$s\left(\frac{\sqrt{2}}{2}\right)=-\ln\left|1-\frac{\sqrt{2}}{2}\right|=\ln(2+\sqrt{2})$$

从而

$$\sum_{n=0}^{\infty} I_n=\ln(2+\sqrt{2})$$

注：对常数项级数求和，可构造一个幂级数，使该常数项级数正好是幂级数在其收敛域内某点 x_0 所对应的常数项级数，从而只需求幂级数的和函数，进而求出和函数在该点 x_0 的函数值即可.

【提高练习题】

1. 求幂级数 $\sum\limits_{n=0}^{\infty} n(n+1)x^n$ 在其收敛区间内的和函数，并求常数项级数 $\sum\limits_{n=0}^{\infty}\frac{n(n+1)}{2^n}$ 的和.

2. 求幂级数 $1+\sum\limits_{n=1}^{\infty}(-1)^n\frac{x^{2n}}{2n}$，$|x|<1$ 的和函数 $f(x)$ 及其极值.

提高练习题参考答案：

1. $\sum\limits_{n=0}^{\infty}\frac{(n+1)n}{2^n}=8$. 提示：利用 $\sum\limits_{n=0}^{\infty}x^{n+1}=\frac{x}{1-x}$，可得 $\sum\limits_{n=0}^{\infty}(n+1)nx^n=\frac{2x}{(1-x)^3}$，代入 $x=\frac{1}{2}$.

2. $f(x)=f(0)+\int_0^x f'(t)\mathrm{d}t=f(0)-\int_0^x\frac{t}{1+t^2}\mathrm{d}t=1-\frac{1}{2}\ln(1+x^2)$ $(|x|<1)$.

$f(x)$ 在点 $x=0$ 处取得极大值，且极大值为 $f(0)=1$.

8.5　初等函数的幂级数展开

【学习目标】

了解幂级数的展开与应用，会求简单初等函数的幂级数展开式.

【知识要点】

1. 泰勒(Taylor)级数

$f(x)$在点 x_0 处的 Taylor 展开是：

$$f(x)=f(x_0)+f'(x_0)(x-x_0)+\frac{f''(x_0)}{2!}(x-x_0)^2+\cdots+\frac{f^{(n)}(x_0)}{n!}(x-x_0)^n+\cdots \tag{1}$$

$f(x)$的麦克劳林(Maclaurin)展开是：

$$f(x)=f(0)+f'(0)x+\frac{f''(0)}{2!}x^2+\cdots+\frac{f^{(n)}(0)}{n!}x^n+\cdots \tag{2}$$

2. 函数展开成幂级数

方法一 利用上面的 Taylor 级数或 Maclaurin 级数直接展开，即直接计算 $f^{(n)}(x_0)$或 $f^{(n)}(0)$，然后代入公式(1)、(2)，此法较繁.

方法二 利用如下已知函数的展开式，对所求函数逐项微分或逐项积分间接展开，此方法相对简单，但需要熟记一些常见函数的幂级数的展开式.

$$e^x=1+\frac{1}{1!}x+\frac{1}{2!}x^2+\cdots+\frac{1}{n!}x^n+\cdots \quad x\in(-\infty,+\infty)$$

$$\sin x=x-\frac{1}{3!}x^3+\frac{1}{5!}x^5-\cdots+(-1)^n\frac{1}{(2n+1)!}x^{2n+1}+\cdots \quad x\in(-\infty,+\infty)$$

$$\cos x=1-\frac{1}{2!}x^2+\frac{1}{4!}x^4-\cdots+(-1)^n\frac{1}{(2n)!}x^{2n}+\cdots \quad x\in(-\infty,+\infty)$$

$$\ln(1+x)=x-\frac{1}{2}x^2+\frac{1}{3}x^3-\cdots+(-1)^n\frac{1}{n+1}x^{n+1}+\cdots \quad x\in(-1,1]$$

$$\frac{1}{1-x}=1+x+x^2+\cdots+x^n+\cdots \quad x\in(-1,1)$$

$$\frac{1}{1+x}=1-x+x^2-\cdots+(-1)^nx^n+\cdots \quad x\in(-1,1)$$

【典型例题选讲——基础篇】

例 1 将下列函数展开成 x 的幂级数，并求展开式成立的区间.

(1) $\ln(a+x)$，$a>0$ (2) $(1+x)\ln(1+x)$ (3) x^3e^{-x} (4) $\frac{x^2}{1+x}$

解 (1)
$$\begin{aligned}\ln(a+x)&=\ln a+\ln\left(1+\frac{x}{a}\right)\\&=\ln a+\sum_{n=0}^{\infty}(-1)^n\frac{1}{n+1}\left(\frac{x}{a}\right)^{n+1}\\&=\ln a+\sum_{n=0}^{\infty}(-1)^n\frac{x^{n+1}}{(n+1)a^{n+1}},\quad x\in(-a,a]\end{aligned}$$

(2) $(1+x)\ln(1+x)=\ln(1+x)+x\ln(1+x)$

$$=\sum_{n=0}^{\infty}(-1)^n\frac{x^{n+1}}{n+1}+x\sum_{n=0}^{\infty}(-1)^n\frac{x^{n+1}}{n+1}$$

$$=\sum_{n=1}^{\infty}(-1)^{n-1}\frac{x^n}{n}+\sum_{n=2}^{\infty}(-1)^n\frac{x^n}{(n-1)}$$

$$=x+\sum_{n=2}^{\infty}(-1)^n x^n\left(\frac{1}{n-1}-\frac{1}{n}\right)$$

$$=x+\sum_{n=2}^{\infty}\frac{(-1)^n}{n(n-1)}x^n,\ x\in(-1,1]$$

(3) $x^3\mathrm{e}^{-x}=x^3\sum_{n=0}^{\infty}\frac{(-x)^n}{n!}=\sum_{n=0}^{\infty}\frac{(-1)^n x^{n+3}}{n!}$, $x\in(-\infty,+\infty)$

(4) $\frac{x^2}{1+x}=x^2\sum_{n=0}^{\infty}(-1)^n x^n=\sum_{n=0}^{\infty}(-1)^n x^{n+2}=\sum_{n=2}^{\infty}(-1)^n x^n$, $x\in(-1,1)$

例 2　将函数$\frac{1}{(x-1)(x-2)}$分别展开成 x,$x+1$ 的幂级数,并求展开式成立的区间.

解　因为

$$\frac{1}{1-t}=1+t+t^2+\cdots+t^n+\cdots,\quad t\in(-1,1)$$

所以

$$\frac{1}{(x-1)(x-2)}=\frac{1}{x-2}-\frac{1}{x-1}=\frac{1}{1-x}-\frac{1}{2}\cdot\frac{1}{1-\frac{x}{2}}$$

$$=\sum_{n=0}^{\infty}x^n-\frac{1}{2}\sum_{n=0}^{\infty}\frac{1}{2^n}x^n=\sum_{n=0}^{\infty}\left(1-\frac{1}{2^{n+1}}\right)x^n,\quad x\in(-1,1)$$

$$\frac{1}{(x-1)(x-2)}=\frac{1}{x-2}-\frac{1}{x-1}=\frac{1}{(x+1)-3}-\frac{1}{(x+1)-2}$$

$$=\frac{1}{2-(x+1)}-\frac{1}{3-(x+1)}=\frac{1}{2}\frac{1}{1-\frac{x+1}{2}}-\frac{1}{3}\frac{1}{1-\frac{x+1}{3}}$$

$$=\frac{1}{2}\sum_{n=0}^{\infty}\frac{1}{2^n}(x+1)^n-\frac{1}{3}\sum_{n=0}^{\infty}\frac{1}{3^n}(x+1)^n$$

$$=\sum_{n=0}^{\infty}\left(\frac{1}{2^{n+1}}-\frac{1}{3^{n+1}}\right)(x+1)^n$$

【基础作业题】

1. 将下列函数展开成 x 的幂级数,并求展开式成立的区间.

(1) x^2e^{x+1} (2) $\ln(2+x)$

2. 将函数 $f(x)=\dfrac{1}{x}$ 展开成 $(x-2)$ 的幂级数，并指出其收敛区间.

【典型例题选讲——提高篇】

例 1 将下列函数展开成 x 的幂级数，并求展开式成立的区间.

(1) $\displaystyle\int_0^x \frac{\sin t}{t}dt$ (2) $\displaystyle\int_0^x e^{-t^2}dt$ (3) $\dfrac{x}{\sqrt{1+x^2}}$

解 (1) 因为 $\sin t=\displaystyle\sum_{n=0}^{\infty}(-1)^n\frac{t^{2n+1}}{(2n+1)!}$，所以

$$\frac{\sin t}{t}=\sum_{n=0}^{\infty}(-1)^n\frac{t^{2n}}{(2n+1)!}$$

故

$$\begin{aligned}\int_0^x\frac{\sin t}{t}dt&=\sum_{n=0}^{\infty}(-1)^n\int_0^x\frac{t^{2n}}{(2n+1)!}dt\\&=\sum_{n=0}^{\infty}(-1)^n\frac{x^{2n+1}}{(2n+1)(2n+1)!},\quad x\in(-\infty,+\infty)\end{aligned}$$

(2) 因为 $e^{-t^2}=\displaystyle\sum_{n=0}^{\infty}\frac{(-t^2)^n}{n!}=\sum_{n=0}^{\infty}\frac{(-1)^nt^{2n}}{n!}$，所以

$$\int_0^x e^{-t^2}dt=\sum_{n=0}^{\infty}\int_0^x\frac{(-1)^nt^{2n}}{n!}dt=\sum_{n=0}^{\infty}\frac{(-1)^nx^{2n+1}}{n!(2n+1)},\quad x\in(-\infty,+\infty)$$

(3) $$\frac{x}{\sqrt{1+x^2}}=x(1+x^2)^{-1/2}=x\left[1+\sum_{n=1}^{\infty}\frac{\left(-\frac{1}{2}\right)\left(-\frac{3}{2}\right)\cdots\left(-\frac{2n-1}{2}\right)}{n!}x^{2n}\right]$$

$$= x + \sum_{n=1}^{\infty} \frac{(2n-1)!!}{2^n n!} x^{2n} = x + \sum_{n=1}^{\infty} \frac{(2n)!}{4^n n!} x^{2n}, \quad x \in [-1,1]$$

注:此处用了二项展开式

$$(1+x)^m = 1 + mx + \frac{m(m-1)}{2!} x^2 + \cdots + \frac{m(m-1)\cdots(m-n+1)}{n!} x^n \cdots \quad (-1 < x < 1)$$

在区间端点,展开式是否成立要看 m 的数值而定.

【提高练习题】

将函数 $f(x) = \frac{1}{x^2+3x+2}$ 展开成 x 和 $(x+4)$ 的幂级数,并指出其收敛区间.

提高练习题参考答案:

$$\frac{1}{x^2+3x+2} = \frac{1}{2} - \left(1 - \frac{1}{2^2}\right)x + \left(1 - \frac{1}{2^3}\right)x^2 + \cdots + (-1)^n\left(1 - \frac{1}{2^{n+1}}\right)x^n + \cdots, \quad -1 < x < 1$$

$$\frac{1}{x^2+3x+2} = \sum_{n=0}^{\infty} \left(\frac{1}{2^{n+1}} - \frac{1}{3^{n+1}}\right)(x+4)^n, \quad x \in (-6,-2)$$

第 8 章自测题

一、选择题

1. 对于级数 $\sum_{n=1}^{\infty} (-1)^n \frac{1}{n^p}$,下列说法正确的是(　　).

   A. 当 $p < 1$ 时,发散　　B. 当 $p < 1$ 时,条件收敛

   C. 当 $p > 1$ 时,条件收敛　　D. 当 $p > 1$ 时,绝对收敛

2. 级数 $\sum_{n=0}^{\infty} \frac{\cos n\pi}{\sqrt{n}+1}$ 为(　　).

   A. 绝对收敛　　B. 条件收敛　　C. 发散　　D. 无法判断

3. 设级数 $\sum_{n=1}^{\infty} a_n$ 和 $\sum_{n=1}^{\infty} b_n$ 都发散,则级数 $\sum_{n=1}^{\infty} (a_n + b_n)$ 是(　　).

   A. 发散　　B. 条件收敛　　C. 绝对收敛　　D. 无法判断

4. 下列级数中,条件收敛的是(　　).

   A. $\sum_{n=1}^{\infty} (-1)^{n-1} \frac{1}{n^2}$　　B. $\sum_{n=1}^{\infty} (-1)^{n-1} \frac{1}{\sqrt{n}}$

   C. $\sum_{n=1}^{\infty} (-1)^n \frac{(n+1)!}{n^{n+1}}$　　D. $\sum_{n=1}^{\infty} (-1)^{n+1} \frac{\sin n}{\pi^{n+1}}$

5. 设 α 为常数，则级数 $\sum\limits_{n=1}^{\infty}\left(\frac{\sin(n\alpha)}{n^2}-\frac{1}{\sqrt{n}}\right)$ 是(　　).

A. 绝对收敛　　B. 条件收敛　　C. 发散　　D. 收敛性与 α 取值有关

6. 级数 $\sum\limits_{n=1}^{\infty}(-1)^n\left(1-\cos\frac{\alpha}{n}\right)$（常数 $\alpha>0$）是(　　).

A. 发散　　B. 条件收敛　　C. 绝对收敛　　D. 收敛性与 α 有关

7. 设 $u_n=(-1)^n\ln\left(1+\frac{1}{\sqrt{n}}\right)$，则级数(　　).

A. $\sum\limits_{n=1}^{\infty}u_n$ 与 $\sum\limits_{n=1}^{\infty}u_n^2$ 都收敛　　B. $\sum\limits_{n=1}^{\infty}u_n$ 与 $\sum\limits_{n=1}^{\infty}u_n^2$ 都发散

C. $\sum\limits_{n=1}^{\infty}u_n$ 收敛而 $\sum\limits_{n=0}^{\infty}u_n^2$ 发散　　D. $\sum\limits_{n=1}^{\infty}u_n$ 发散而 $\sum\limits_{n=1}^{\infty}u_n^2$ 收敛

二、填空题

1. 级数 $\sum\limits_{n=1}^{\infty}\left(\frac{2}{3}\right)^n$ 的前 n 项部分和为__________，该级数的和为________.

2. 无穷级数 $\sum\limits_{n=1}^{\infty}u_n$ 收敛的必要条件是____________，由此可知级数 $\sum\limits_{n=1}^{\infty}\frac{n}{\sqrt{n^2+3}}$_________.（此处填写“收敛”或者“发散”）.

3. 若级数 $\sum\limits_{n=1}^{\infty}\frac{1}{n^{3\alpha-1}}$ 收敛，则 α 的取值范围是____________.

4. 幂级数 $\sum\limits_{n=0}^{\infty}\frac{(x-2)^n}{n^2}$ 的收敛半径 $R=$__________.

5. 设幂级数 $\sum\limits_{n=0}^{\infty}a_nx^n$ 的收敛半径为 3，则幂级数 $\sum\limits_{n=1}^{\infty}na_n(x-1)^{n+1}$ 的收敛区间为________.

6. 幂级数 $\sum\limits_{n=1}^{\infty}\frac{n}{(-3)^n+2^n}x^{2n-1}$ 的收敛半径 $R=$__________.

三、解答题

1. 判别正项级数 $\sum\limits_{n=1}^{\infty}\sqrt{n}\ln\left(1+\frac{1}{n^2}\right)$ 的敛散性.

2. 确定幂级数 $\sum\limits_{n=0}^{\infty}\frac{n}{(n+2)4^n}x^n$ 的收敛半径及收敛域.

3. 求幂级数 $\sum\limits_{n=0}^{\infty}\frac{x^n}{a^n+b^n}$　$(a>b>0)$ 的收敛半径与收敛域.

4. 将函数 $y=\dfrac{1}{x+1}$ 展成 $(x-1)$ 的幂级数并指出收敛区间.

5. 将函数 $f(x)=\ln(3x-x^2)$ 展开为 $(x-1)$ 的幂级数.

四、证明题

1. 已知级数 $\sum\limits_{n=1}^{\infty}a_n^2$ 和 $\sum\limits_{n=1}^{\infty}b_n^2$ 都收敛，试证明级数 $\sum\limits_{n=1}^{\infty}a_nb_n$ 绝对收敛.

2. 设有方程 $x^n+nx-1=0$，其中，n 为正整数，证明此方程存在唯一的正实根 x_n，并证明当 $\alpha>1$ 时，级数 $\sum\limits_{n=1}^{\infty}x_n^{\alpha}$ 收敛.

参考答案

一、选择题

1. D　2. B　3. D　4. B　5. C　6. C　7. C

二、填空题

1. $2\left[1-\left(\dfrac{2}{3}\right)^n\right]$；2　2. $\lim\limits_{n\to\infty}u_n=0$；发散　3. $\alpha>\dfrac{2}{3}$　4. $R=1$

5. $(-2,4)$　6. $R=\sqrt{3}$

三、解答题

1. 收敛(提示：用比较法的极限形式)　2. $R=4$，收敛域为 $(-4,4)$

3. $R=a$，收敛域为 $(-a,a)$　4. $\sum\limits_{n=0}^{\infty}\dfrac{(-1)^n}{2^{n+1}}\cdot(x-1)^n$

5. $\ln 2+\sum\limits_{n=0}^{\infty}\left[(-1)^n-\dfrac{1}{2^{n+1}}\right]\cdot\dfrac{(x-1)^{n+1}}{n+1}$

四、证明题

1. 提示：$\sum\limits_{n=1}^{\infty}a_n^2$ 与 $\sum\limits_{n=1}^{\infty}b_n^2$ 都收敛 $\Rightarrow\sum\limits_{n=1}^{\infty}2|a_nb_n|$ 收敛 $\Rightarrow\sum\limits_{n=1}^{\infty}|a_nb_n|$ 收敛，则 $\sum\limits_{n=1}^{\infty}a_nb_n$ 绝对收敛.

2. 提示：取 $f_n(x)=x^n+nx-1=0$，则 $f_n(x)$ 在 $[0,1]$ 上连续，且
$f_n(0)=-1<0, f(1)=n>0\Rightarrow\exists\, n_n\in(0,1)$，使 $f(x_n)=0$.
又 $f'_n(x)=nx^{n-1}+n>0, x\in[0,+\infty]\Rightarrow f_n(x)$ 在 $[0,+\infty]$ 上严格递增.
则方程 $x^n+nx-1=0$ 存在唯一正实根 $x_n\in(0,1)$.
由 $x_n^n+nx_n-1=0$ 且 $x_n\in(0,1)$，有

$$0<x_n=\frac{1-x_n^n}{n}<\frac{1}{n}\Rightarrow 0<x_n^{\alpha}<\frac{1}{n^{\alpha}}\quad(\alpha>1)$$

又　$\sum\limits_{n=1}^{\infty}\dfrac{1}{n^{\alpha}}$ 收敛 $\Rightarrow\sum\limits_{n=1}^{\infty}x_n^{\alpha}$ 收敛.

第9章 常微分方程

9.1 微分方程的基本概念

【学习目标】

理解微分方程及其阶、解、通解、特解、初始条件等概念.

【知识要点】

1. 微分方程

含有未知函数的导数(或微分)的方程,称为微分方程. 若未知函数是一元函数,则称为常微分方程;未知函数是多元函数,则称为偏微分方程.

2. 微分方程的阶

微分方程中含未知函数的导数的最高阶数称为微分方程的阶.

3. 微分方程的线性和非线性

若微分方程是未知函数及其各阶导数的一次方程,则称此微分方程是线性的;否则称为非线性的.

4. 微分方程的解

(1) 解:满足微分方程的函数称为该方程的解.

(2) 通解:如果微分方程的解中含有任意常数,且独立的任意常数的个数与方程的阶数相同时,这样的解称为微分方程的通解.

(3) 特解:在通解中,当任意常数取确定的值时,相应的解称为微分方程的特解.

5. 初始条件

为了得到合乎要求的特解,必须根据要求对微分方程附加一定的条件,称这种条件为初始条件,附有初始条件的微分方程,叫做初值问题.

【典型例题选讲——基础篇】

例1 指出下列方程的阶数,并判断是否是线性的.

(1) $(y'')^2+5(y')^2-y+x=0$

(2) $xy'''+2y''+x^2y=0$

(3) $(x^2+y^2)\mathrm{d}y+(x^2-y^2)\mathrm{d}x=0$

(4) $(1+2x-x^2)y''+(x^2-3)y'+(2-2x)y=x^3$

解　(1) 二阶,非线性.(2) 三阶,线性.(3) 一阶,非线性.(4) 二阶,线性.

例 2　验证函数 $y=C_1\cos x+C_2\sin x$ 是方程 $y''+y=0$ 的通解,并求满足条件 $y|_{x=0}=1, y'|_{x=0}=3$的通解.

解　因为 $y'=-C_1\sin x+C_2\cos x$, $y''=-C_1\cos x-C_2\sin x$,所以 $y''+y=0$,即 $y=C_1\cos x+C_2\sin x$ 是方程 $y''+y=0$ 的通解.

由已知 $y'|_{x=0}=C_2=3$, $y=C_1\cos x+C_2\sin x$, $y|_{x=0}=C_1=1$. 所以有 $C_1=1, C_2=3$,即特解为 $y=\cos x+3\sin x$.

例 3　试求微分方程 $x^2y''+6xy'+4y=0$ 形如 $y=x^\lambda$ 的解.

解　将 $y=x^\lambda$ 代入方程,得 $x^2\lambda(\lambda-1)x^{\lambda-2}+6x\lambda x^{\lambda-1}+4x^\lambda=0$,即 $(\lambda^2+5\lambda+4)x^\lambda=0$,解得 $\lambda_1=-1, \lambda_2=-4$,所以方程形如 $y=x^\lambda$ 的解有:$y_1=x^{-1}$, $y_2=x^{-4}$.

【基础作业题】

1. 判断函数 $P(t)=C_0e^t$(C_0 为任意常数)是否满足微分方程$\frac{\mathrm{d}P}{\mathrm{d}t}=P$.

2. 若 $y=\cos at$ 是微分方程$\frac{\mathrm{d}^2y}{\mathrm{d}t^2}+9y=0$ 的解,求 a 的值.

3. 求满足初值问题$\begin{cases}\frac{\mathrm{d}^2S}{\mathrm{d}t^2}=g,\ g \text{ 为常数} \\ S(0)=10, S'(0)=-5\end{cases}$的解.

9.2　可分离变量的微分方程

【学习目标】

掌握可分离变量的微分方程、齐次微分方程的求解方法.

【知识要点】

1. 可分离变量的微分方程

形如$\frac{dy}{dx}=f(x)g(y)$的微分方程,称为可分离变量的微分方程.

2. 可分离变量的微分方程的解法

第一步　分离变量,$\frac{dy}{g(y)}=f(x)dx(g(y)\neq 0)$;

第二步　两边积分$\int\frac{dy}{g(y)}=\int f(x)dx+C$.

3. 齐次微分方程

形如$\frac{dy}{dx}=f\left(\frac{y}{x}\right)$的微分方程,称为齐次微分方程.

4. 齐次微分方程的解法

第一步　引入新变量$u=\frac{y}{x}$,代回原方程;

第二步　分离变量,解关于x,u的可分离变量方程;

第三步　变量回代.

【典型例题选讲——基础篇】

例1　求微分方程$xdx-2ydy=2x^2ydy-xy^2dx$的通解.

解　合并同类项,得　$x(1+y^2)dx=2y(x^2+1)dy$

分离变量,得　$\frac{x}{x^2+1}dx=\frac{2y}{1+y^2}dy$

两边积分,得　$\ln(1+y^2)=\frac{1}{2}\ln(1+x^2)+\ln C$

即　$1+y^2=C\sqrt{1+x^2}$,　$C>0$

例2　求微分方程$\frac{dy}{dx}=e^{x+y}$的通解.

解1　对原方程分离变量,得　$e^{-y}dy=e^x dx$,

两边积分得　$-e^{-y}=e^x+C$,　$C<0$

所以通解为
$$e^y(e^x+C)+1=0,\quad C<0$$

解 2　本例题是一阶微分方程，但右端是一个二元函数．若把 $x+y$ 看做一个整体变量 u，则可以简化方程右端的函数形式（化二元为一元），由此想到用变量代换的方法解该方程．

令 $x+y=u$，则 $u'=1+y'$，代入原方程，得 $u'=1+e^u$．

分离变量，得 $\frac{du}{1+e^u}=dx$，变形为 $\frac{1}{e^u(e^{-u}+1)}du=dx$，即 $\frac{e^{-u}}{(e^{-u}+1)}du=dx$．

两边积分，得
$$e^{-u}+1=Ce^{-x},\quad C>0$$
将 u 换作 $x+y$，得通解为
$$e^y(e^x-C)+1=0,\quad C>0$$

注：方程中出现 $f(xy)$，$f(x\pm y)$，$f(x^2\pm y^2)$ 等形式的项时，通常作如下的变量替换：$u=xy$，$x\pm y$，$x^2\pm y^2$，…同时还要注意到用变量替换的方法解方程时，最后必须换回原来的变量．

例 3　求方程 $y'=\frac{y}{x}+\tan\frac{y}{x}$ 满足初始条件 $y\big|_{x=1}=\frac{\pi}{6}$ 的特解．

解　原方程是齐次微分方程，令 $\frac{y}{x}=u$，即 $y=xu$．

将 $\frac{dy}{dx}=u+x\frac{du}{dx}$ 代入微分方程，得 $u+x\frac{du}{dx}=u+\tan u$．分离变量，得
$$\frac{du}{\tan u}=\frac{dx}{x}$$
两边积分，得 $\ln\sin u=\ln x+\ln C$，即 $\sin u=Cx$．将 $u=\frac{y}{x}$ 代入上式并整理得通解
$$\sin\frac{y}{x}=Cx$$
代入初始条件 $y\big|_{x=1}=\frac{\pi}{6}$，得 $C=\frac{1}{2}$，故所求特解为
$$\sin\frac{y}{x}=\frac{1}{2}x$$

例 4　求微分方程 $x^2ydx-(x^3+y^3)dy=0$ 的通解．

解　原方程变形为 $\frac{dx}{dy}=\frac{x^3+y^3}{x^2y}=\frac{\left(\frac{x}{y}\right)^3+1}{\left(\frac{x}{y}\right)^2}$，令 $\frac{x}{y}=u$，即 $x=yu$．

将 $\frac{dx}{dy}=u+y\frac{du}{dy}$ 代入微分方程，得 $u+y\frac{du}{dy}=\frac{u^3+1}{u^2}=u+\frac{1}{u^2}$．分离变量，得
$$u^2du=\frac{dy}{y}$$
两边积分，得 $\ln y=\frac{u^3}{3}+\ln C$，即 $y=Ce^{\frac{1}{3}u^3}$．将 $u=\frac{x}{y}$ 代入上得通解

$$y=Ce^{\frac{1}{3}\left(\frac{x}{y}\right)^3}$$

注:此题也可将原方程变形为$\frac{dy}{dx}=\frac{x^2y}{x^3+y^3}=\frac{\frac{y}{x}}{1+\left(\frac{y}{x}\right)^3}$,令$\frac{y}{x}=u$,但是运算量较大.所以有时需要将方程化为$\frac{dx}{dy}=\varphi\left(\frac{x}{y}\right)$.

【基础作业题】

1. 求微分方程 $y'=x\sqrt{1-y^2}$的通解.

2. 求微分方程 $y'(x^2-4)=2xy$ 满足初始条件 $y|_{x=0}=1$的特解.

3. 求齐次微分方程 $y'=\frac{x}{y}+\frac{y}{x}$满足初始条件 $y|_{x=1}=2$的特解.

【典型例题选讲——提高篇】

例 1 设函数 $f(x)$在$[1,+\infty]$上连续,若由曲线 $f(x)$和直线 $x=1,x=t$ $(t>1)$与 x 轴所围成的平面图形绕 x 轴旋转一周所围成的旋转体体积为 $V(t)=\frac{\pi}{3}[t^2f(t)-f(1)]$,试求 $y=f(x)$所满足的微分方程,并求该微分方程满足条件 $y|_{x=2}=\frac{2}{9}$的解.

解　由题意,得

$$V(t)=\pi\int_1^t f^2(x)\mathrm{d}x=\frac{\pi}{3}[t^2 f(t)-f(1)]$$

即

$$3\int_1^t f^2(x)\mathrm{d}x=t^2 f(t)-f(1)$$

两边对 t 求导,得

$$3f^2(t)=2tf(t)+t^2 f'(t)$$

将此式改写为

$$x^2 y'=3y^2-2xy$$

可化为齐次方程$\frac{\mathrm{d}y}{\mathrm{d}x}=3\left(\frac{y}{x}\right)^2-2\frac{y}{x}$,其通解为

$$y-x=Cx^3 y$$

由已知条件得 $C=-1$,从而得所求解为

$$y-x=-x^3 y$$

例 2　设函数 $f(x)$在$(0,+\infty)$上连续,$f(1)=\frac{5}{2}$,且对所有 $x,t\in(0,+\infty)$,满足条件

$$\int_1^{xt} f(u)\mathrm{d}u=t\int_1^x f(u)\mathrm{d}u+x\int_1^t f(u)\mathrm{d}u$$

求 $f(x)$.

解　由题设,等式的每一项都是 x 的可导函数,于是等式两边对 x 求导,得

$$tf(xt)=tf(x)+\int_1^t f(u)\mathrm{d}u$$

令 $x=1$,由 $f(1)=\frac{5}{2}$,得　$tf(t)=\frac{5}{2}t+\int_1^t f(u)\mathrm{d}u.$

再在等式两边对 t 求导,得 $f(t)+tf'(t)=\frac{5}{2}+f(t)$,即 $f'(t)=\frac{5}{2t}$.

两边求积分,得 $f(t)=\frac{5}{2}\ln t+C$. 又由 $f(1)=\frac{5}{2}$,得 $C=\frac{5}{2}$,故

$$f(x)=\frac{5}{2}(\ln x+1)$$

【提高练习题】

求微分方程$\frac{dy}{dx}=\frac{x+y-2}{x-y+4}$的通解.

提高练习题参考答案:

提示:设 $u=x+1,v=y-3$,答案为:$\arctan\frac{y-3}{x+1}=\ln C\sqrt{(x+1)^2+(y-3)^2}$

9.3　一阶线性微分方程

【学习目标】

掌握一阶线性微分方程的解法.

【知识要点】

1. 一阶线性微分方程

形如$\frac{dy}{dx}+p(x)y=q(x)$的方程(其中 $p(x)$,$q(x)$是 x 的已知函数),称为一阶线性微分方程.

当$q(x)\equiv 0$时,方程化为$\frac{dy}{dx}+p(x)y=0$,称为一阶齐次线性微分方程.

当$q(x)\neq 0$时,方程$\frac{dy}{dx}+p(x)y=q(x)$,称为一阶非齐次线性微分方程.

2. 一阶线性微分方程的解法

$\frac{dy}{dx}+p(x)y=q(x)$对应的齐次线性微分方程$\frac{dy}{dx}+p(x)y=0$是可分离变量的方程,其通解为

$$y=Ce^{-\int p(x)dx}$$

设非齐次方程$\frac{dy}{dx}+p(x)y=q(x)$的通解为$y=C(x)e^{-\int p(x)dx}$,代入方程

$$\frac{dy}{dx}+p(x)y=q(x)$$

得

$$C(x)=C+\int q(x)e^{\int p(x)dx}dx$$

故非齐次线性方程$\frac{dy}{dx}+p(x)y=q(x)$的通解为

$$y=e^{-\int p(x)dx}\left[\int q(x)e^{\int p(x)dx}dx+C\right]$$

上述通过把对应的齐次线性方程通解中的任意常数C换为待定函数$C(x)$,然后求出非齐次线性方程通解的方法,称为**常数变易法**.

因此,一阶线性微分方程的解法有两种:

(1) 利用常数变易法.

(2) 直接利用公式　$y=e^{-\int p(x)dx}\left[\int q(x)e^{\int p(x)dx}dx+C\right]$

【典型例题选讲——基础篇】

例 1　求微分方程 $y'-2xy=\mathrm{e}^{x^2}\cos x$ 的通解.

解 1　用常数变易法.

原方程对应的齐次方程为 $\frac{\mathrm{d}y}{\mathrm{d}x}-2xy=0$. 分离变量得 $\frac{\mathrm{d}y}{\mathrm{d}x}=2xy$，即 $\frac{\mathrm{d}y}{y}=2x\mathrm{d}x$. 两边积分

$$\int\frac{\mathrm{d}y}{y}=\int 2x\mathrm{d}x$$

得

$$\ln|y|=x^2+\ln C$$

故对应齐次线性微分方程的通解为 $y=C\mathrm{e}^{x^2}$

设原方程有通解 $y=C(x)\mathrm{e}^{x^2}$，代入原方程，得

$$C'(x)\mathrm{e}^{x^2}+C(x)\mathrm{e}^{x^2}\cdot 2x-2xC(x)\mathrm{e}^{x^2}=\mathrm{e}^{x^2}\cos x$$

即 $C'(x)=\cos x$，所以

$$C(x)=\int\cos x\mathrm{d}x=\sin x+C$$

故原方程的通解为 $y=\mathrm{e}^{x^2}(\sin x+C)$，　C 为任意常数

解 2　利用通解公式.

这里 $p(x)=-2x, q(x)=\mathrm{e}^{x^2}\cos x$ 代入通解的公式得

$$y=\mathrm{e}^{-\int -2x\mathrm{d}x}\left(\int\mathrm{e}^{x^2}\cos x\cdot\mathrm{e}^{\int -2x\mathrm{d}x}\mathrm{d}x+C\right)=\mathrm{e}^{x^2}\left(\int\mathrm{e}^{x^2}\cos x\cdot\mathrm{e}^{-x^2}\mathrm{d}x+C\right)$$

$$=\mathrm{e}^{x^2}\left(\int\cos x\mathrm{d}x+C\right)=\mathrm{e}^{x^2}(\sin x+C)$$

故原方程有通解

$$y=\mathrm{e}^{x^2}(\sin x+C),\quad C\text{ 为任意常数}$$

例 2　求微分方程 $y'=\frac{y}{y+x}$ 的通解.

解 1　原方程可化为 $\frac{\mathrm{d}x}{\mathrm{d}y}-\frac{1}{y}x=1$，这是 x 关于 y 一阶线性微分方程，此时 $p(y)=-\frac{1}{y}, q(y)=1$ 代入通解公式，得 $x=\mathrm{e}^{-\int-\frac{1}{y}\mathrm{d}y}\left[\int\mathrm{e}^{\int-\frac{1}{y}\mathrm{d}y}\mathrm{d}y+C\right]$ 故原方程的通解为 $y=C\mathrm{e}^{\frac{x}{y}}$，　C 为任意常数

解 2　原方程可化为 $\frac{\mathrm{d}y}{\mathrm{d}x}=\frac{\frac{y}{x}}{\frac{y}{x}+1}$，令 $u=\frac{y}{x}$，则

$$u+x\frac{\mathrm{d}u}{\mathrm{d}x}=\frac{u}{u+1},\quad\text{即}\quad -\frac{u+1}{u^2}\mathrm{d}u=\frac{\mathrm{d}x}{x}$$

两边积分
$$\int -\frac{u+1}{u^2}\mathrm{d}u = \int \frac{\mathrm{d}x}{x}$$
得
$$\frac{1}{u}-\ln u=\ln x-\ln C$$
故原方程的通解为
$$y = C\mathrm{e}^{\frac{x}{y}}, \quad C\text{为任意常数}$$

【基础作业题】

1. 求微分方程$\frac{\mathrm{d}y}{\mathrm{d}x}+2xy=4x$的通解.

2. 求微分方程 $y'+y=\mathrm{e}^{-x}$的通解.

3. 求微分方程 $y'+\frac{y}{x}=\frac{\sin x}{x}$满足初始条件 $y|_{x=\pi}=1$的特解.

4. 求一曲线的方程,该曲线通过原点,并且它在点(x,y)处的切线斜率等于$2x+y$.

【典型例题选讲——提高篇】

例 1　求微分方程 $(y^2-6x)y'+2y=0$ 满足初始条件 $y(1)=1$ 的特解.

解　方程可化为 $\frac{dy}{dx}=\frac{2y}{6x-y^2}$，它不是一阶线性微分方程，但取倒数得到

$$\frac{dx}{dy}=\frac{3x}{y}-\frac{y}{2}$$

这里视 x 为未知函数，代入通解公式，得原方程的通解为 $x=\frac{1}{2}y^2+Cy^3$. 由初始条件 $x=1,y=1$，得 $C=\frac{1}{2}$，于是所求方程的特解为

$$x=\frac{1}{2}y^2(y+1)$$

例 2　设 $f(x)$ 是连续函数，且由 $\int_0^x tf(t)dt=x^2+f(x)$ 确定，求 $f(x)$.

解　因为 $f(x)$ 是连续函数，所以 $\int_0^x tf(t)dt$ 可导，$f(x)=\int_0^x tf(t)dt-x^2$ 也可导. 对方程 $\int_0^x tf(t)dt=x^2+f(x)$ 两边求导，得

$$xf(x)=2x+f'(x)$$

即 $\frac{dy}{dx}-xy=-2x$，它是一阶线性微分方程，它的通解为 $y=Ce^{\frac{x^2}{2}}+2$.

由等式 $\int_0^x tf(t)dt=x^2+f(x)$ 可得 $f(0)=0$，代入通解得 $C=-2$，所以

$$f(x)=2(1-e^{\frac{x^2}{2}})$$

【提高练习题】

1. 求解微分方程 $y\ln y dx+(x-\ln y)dy=0$.

2. 设 $f(x)$ 可微且满足关系式 $\int_0^x[2f(t)-1]dt=f(x)-1$，求 $f(x)$.

3. 设 $F(x)=f(x)g(x)$，其中 $f(x)$，$g(x)$ 满足 $f'(x)=g(x)$，$g'(x)=f(x)$，且 $f(0)=0$，$f(x)+g(x)=2e^x$. (1)求 $F(x)$ 满足的一阶微分方程；(2)求 $F(x)$ 的表达式.

提高练习题参考答案：

1. $2x\ln y=\ln^2 y+C$

2. $y=\frac{1}{2}e^{2x}+\frac{1}{2}$

3. (1) $\begin{cases}F'(x)+2F(x)=4e^{2x}\\F(0)=f(0)g(0)=0\end{cases}$　　(2) $F(x)=e^{2x}+Ce^{-2x}$

9.4 二阶常系数线性微分方程

【学习目标】

掌握二阶常系数齐次与非齐次线性微分方程的解法.

【知识要点】

1. 二阶常系数齐次线性微分方程的解法

形如 $y''+py'+qy=0$ 的微分方程,称为二阶常系数齐次线性微分方程. 其通解为:

特征方程 $r^2+pr+q=0$ 的两个根 r_1,r_2	微分方程 $y''+py'+qy=0$ 的通解
两个不相等的实根 $r_1\neq r_2$	$y=C_1e^{r_1x}+C_2e^{r_2x}$
两个相等的实根 $r=r_1=r_2$	$y=(C_1+C_2x)e^{rx}$
一对共轭复根 $r_{1,2}=\alpha\pm i\beta$	$y=e^{\alpha x}(C_1\cos\beta x+C_2\sin\beta x)$

2. 二阶常系数非齐次线性微分方程的解法

形如 $y''+py'+qy=f(x)\,(f(x)\neq 0)$ 的微分方程,称为二阶常系数非齐次线性微分方程.

若 $y*$ 是二阶常系数非齐次线性微分方程的一个特解,而 $Y=C_1y_1+C_2y_2$ 是对应齐次方程的通解,则 $y=Y+y*$ 是二阶常系数非齐次线性微分方程的通解.

求特解的方法如下:

(1) 当 $f(x)=P_m(x)e^{\lambda x}$ 时,特解可设为

$$y^*=x^kQ_m(x)e^{\lambda x}$$

其中,$Q_m(x)$ 是与 $P_m(x)$ 同次(m 次)的待定多项式,而 k 的取值根据特征根来确定:

(ⅰ) 若 λ 不是特征方程的根,取 $k=0$;

(ⅱ) 若 λ 是特征方程的单根,取 $k=1$;

(ⅲ) 若 λ 是特征方程的重根,取 $k=2$.

(2) 当 $f(x)=e^{\alpha x}(p_l(x)\cos\beta x+q_n(x)\sin\beta x)$,特解可设为

$$y^*=x^ke^{\alpha x}(A(x)\cos\beta x+B(x)\sin\beta x)$$

其中,$A(x)$、$B(x)$ 是 x 的 m 次多项式,$m=\max\{l,n\}$,而 k 的取值如下确定:

(ⅰ) 当 $\alpha+i\beta$(或 $\alpha-i\beta$)不是特征根时,取 $k=0$;

(ⅱ) 当 $\alpha+i\beta$(或 $\alpha-i\beta$)是特征根时,取 $k=1$.

【典型例题选讲——基础篇】

例 1　求微分方程 $y''-2y'-3y=3x+1$ 的一个特解.

解　题设方程右端的自由项为 $f(x)=P_m(x)e^{\lambda x}$,其中,$P_m(x)=3x+1,\lambda=0$.

原方程对应的齐次方程为　　$y''-2y'-3y=0$

其特征方程为:$r^2-2r-3=0$,特征根为 $r_1=-1,r_2=3$.

由于这里 $\lambda=0$ 不是特征方程的根,所以应设特解为:$y^*=b_0x+b_1$,代入原方程,得

$$-3b_0x-2b_0-3b_1=3x+1$$

比较系数可得 $b_0=-1,b_1=1/3$. 所以特解为

$$y^*=-x+1/3$$

例 2　求方程 $y''-3y'+2y=xe^{2x}$ 的通解.

解　题设方程右端的自由项为 $f(x)=P_m(x)e^{\lambda x}$,其中 $P_m(x)=x,\lambda=2$.

原方程对应的齐次方程为

$$y''-3y'+2y=0$$

其特征方程为 $r^2-3r+2=0$,特征根为 $r_1=1,r_2=2$,故该齐次方程通解为

$$Y=C_1e^x+C_2e^{2x}$$

因为 $\lambda=2$ 是特征方程的单根,故设题设方程有以下形式的特解:

$$y^*=x(b_0x+b_1)e^{2x}$$

代入题设方程,得 $2b_0x+b_1+2b_0=x$,比较系数可得 $b_0=1/2,b_1=-1$,于是特解为

$$y^*=x\left(\frac{1}{2}x-1\right)e^{2x}$$

从而,所求题设方程的通解为

$$y=C_1e^x+C_2e^{2x}+x\left(\frac{1}{2}x-1\right)e^{2x}$$

例 3　求方程 $y''+y=x\cos 2x$ 的通解.

解　设方程右端的自由项为 $f(x)=P_m(x)e^{\lambda x}\cos\omega x$ 型,其中 $P_m(x)=x,\lambda=0,\omega=2$,原方程对应的齐次方程为

$$y''+y=0$$

其特征方程为:$r^2+1=0$,特征根为 $r_1=i,r_2=-i$,于是,该齐次方程的通解为

$$Y=C_1\cos x+C_2\sin x$$

其中,C_1,C_2 为任意常数. 为求得题设方程的一个特解,先求方程

$$y''+y=xe^{2ix}$$

的一个特解,因为 $\lambda+i\omega=2i$ 不是特征方程的根,故设原方程的特解为

$$y^*=(b_0x+b_1)e^{2ix}$$

代入并消去因子 e^{2ix}，得 $4b_0i-3b_1=0$，$-3b_0=1$，解得 $b_0=-\frac{1}{3}$，$b_1=-\frac{4}{9}i$，这样就得到方程 $y''+y=xe^{2ix}$ 的一个特解为

$$y^*=\left(-\frac{1}{3}x-\frac{4}{9}i\right)e^{2ix}=\left(-\frac{1}{3}x-\frac{4}{9}i\right)(\cos 2x+i\sin 2x)$$
$$=-\frac{1}{3}x\cos 2x+\frac{4}{9}\sin 2x-i\left(\frac{4}{9}\cos 2x+\frac{1}{3}x\sin 2x\right)$$

取其实部就得到题设方程的一个特解为

$$\widetilde{y}=-\frac{1}{3}x\cos 2x+\frac{4}{9}\sin 2x$$

从而所求题设方程的通解为

$$y=C_1\cos x+C_2\sin x-\frac{1}{3}x\cos 2x+\frac{4}{9}\sin 2x$$

【基础作业题】

1. 求有阻尼的自由振动方程 $\frac{d^2x}{dt^2}+2\frac{dx}{dt}+4x=0$ 的通解.

2. 求微分方程 $y''+5y'+4y=3-2x$ 的通解.

3. 求微分方程 $y''-y=e^x\cos 2x$ 的一个特解.

4. 设函数 $\varphi(x)$ 连续,且满足

$$\varphi(x)=e^x+\int_0^x t\varphi(t)\mathrm{d}t-x\int_0^x \varphi(t)\mathrm{d}t$$

求 $\varphi(x)$.

9.5　常微分方程在经济学中的应用

【学习目标】

了解常微分方程的建立和应用.

【典型例题选讲——基础篇】

例 1　(银行账户余额)某银行账户,以连续复利方式计息,年利率为 5%,希望连续 20 年以每年 12 000 元人民币的速率用这一账户支付职工工资,若 t 以年为单位,求账户上余额 $B=f(t)$ 所满足的微分方程,且问当初始存入的数额 B_0 为多少时,才能使 20 年后账户中的余额精确地减至 0.

解　显然,银行余额的变化速率=利息赢取速率－工资支付速率.

因为时间 t 以年为单位,银行余额的变化速率为 $\frac{\mathrm{d}B}{\mathrm{d}t}$,利息赢取的速率为每年 $0.05B$ 元,工资支付的速率为每年 12 000 元,于是,有

$$\frac{\mathrm{d}B}{\mathrm{d}t}=0.05B-12\,000$$

利用分离变量法解此方程得

$$B=Ce^{0.05t}+240\,000$$

由 $B|_{t=0}=B_0$,得 $C=B_0-240\,000$,故

$$B=(B_0-240\,000)e^{0.05t}+240\,000$$

由题意,令 $t=20$ 时,$B=0$,即

$$0=(B_0-240\,000)e^{0.05t}+240\,000$$

由此得 $B_0=240\,000-240\,000e^{-1}$时,20 年后银行的余额为零.

例 2(市场均衡) 某商品的供给函数 $Q_s=60+p+4\frac{\mathrm{d}p}{\mathrm{d}t}$,需求函数 $Q_d=100-p+3\frac{\mathrm{d}p}{\mathrm{d}t}$,其中,$p(t)$表示时刻 t 时该商品的价格,$\frac{\mathrm{d}p}{\mathrm{d}t}$表示价格关于时间的变化率. 已知 $p(0)=8$,试把市场均衡价格表示成关于时间的函数,并说明其实际意义.

解 市场均衡价格处有 $Q_s=Q_d$,即

$$60+p+4\frac{\mathrm{d}p}{\mathrm{d}t}=100-p+3\frac{\mathrm{d}p}{\mathrm{d}t}$$

$\frac{\mathrm{d}p}{\mathrm{d}t}=40-2p$,解之得 $p=20-Ce^{-2t}$,由 $p(0)=8$ 得 $C=12$. 因此均衡价格关于时间的函数为 $p=20-12e^{-2t}$. 由于 $\lim\limits_{t\to+\infty}p(t)=20$,所以市场对于这种商品的价格稳定,且可以认为随着时间的推移,此商品的价格逐渐趋向于 20.

例 3 设某种商品的价格主要由供求关系决定,若供求量 S 与需求量 D 均是依赖于价格的线性函数

$$\begin{cases}S=-a+bp\\D=c-dp\end{cases},\quad a,b,c,d\text{ 为正常数}$$

当供求平衡时,均衡价格 $\bar{p}=\frac{a+c}{b+d}$. 如价格是时间 t 的函数 $p=p(t)$,在时间 t 时,价格的变化率与此时刻的过剩需求量 $D-S$ 成正比,即$\frac{\mathrm{d}p}{\mathrm{d}t}=k(D-S)$,其中 k 为大于 0 的常数. 试求价格与时间的函数关系(设初始价格 $p(0)=p_0$).

解 由已知$\frac{\mathrm{d}p}{\mathrm{d}t}=k(D-S)$得

$$\frac{\mathrm{d}p}{\mathrm{d}t}=k(a+c)-k(b+d)p$$

即

$$\frac{\mathrm{d}p}{\mathrm{d}t}+k(b+d)p=k(a+c)$$

这是一阶线性非齐次微分方程.

此时,$p(t)=k(b+d)$,$q(t)=k(a+c)$,则通解为

$$\begin{aligned}p(t)&=e^{-\int k(b+d)\mathrm{d}t}\left[\int k(a+c)e^{\int k(b+d)\mathrm{d}t}\mathrm{d}t+C\right]\\&=e^{-k(b+d)t}\left[\frac{a+c}{b+d}e^{k(b+d)t}+C\right]\\&=Ce^{k(b+d)t}+\frac{a+c}{b+d}=Ce^{k(b+d)t}+\bar{p}\end{aligned}$$

由 $p(0)=p_0$,代入上式得 $C=p_0-\bar{p}$,则所求的函数关系为

$$p=(p_0-\bar{p})e^{k(b+d)t}+\bar{p}$$

【基础作业题】

1. 已知某商品的需求量 Q 对价格 p 的弹性为 $-3p^3$，而市场对该商品的最大需求量为 1 万件，求需求量对价格 p 的函数关系.

2. 已知某地区在一个已知的时期内国民收入 y 的增长率 0.1，国民债务 D 的增长率为国民收入的 $\frac{1}{20}$，若 $t=0$ 时，国民收入为 5 亿元，国民债务为 0.1 亿元，试分别求出国民收入及国民债务与时间 t 的函数关系.

9.6　差 分 方 程

【学习目标】

理解差分与差分方程的基本概念，掌握一阶常系数线性差分方程的解法.

【知识要点】

1. 差分的概念

函数 $y_t=f(t)$ 在 t 的一阶差分：

$$\Delta y_t = y_{t+1} - y_t = f(t+1) - f(t)$$

函数 $y_t=f(t)$ 在 t 的二阶差分：

$$\begin{aligned}\Delta^2 y_t &= \Delta(\Delta y_t) = \Delta y_{t+1} - \Delta y_t = (y_{t+2} - y_{t+1}) - (y_{t+1} - y_t)\\ &= y_{t+2} - 2y_{t+1} + y_t\end{aligned}$$

函数 $y_t=f(t)$ 在 t 的 n 阶差分定义为

$$\Delta^n y_t = \Delta(\Delta^{n-1} y_t) = \Delta^{n-1} y_{t+1} - \Delta^{n-1} y_t$$
$$= \sum_{k=0}^{n} (-1)^k \frac{n(n-1)\cdots(n-k+1)}{k!} y_{t+n-k}$$

2. 差分方程的概念

含有未知函数 $y_t = f(t)$ 差分的方程,称为差分方程.

差分方程中未知函数下标的最大差数,称为差分方程的阶数.

如果差分方程的解中含有相互独立的任意常数,且任意常数的个数恰好等于方程的阶数,则这个解称为差分方程的通解.

实际问题中,往往会根据事物在初始时刻所处的状态对差分方程附加一定的条件,这种条件称为初始条件,满足初始条件的解称为特解.

3. 一阶常系数线性差分方程的解法

一阶常系数线性差分方程的一般形式为

$$y_{t+1} - a y_t = f(t)$$

其中,常数 $a \neq 0$, $f(t)$ 为 t 的已知函数.

当 $f(t) \equiv 0$ 时,差分方程 $y_{t+1} - a y_t = 0$ 称为一阶常系数齐次线性差分方程,其通解公式为

$$y_t = C a^t$$

当 $f(t)$ 不恒为零时, $y_{t+1} - a y_t = f(t)$ 称为一阶常系数非齐次线性差分方程.

若函数 $y^*(t)$ 是非齐次方程 $y_{t+1} - a y_t = f(t)$ 的一个特解, $y_C(t)$ 是对应的齐次方程 $y_{t+1} - a y_t = 0$ 的通解,则非齐次方程 $y_{t+1} - a y_t = f(t)$ 的通解为

$$y_t = y_C(t) + y^*(t)$$

求解非齐次方程的特解与右端项 $f(t)$ 有关,求特解的方法如下:

(ⅰ) $f(t) = Ct^n$, C 为常数

由于 $f(t)$ 为幂函数形式,则可设特解

$$y^*(t) = t^k (B_0 + B_1 t + \cdots + B_n t^n)$$

其中, $B_0, B_1, \cdots, B_n$ 为待定系数,而常数 k 的确定方法如下:

(1) 当 $a \neq 1$ 时,令 $k = 0$;

(2) 当 $a = 1$ 时,令 $k = 1$.

再把 $y^*(t)$ 代入方程 $y_{t+1} - a y_t = f(t)$,求出 $B_0, B_1, \cdots, B_n$,即得方程的特解.

(ⅱ) $f(t) = Cb^t$, C, b 为非零常数,且 $b \neq 1$

此时 $f(t)$ 为指数函数形式,特解 $y^*(t)$ 可类似按以下两种情况进行假设.

(1) 当 $a \neq b$ 时,设 $y^*(t) = kb^t$,其中, k 为待定系数,将其代入方程 $y_{t+1} - a y_t = f(t)$,可计算得 $k = \frac{C}{b-a}$,则特解可表示为

$$y^*(t) = \frac{C}{b-a} b^t$$

(2) 当 $a=b$ 时,设 $y^*(t)=ktb^t$,其中,k 为待定系数,将其代入方程 $y_{t+1}-ay_t=f(t)$,可计算得 $k=\frac{C}{b}$,则特解可表示为

$$y^*(t)=Ctb^{t-1}$$

(ⅲ) $f(t)=Cb^t\cdot t^n$, C,b 为非零常数且 $b\neq 1$

设特解

$$y^*(t)=b^t t^k(B_0+B_1t+\cdots+B_nt^n)$$

其中,$B_0,B_1,\cdots,B_n$ 为待定系数,常数 k 的确定方法如下:

(1) 当 $a\neq b$ 时,令 $k=0$;

(2) 当 $a=b$ 时,令 $k=1$.

再把 $y^*(t)$代入方程 $y_{t+1}-ay_t=f(t)$,求出 $B_0,B_1,\cdots,B_n$,即得方程的特解.

【典型例题选讲——基础篇】

例 1　设函数 $y_t=t^2$,求 $\Delta y_t,\Delta^2 y_t,\Delta^3 y_t$.

解

$$\Delta y_t=y_{t+1}-y_t=(t+1)^2-t^2=2t+1$$

$$\Delta^2 y_t=\Delta(\Delta y_t)=\Delta y_{t+1}-\Delta y_t=2(t+1)+1-(2t+1)=2$$

$$\Delta^3 y_t=\Delta(\Delta^2 y_t)=\Delta^2 y_{t+1}-\Delta^2 y_t=2-2=0$$

例 2　求差分方程 $y_{t+1}+3y_t=0$ 的通解.

解　由方程 $y_{t+1}+3y_t=0$ 可知,$a=-3$. 则方程通解为

$$y_t=C\cdot(-3)^t$$

例 3　求差分方程 $y_{t+1}-y_t=2t^2$ 的通解.

解　根据方程形式可知 $a=1$. 则对应齐次差分方程的通解为

$$y_C=C$$

由于 $f(t)=2t^2,a=1$, 因此非齐次差分方程的特解可设为

$$y^*(t)=t(B_0+B_1t+B_2t^2)$$

将其代入已知方程得

$$B_0+B_1+B_2+(2B_1+3B_2)t+3B_2t^2=2t^2$$

比较上式两端 t 的同次幂的系数,可得

$$B_0=\frac{1}{3},\quad B_1=-1,\quad B_2=\frac{2}{3}$$

故非齐次差分方程的特解为

$$y^*(t)=\frac{2}{3}t^3-t^2+\frac{1}{3}t$$

于是,所求非齐次差分方程的通解为

$$y_t=y_C+y^*(t)=C+\frac{2}{3}t^3-t^2+\frac{1}{3}t,\ C\text{ 为任意常数}$$

【基础作业题】

1. 求下列函数的一阶与二阶差分.

(1) $y_t=2t^3-t^2+1$　　(2) $y_t=1+e^{2t}$

2. 求差分方程 $y_{t+1}-2y_t=\frac{1}{3^t}$ 的通解.

3. 求差分方程 $y_{t+1}-2y_t=t2^t$ 满足 $y_0=2$ 的特解.

第 9 章 自 测 题

一、选择题

1. 下列函数中,(　　)是微分方程 $y''-7y'+12y=0$ 的解.

A. $y=x^3$　B. $y=x^2$　C. $y=e^{3x}$　D. $y=e^{2x}$

2. 下面各微分方程中为一阶线性的是(　　).

A. $d\int f(x)dx=f(x)$　B. $\frac{d}{dx}\int f(x)dx=f(x)dx$

C. $\frac{d}{dx}\int f(x)dx=f(x)+C$　D. $d\int f(x)dx=f(x)dx$

3. 若曲线上任一点的切线斜率与切点横坐标成正比,则这条曲线是(　　).

A. 圆　B. 抛物线　C. 椭圆　D. 双曲线

4. 下列微分方程中,属于可分离变量的微分方程是(　　).

A. $x\sin(xy)dx+ydy=0$　B. $y'=\ln(x+y)$

C. $\dfrac{\mathrm{d}y}{\mathrm{d}x}=x\sin y$　　　　D. $y'+\dfrac{1}{x}y=\mathrm{e}^{x}y^{2}$

5. 若连续函数 $f(x)$ 满足关系式 $f(x)=\int_0^{2x} f\left(\dfrac{t}{2}\right)\mathrm{d}t+\ln 2$，则 $f(x)$ 等于(　　).

A. $\mathrm{e}^{x}\ln 2$　　B. $\mathrm{e}^{2x}\ln 2$　　C. $\mathrm{e}^{x}+\ln 2$　　D. $\mathrm{e}^{2x}+\ln 2$

6. 设 $y=f(x)$ 是微分方程 $y''+py'+qy=\mathrm{e}^{3x}$ 满足初始条件 $y(0)=y'(0)=0$ 的特解，则当 $x\to 0$ 时，函数 $\dfrac{\ln(1+x^{2})}{y(x)}$ 的极限是(　　).

A. 不存在　　B. 1　　C. 2　　D. 3

二、填空题

1. 设 $y'=\mathrm{e}^{x-y}$ 的通解为________.

2. $x^{2}(y')^{3}+yy''-x=0$ 是________阶微分方程.

3. $y'=\mathrm{e}^{\frac{y}{x}}+\dfrac{y}{x}$ 的通解为________.

4. $y''=x+\cos x$ 满足 $y|_{x=0}=-1, y'|_{x=0}=1$ 的特解为________.

5. $xy'+y-\mathrm{e}^{x}=0$ 的通解为________.

6. 差分方程 $2y_{t+1}+10y_t-5t=0$ 的通解是________.

7. 差分方程 $y_{t+1}-y_t=3$ 满足 $y_0=2$ 的特解是________.

三、解答题

1. 求微分方程 $x\dfrac{\mathrm{d}y}{\mathrm{d}x}-y=\sqrt{x^{2}-y^{2}}$ 的通解.

2. 求微分方程 $\mathrm{e}^{x}\cos y\mathrm{d}x+(\mathrm{e}^{x}+1)\sin y\mathrm{d}y=0$ 在初始条件 $y|_{x=0}=\dfrac{\pi}{4}$ 下的特解.

3. 设函数 $y=f(x)$ 在 $(0,+\infty)$ 上连续可导，且有等式 $f(x)=1+\dfrac{1}{x}\int_1^{x} f(t)\mathrm{d}x$，试确定函数 $f(x)$.

4. 求微分方程 $y''=y'+x$ 的通解.

5. 某商品的需求量 Q 对价格 p 的弹性为 $-p\ln 3$，已知该商品的最大需求量为 1 200(即当 $p=0$ 时，$Q=1\,200$)，求需求量 Q 对价格 p 的函数.

6. 加工某产品的利润 L 与加工数量 Q 的关系为：利润随加工产品数量增加的变化率等于利润 L 与加工数量 Q 的和与加工数量 Q 之比，且当 $Q=1$ 时，$L=0.5$，求利润 L 与加工数量 Q 的函数关系.

7. 已知函数 $f_n(x)$ 满足方程 $f_n(x)=f_n(x)+x^{n-1}\mathrm{e}^{x}$，$n$ 为正整数，且 $f_n(1)=\dfrac{\mathrm{e}}{n}$，求函数项级数 $\sum\limits_{n=1}^{\infty} f_n(x)$ 的和函数.

参考答案

一、选择题

1. C 2. D 3. B 4. C 5. B 6. C

二、填空题

1. $e^y=e^x+C$ 2. 2 3. $e^{-\frac{y}{x}}+\ln Cx=0$ 4. $y=\frac{x^3}{6}-\cos x+x$

5. $y=\frac{1}{x}(e^x+C)$ 6. $y_t=C(-5)^t+\frac{5}{12}\left(t-\frac{1}{6}\right)$ 7. $y_t=2+3t$

三、解答题

1. $\arcsin\frac{y}{x}=\ln x+C$ 2. $(e^x+1)\cdot\sec y=2\sqrt{2}$ 3. $f(x)=\ln x+1$

4. $C_1e^x-\frac{x^2}{2}-x+C_2$ 5. $Q=1\,200\cdot 3^p$ 6. $L=Q(\ln Q+0.5)$

7. $\sum\limits_{n=1}^{\infty}f_n(x)=e^x\ln(1-x)\quad(-1\leqslant x<1)$